高职高专系列教材

化工原理仿真与操作实训

王宏　张甲　唐靖　主编

U0264561

中国石化出版社
·北京·

内 容 提 要

本书结合北京东方仿真软件公司的化工基本过程单元仿真软件，介绍了化工单元仿真软件的功能和使用方法，以及离心泵、换热器、加热炉、压缩机等典型化工仿真培训单元的操作要点；同时介绍了流体输送、传热、吸收解吸等化工单元操作实训项目，以及雷诺实验、能量转化实验、传热系数、精馏塔全塔效率及吸收系数的测定等化工原理实验操作项目。

本书可作为石油化工类高职高专院校相关专业的教材，也可作为石油化工相关人员技术培训、岗位培训教材。

图书在版编目(CIP)数据

化工原理仿真与操作实训 / 王宏，张甲，唐靖主编 .
—北京：中国石化出版社，2017.2(2024.2 重印)
高职高专系列教材
ISBN 978 - 7 - 5114 - 3623 - 8

Ⅰ．①化… Ⅱ．①王…②张…③唐… Ⅲ．①化工原理－高等职业教育－教材 Ⅳ．①TQ02

中国版本图书馆 CIP 数据核字(2017)第 034132 号

中国石化出版社出版发行

地址：北京市东城区安定门外大街 58 号
邮编：100011 电话：(010)57512500
发行部电话：(010)57512575
http://www.sinopec-press.com
E-mail：press@sinopec.com
北京科信印刷有限公司印刷
全国各地新华书店经销

*

787 毫米×1092 毫米 16 开本 17 印张 376 千字
2017 年 2 月第 1 版 2024 年 2 月第 5 次印刷
定价：36.00 元

前　言

随着职业院校教育教学改革的推进，课程建设的不断深入，作为职业院校化工类学生职业核心能力培养的重点、化工企业员工岗位技能培训的基本组成部分，化工单元过程操作技能的培训，越来越受到广泛的关注。为了满足职业技能培训的需要，化工单元仿真软件的内容和功能在不断更新完善，化工单元实训设备也从原来单纯的理论验证型向技能培训型综合实训装置拓展。《化工原理仿真与操作实训》以仿真操作与单元设备操作为化工单元过程技能培训的核心，力求通过真实的设备操作，实现学生对单元过程的感性认知。同时，利用DCS模拟控制使学生掌握设备生产过程的操作流程，虚实结合，突出技能培训。

本书共分四章。第一章主要介绍化工单元仿真软件的功能与使用方法；第二章主要介绍离心泵、换热器、加热炉、压缩机等典型化工仿真培训单元的操作要点，利用北京东方仿真软件公司的化工单元仿真软件，对学生进行化工基本单元的DCS仿真操作技能训练；第三章主要介绍流体输送、传热、吸收解吸等化工单元操作实训项目，利用化工单元实训设备，对学生进行化工基本单元设备的实际操作技能训练；第四章主要介绍雷诺实验、能量转化实验、传热系数、精馏塔全塔效率及吸收系数的测定等化工原理实验操作项目。

通过计算机仿真操作与真实设备操作的多角度操作技能训练，不仅能使学生巩固和加深对课堂教学内容的理解，还能熟练掌握化工基本单元设备的开车、停车、控制调节以及处理常见事故的能力，提升其职业技能。

本书第一章、第二章实训一至实训六由王宏编写，第二章实训七至实训十二和第四章由张甲编写，第三章由唐靖编写。全书由高永利老师主审。编写过程中得到兰州石化职业技术学院李薇、崔芙红、赵丽娟老师的大力支持。北京东方仿真软件技术有限公司、天大北洋化工实验设备有限公司提供了部分插图，在此一并表示衷心的感谢。

由于编者水平有限，错漏之处在所难免，恳请广大读者批评指正。

编　者

目　录

第一章　单元仿真基础知识

第一节　概述

仿真是对代替真实物体或系统的模型进行实验和研究的一门应用技术科学，利用模型复现实际系统中发生的本质过程，并通过对系统模型的实验来研究存在的或设计中的系统。按所用模型分为物理仿真和数字仿真两类。物理仿真是以真实物体或系统，按一定比例或规律进行微缩或放大后的物理模型为实验对象，如飞机研制过程中的风洞实验。数字仿真是以真实物体或系统规律为依据，建立数学模型后，在仿真机上进行的研究。与物理仿真相比，数字仿真具有更大的灵活性，能对截然不同的动态特性模型做实验研究，为真实物体或系统的分析和设计提供十分有效且经济的手段。

过程系统仿真是指过程系统的数字仿真，它要求描速过程系统动态特性的数学模型，能在仿真机上再实现该过程系统的实时特性，以达到在该仿真系统上进行实验研究的目的。过程系统仿真由三个主要部分组成，即过程系统、数学模型和仿真机。这三部分由建模和仿真两个关系联系在一起。即：

过程系统仿真技术的工业应用始于20世纪60年代，80年代中期随着计算机技术的快速发展和广泛普及取得了很大进展。过程系统仿真技术在工业领域中的应用已涉及辅助培训与教育、辅助设计、辅助生产和辅助研究等方面，其社会经济效益日趋显著。

采用过程系统仿真技术辅助培训，就是人用仿真机运行数学模型建造的一个与真实系统相似的操作控制系统（如模拟仪表盘、仿DCS操作站等），模拟真实的生产装置，再现真实生产过程（或装置）的实时动态特性，使学员可以得到非常逼真的操作环境，进而取得非常好的操作技能训练效果。

近年来，过程系统仿真技术在操作技能培训方面的应用在世界许多国家得到普及。大量统计结果表明，这种仿真培训系统能逼真地模拟工厂开车、停车、正常运行和各种事故状态的现象。它没有危险性，节省培训费用，可以使学员在数周内取得现场2~5年的经验，大大缩短了培训时间。

化工仿真培训系统是过程系统仿真应用的一个重要分支，主要用于化工生产装置操作人员的操作方法和操作技能培训，是一种为绝大多数化工企业和职教部门认同的、先进的、高效的现代化培训手段。

第二节　仿真培训系统学员站的使用方法

一、程序启动

学员站软件安装完毕之后，软件自动在"桌面"和"开始菜单"生成快捷图标。

1. 学员站启动方式

软件启动有两种方式：

(1)双击桌面快捷图标"CSTS2007"：。

(2)通过"开始菜单——所有程序——东方仿真——化工单元操作"启动软件。

软件启动之后，弹出运行页面，如图1-1所示。

图1-1　系统启动页面

2. 运行方式选择

系统启动界面出现之后会出现主界面，如图1-2所示。输入"姓名、学号、机器号"，设置正确的教师指令站地址(教师站IP或者教师机计算机名)，同时根据教师要求选择"单机练习"或者"局域网模式"，进入软件操作界面。

【单机练习】是指学生站不连接教师机，独立运行，不受教师站软件的监控。

【局域网模式】是指学生站与教师站连接，老师可以通过教师站软件实时监控学员的成绩，规定学生的培训内容，组织考试，汇总学生成绩等。

3. 工艺选择

选择软件运行模式之后，进入软件"培训参数选择"页面，如图1-3所示。

【启动项目】是在设置好培训项目和DCS风格后启动软件，进入软件操作界面。

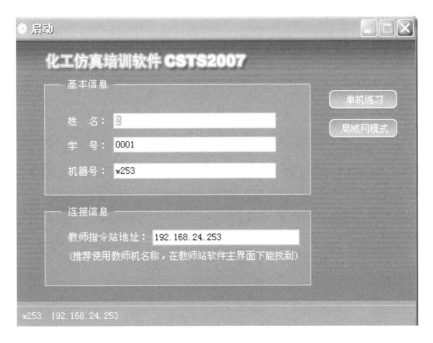

图 1-2　PISP. net 主界面(举例)

图 1-3　工艺选择

【退出】是退出仿真软件。

点击"培训工艺"按钮列出所有的培训单元。根据需要选择相应的培训单元。

4．培训项目选择

选择"培训工艺"后，进入"培训项目"列表里面选择所要运行的项目，如冷态开车、正常停车、事故处理。每个培训单元包括多个培训项目，如图1-4所示。

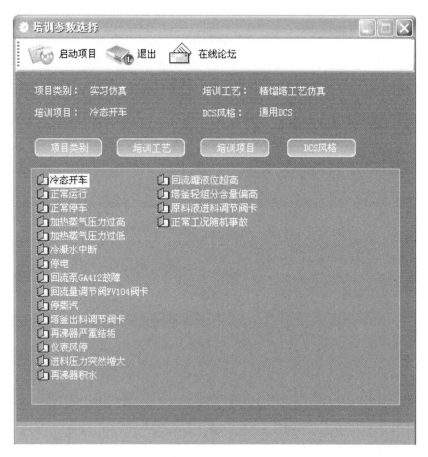

图 1-4　培训项目选择

5.DCS类型选择

CSTS提供的仿真软件，包括有四种DCS风格，通用DCS风格、TDC3000、IA系统、CS3000。根据需要选择所要运行DCS风格，单击确定，然后单击"启动项目"进入仿真软件操作画面，如图1-5所示。

【通用DCS】仿国内大多数DCS厂商界面。

【TDC3000】仿美国Honywell公司的操作界面。

【IA系统】仿Foxboro公司的操作界面。

【CS3000】仿日本横河公司的操作界面。

图 1-5　DCS 类型选择

二、程序主界面

1. 菜单介绍

1）工艺菜单

仿真系统启动之后，启动两个窗口，一个是流程图操作窗口，一个是智能评价系统。首先进入流程图操作窗口，进行软件操作。在流程图操作界面的上部是"菜单栏"，下部是"功能按钮栏"，如图 1-6 所示。

"工艺"菜单包括当前信息总览、重做当前任务、培训项目选择、切换工艺内容、进度存盘、进度重演、冻结/解冻、系统退出。

【当前信息总览】显示当前培训内容的信息，如图 1-7 所示。

【重做当前任务】系统进行初始化，重新启动当前培训项目。

【切换工艺内容】退出当前培训项目，重新选择培训工艺。

【培训项目选择】退出当前培训项目，重新选择培训工艺。

【进度存盘】进度存档，保存当前数据，以便下次调用时可直接进

图 1-6　工艺菜单

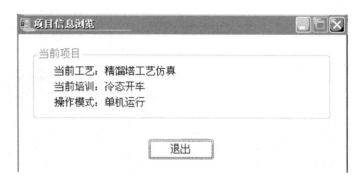

图 1-7　信息总览

入存档前工艺状态，如图 1-8 所示。

图 1-8　保存快门

【进度重演】读取所保存的快门文件（ *.sav ），恢复以前所存储的工艺状态。

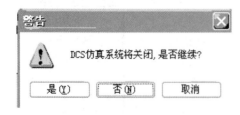

图 1-9　系统退出

【冻结/解冻】类似于暂停键。系统"冻结"后，DCS 软件不接受任何操作，后台的数学模型也停止运算。

【系统退出】退出仿真系统，如图 1-9 所示。

2）画面菜单

"画面"菜单包括程序中的所有画面进行切换，有流程图画面、控制组画面、趋势画面、报警画面、辅助画面。选择菜单项（或按相应的快捷键）可以切换到相应的画面如图 1-10 所示。

【流程图画面】用于各个 DCS 图和现场图的切换。

【控制组画面】把各个控制点集中在一个画面，便于工艺控制。

【趋势画面】保存各个工艺控制点的历史数据。

【报警画面】将出现报警的控制点，集中在同一个界面。一般情况下，在冷态开车过程中容易出现低报，此时可以不予理睬。

3）工具菜单

工具菜单可以用来对变量监视、仿真时钟进行设置，如图 1-11 所示。

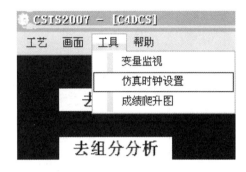

图 1-10　画面菜单　　　　　　　　　　　图 1-11　工具菜单

【变量监视】监视变量。可实时监视变量的当前值，查看变量所对应的流程图中的数据点以及对数据点的描述和数据点的上下限，如图 1-12 所示。

图 1-12　变量监视窗口

【仿真时钟设置】即时标设置，设置仿真程序运行的时标。选择该项会弹出设置时标对话框，如图 1-13 所示。时标以百分制表示，默认为 100％，选择不同的时标可加快或减慢系统运行的速度。系统运行的速度与时标成正比。

图 1-13　仿真时钟设置窗口

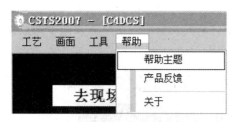

图 1-14　帮助菜单

4）帮助菜单

帮助菜单包括帮助主题、产品反馈、关于三个选项，如图 1-14 所示。

【帮助主题】打开仿真系统平台操作手册。

【产品反馈】可以把产品的一些意见 E-mail 给厂家。

【关于】显示软件的版本信息、用户名称和激活信息，如图 1-15 所示。

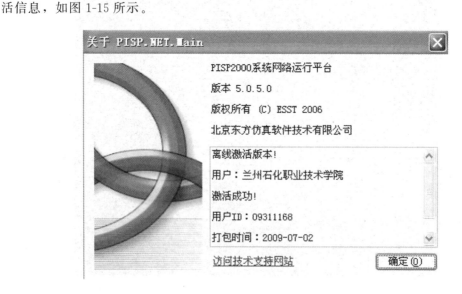

图 1-15　[关于]内容

2. 画面介绍及操作方式

1）流程图画面

流程图画面有 DCS 图和现场图两种。

【DCS 图】画面和工厂 DCS 控制室中的实际操作画面一致。在 DCS 图中显示所有工艺参数，包括温度、压力、流量和液位，同时在 DCS 图中只能操作自控阀门，而不能操作手动阀门。

【现场图】是仿真软件独有的，是把在现场操作的设备虚拟在一张流程图上。在现场图中只可以操作手动阀门，而不能操作自控阀门。

流程图画面是主要的操作界面，包括流程图，显示区域和可操作区域。在流程图操作画面中当鼠标光标移到可操作的区域上面时会变成一个手的形状，表示可以操作。鼠标单击时会根据所操作的区域，弹出相应的对话框。如点击按钮 TO DCS 可以切换到 DCS 图，但是对于不同风格的操作系统弹出的对话框也不同。

（1）通用 DCS 风格。

①现场图。

现场图中的阀门主要有开关阀和手动调节阀两种，在阀门调节对话框的左上角标有阀门的位号和说明：

【开关阀】此类阀门只有"开和关"两种状态。直接点击"打开"和"关闭"即可实现阀门的开关闭合，如图 1-16 所示。

【手动调节阀】此类阀门手动输入 0～100 的数字调节阀门的开度，即可实现阀门开关大小的调节。或者点击"开大和关小"按钮以 5% 的进度调节，如图 1-17 所示。

图 1-16　开关阀示例　　　　　　　　　图 1-17　手动调节阀示例

②DCS 图。

在 DCS 图中通过 PID 控制器调整气动阀、电动阀和电磁阀等自动阀门的开关闭合。在 PID 控制器中可以实现自动/AUT、手动/MAN、串级/CAS 三种控制模式的切换，如图 1-18 所示。

【AUT】计算机自动控制。

【MAN】计算机手动控制。

【CAS】串级控制。两只调节器串联起来工作，其中一个调节器的输出作为另一个调节器的给定值。

【PV 值】实际测量值，由传感器测得。

【SP 值】设定值，计算机根据 SP 值和 PV 值之间的偏差，自动调节阀门的开度；在自动/AUT 模式下可以调节此参数（调节方式同 OP 值）。

【OP 值】计算机手动设定值，输入 0～100 的数据调节阀门的开度；在手动/MAN 模式下调节此参数，如图 1-19 所示。

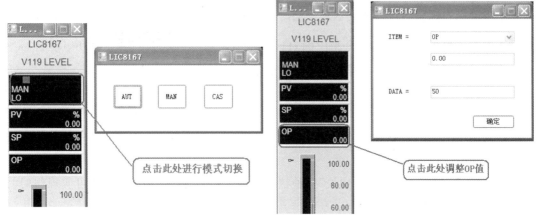

图 1-18　DCS 三种控制模式切换图　　　　图 1-19　OP 值调整

（2）TDC3000 风格。

①现场图。

对于 TDC3000 风格的流程图现场图中，操作区内包括所操作区域的工位号及描述。操作区有两种形式，如图 1-20、图 1-21 所示。

图 1-20　TDC3000 风格的流程图现场图操作区（一）

图 1-20 所示操作区一般用来设置泵的开关、阀门开关等一些开关形式（即只有是与否两个值）的量。点击 OP 会出现"OFF"和"ON"两个框，执行完开或关的操作后点击"ENTER"，OP 下面会显示操作后的新的信息，点击"CLR"将会清除操作区。

图 1-21　TDC3000 风格的流程图现场图操作区（二）

图 1-21 所示操作区一般用来设置阀门开度或其他非开关形式的量。OP 下面显示该变

量的当前值。点击 OP 则会出现一个文本框，在下面的文本框内输入想要设置的值，然后按回车键即可完成设置，点击"CLR"将会清除操作区。

②DCS 图。

在 DCS 图中会出现操作区，主要是显示控制回路中所控制的变量参数的测量值 (PV)、设定值(SP)、当前输出值(OP)、"手动 MAN"/"自动 AUT/串级 CAS"方式等，可以切换"手动"/"自动/串级"方式，在手动方式下设定输出值等，其操作方式与前面所述的两个操作区相同，如图 1-22 所示。

图 1-22　TDC3000 风格的流程图现场图操作区(三)

2）控制组画面

控制组画面包括流程中所有的控制仪表和显示仪表，如图 1-23、图 1-24 所示。不管是 TDC3000 还是通用的 DCS 都与它们在流程画面里所介绍的功能和操作方式相同。

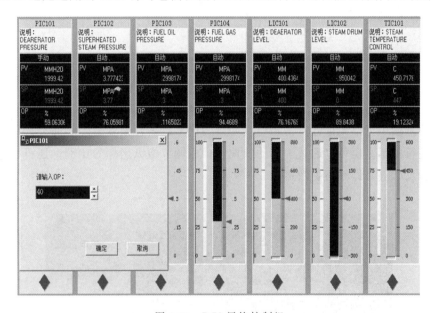

图 1-23　DCS 风格控制组

3）报警画面

选择"报警"菜单中的"显示报警列表"，将弹出报警列表窗口，如图 1-25 所示。报警列表显示了报警的时间、报警的点名、报警点的描述、报警的级别、报警点的当前值及其他信息。

4）趋势画面

通用 DCS：在"趋势"菜单中选择某一菜单项，会弹出如图 1-26 所示的趋势图，该画面一共可同时显示 8 个点的当前值和历史趋势。

图 1-24 TDC3000 风格控制组

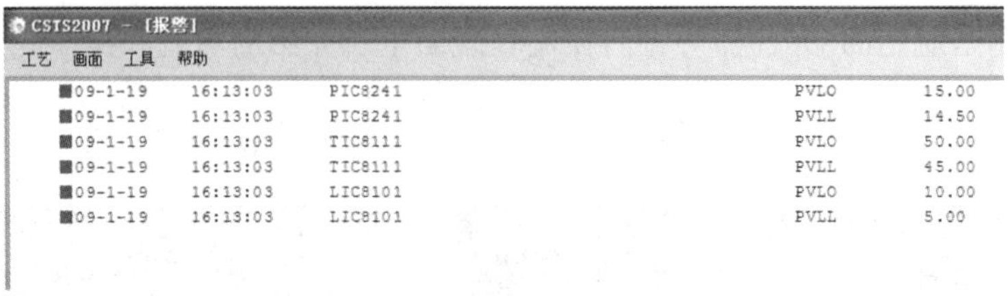

图 1-25 报警画面

在趋势画面中可以用鼠标点击相应的变量的位号，查看该变量趋势曲线，同时有一个绿色箭头进行指示。也可以通过上部的快捷图标栏调节横纵坐标的比例；还可以用鼠标拖动白色的标尺，查看详细历史数据。

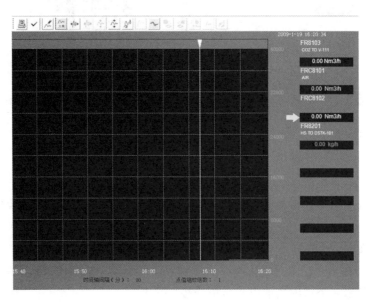

图 1-26 趋势画面

三、退出系统

直接关闭流程图窗口和评分文件窗口，弹出关闭确认对话框，如图 1-27 所示，都会退出系统。另外，还可在菜单工艺菜单中点击"系统退出"退出系统。

图 1-27　系统退出

第三节　评分系统使用方法

启动软件系统进入操作平台，同时也就启动了过程仿真系统平台 PISP 操作质量评分系统，评分系统界面如图 1-28 所示。

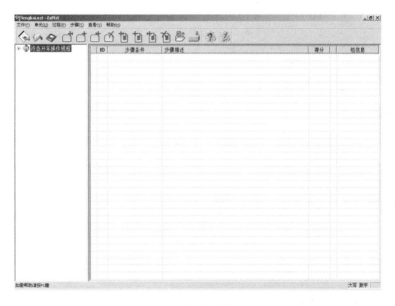

图 1-28　评分系统界面

过程仿真系统平台 PISP. NET 评分系统是智能操作指导、诊断、评测软件（以下简称智能软件），它通过对用户的操作过程进行跟踪，在线为用户提供如下功能：

一、操作状态指示

对当前操作步骤和操作质量所进行的状态以不同的图标表示出来。图 1-29 所示为操作系统中所用的光标说明。

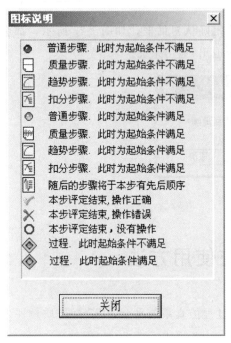

图 1-29　图标说明

2. 操作质量图标及提示

图标□ 表示这条质量指标还没有开始评判，即起始条件未满足。

图标⊞ 表示起始条件满足，本步骤已经开始参与评分，若本步评分没有终止条件，则会一直处于评分状态。

图标⊙ 表示过程终止条件已满足，本步操作无论是否完成都被强迫结束。

图标⊠ 在 PISP. NET 的评分系统中包括了扣分步骤，主要是当操作严重不当，可能引起重大事故时，从已得分数中扣分，此图标表示起始条件不满足，即还没有出现失误操作。

图标⊠ 表示起始条件满足，已经出现严重失误的操作，开始扣分。

1. 操作步骤状态图标及提示

图标◈ 表示此过程的起始条件没有满足，该过程不参与评分。

图标◈ 表示此过程的起始条件满足，开始对过程中的步骤进行评分。

图标● 为普通步骤，表示本步还没有开始操作，也就是说，还没有满足此步的起始条件。

图标● 表示本步已经开始操作，但还没有操作完，也就是说，已满足此步的起始条件，但此操作步骤还没有完成。

图标✓ 表示本步操作已经结束，并且操作完全正确(得分等于 100%)。

图标✕ 表示本步操作已经结束，但操作不正确(得分为 0)。

图标○ 表示过程终止条件已满足，本步操作无论是否完成都被强迫结束。

二、操作方法指导

在线给出操作步骤的指导说明，对操作步骤的具体实现方法给出详细的操作说明，如图 1-30 所示。

对于操作质量可给出关于这条质量指标的目标值、上下允许范围、上下评定范围，当鼠标移到质量步骤一栏，所在栏都会变蓝，双击点出该步骤属性对话框，如图 1-31 所示。

提示：质量评分从起始条件满足后，开始评分，如果没有终止条件，评分贯穿整个操

图 1-30　操作步骤说明

图 1-31　步骤属性对话框

作过程。控制指标越接近标准值的时间越长，得分越高。

三、操作诊断及诊断结果指示

实时对操作过程进行跟踪检查，并对用户的操作进行实时评价，将操作错误的过程或动作一一说明，以便用户对这些错误操作查找原因及时纠正或在今后的训练中进行改正及重点训练，如图 1-32 所示。

四、查看分数

实时对操作过程进行评定，对每一步进行评分，并给出整个操作过程的综合得分，可以实时查看用户所操作的总分，并生成评分文件。

"浏览——成绩"查看总分和每个步骤实时成绩，如图 1-33 所示。

图 1-32　操作诊断结果

图 1-33　学员成绩单

五、其他辅助功能

（1）学员最后的成绩可以生成成绩列表，成绩列表可以保存也可以打印。点击"浏览"菜单中的"成绩"就会弹出如图 1-34 所示的对话框，此对话框包括学员资料、总成绩、各项分部成绩及操作步骤得分的详细说明。

（2）单击"文件"菜单下面的"打开"可以打开以前保存过的成绩单，"保存"菜单可以保存新的成绩单覆盖原来旧的成绩单，"另存为"则不会覆盖原来保存过的成绩单，如图1-35、图 1-36 所示。

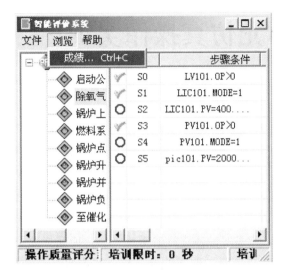

图 1-34

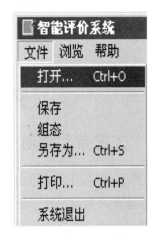

图 1-35　打开成绩单

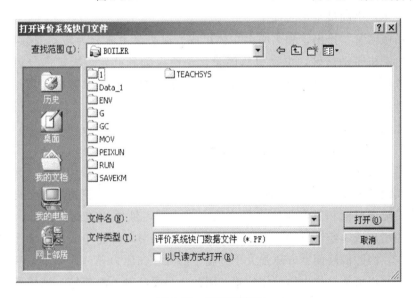

图 1-36　打开成绩单

(3)直接单击"文件"下面的"系统退出"退出操作系统。

第二章　单元仿真操作实训

实训一　离心泵单元

一、工艺流程说明

1. 离心泵工作原理基础

在工业生产和国民经济的许多领域，常需对液体进行输送或加压，能完成此类任务的机械称为泵。而其中靠离心作用给液体提供能量的叫离心泵。由于离心泵具有结构简单，性能稳定，检修方便，操作容易和适应性强等特点，在化工生产中应用十分广泛。离心泵的操作是化工生产中的最基本的操作。

离心泵由吸入管、排出管和离心泵主体组成。离心泵主体分为转动部分和固定部分。转动部分由电动机带动旋转，电动机将能量传递给泵轴和叶轮。固定部分包括泵壳、导轮、密封装置等。叶轮是离心泵中使液体接受外加能量的部件。泵轴的作用是把电动机的能量传递给叶轮。泵壳是通道截面积逐渐扩大的蜗形壳体，它将液体限定在一定的空间里，并将液体大部分动能转化为静压能。导轮是一组与叶轮旋转方向相适应，且固定于泵壳上的叶片。密封装置的作用是防止液体的泄漏或空气的倒吸入泵内。

启动灌满了被输送液体的离心泵后，在电机的作用下，泵轴带动叶轮一起旋转，叶轮的叶片推动其间的液体转动，在离心力的作用下，液体被甩向叶轮边缘并获得动能；在导轮的引领下沿流通截面积逐渐扩大的泵壳流向排出管，液体流速逐渐降低，而静压能增大。排出管的增压液体经管路即可送往目的地。与此同时，叶轮中心因为液体被甩出而形成一定的真空，因贮槽液面上方压强大于叶轮中心处，在压力差的作用下，液体不断从吸入管进入泵内，以填补被排出的液体位置。因此，只要叶轮不断旋转，液体便不断的被吸入和排出。由此，离心泵之所以能输送液体，主要是依靠高速旋转的叶轮。

离心泵的操作中有两种现象应当避免：气缚和汽蚀。

气缚是指在启动泵前泵内没有灌满被输送的液体，或在运转过程中泵内渗入了空气，因为气体的密度小于液体，产生的离心力小，无法把空气甩出去，导致叶轮中心所形成的真空度不足以将液体吸入泵内，尽管此时叶轮在不停地旋转，却由于离心泵失去了自吸能力而无法输送液体。这种现象称为气缚。

汽蚀是指当贮槽液面的压力一定时，如叶轮中心的压力降低到等于被输送液体当前温度下的饱和蒸气压时，叶轮进口处的液体会汽化产生大量的气泡，这些气泡随液体进入高压区后又迅速被压碎而凝结，周围的液体质点以极大的速度冲向气泡中心，造成瞬间冲击压力，从而使得叶轮部分很快损坏，同时伴有泵体震动，发出噪音，泵的流量、扬程和效率明显下降。这种现象叫汽蚀。

2. 工艺流程简介

离心泵是化工生产过程中输送液体的常用设备之一，其工作原理是靠离心泵内外压差不断的吸入液体，靠叶轮的高速旋转使液体获得动能，靠扩压管或导叶将动能转化为压力，从而达到输送液体的目的。

本工艺为单独培训离心泵而设计，其工艺流程（参考流程仿真界面）如图2-1所示。

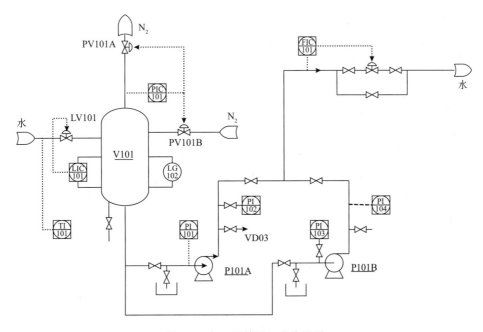

图 2-1 离心泵单元工艺流程图

来自某一设备约40℃的带压液体经调节阀LV101进入带压罐V101，罐液位由液位控制器LIC101通过调节V101的进料量来控制；罐内压力由PIC101分程控制，PV101A、PV101B分别调节进入V101和出V101的氮气量，从而保持罐压恒定在5.0atm（表）。罐内液体由泵P101A/B抽出，泵出口流量在流量调节器FIC101的控制下输送到其他设备。

3. 控制方案

V101的压力由调节器PIC101分程控制，调节阀PV101的分程动作图如图2-2所示。

补充说明：

本单元现场图中现场阀旁边的实心红色圆点代表高点排气和低点排液的指示标志，当完成高点排气和低点排液时实心红色圆点变为绿色。此标志在换热器单元的现场图中也有。

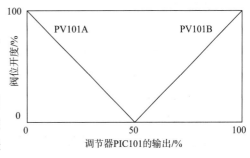

图 2-2 PIC101 分程控制

4．设备一览

V101：离心泵前罐

P101A：离心泵 A

P101B：离心泵 B(备用泵)

二、离心泵单元操作规程

1．冷态开车操作规程

1)罐 V101 的操作

(1)打开 LIC101 调节阀向罐 V101 充液。

(2)待 V101 罐液位大于 5％后，缓慢打开分程压力调节阀 PV101A 向 V101 罐充压。

(3)当罐 V101 液位控制在 50％左右时，LIC101 设定 50％，投自动。

(4)当罐 V101 压力升高到 5.0atm 时，PIC101 设定 5.0atm，投自动。

2)启动 A 泵或 B 泵(以 A 泵为例)

(1)灌泵。

待 V101 罐充压充到正常值 5.0atm 后，打开 P101A 泵入口阀 VD01，向离心泵充液。

打开 P101A 泵后排空阀 VD03 排放泵内不凝性气体；观察 P101A 泵后排空阀 VD03 的出口，当有液体溢出时，显示标志变为绿色，标志着 P101A 泵已无不凝气体，关闭 P101A 泵后排空阀 VD03，灌泵结束。

(2)启动离心泵

启动 P101A 泵，待 PI102 指示比入口压力大 2.0 倍后，打开 P101A 泵出口阀 (VD04)。

3)出料

(1)将 FIC101 调节阀的前阀、后阀打开。

(2)逐渐开大调节阀 FIC101 的开度，使 PI101、PI102 趋于正常值。

(3)微调 FV101 调节阀，在测量值与给定值相对误差 5％范围内且较稳定时，FIC101 设定到正常值(20000kg/h)，投自动。

2．正常操作规程

1)正常工况操作参数

(1)P101A 泵出口压力 PI102：12.0atm。

(2)V101 罐液位 LIC101：50.0％。

(3)V101 罐内压力 PIC101：5.0atm。

(4)泵出口流量 FIC101：20000kg/h。

2)负荷调整

可任意改变泵、按键的开关状态，手操阀的开度及液位调节阀、流量调节阀、分程压力调节阀的开度，观察其现象。

（1）P101A 泵功率正常值：15kW。

（2）FIC101 量程正常值：20t/h。

3．停车操作规程

1）V101 罐停进料

LIC101 置手动，并手动关闭调节阀 LV101，停 V101 罐进料。

2）停泵 P101A

（1）FIC101 置手动，缓慢开大阀门 FV101，增大出口流量，但注意防止流量超出高限：30000kg/h。

（2）待罐 V101 液位小于 10％时，关闭 P101A 泵的出口阀（VD04）。

（3）停 P101A 泵。

（4）关闭 P101A 泵前阀 VD01。

（5）FIC101 置手动并关闭调节阀 FV101 及其前、后阀（VB03、VB04）。

3）泵 P101A 泄液

打开泵 P101A 泄液阀 VD02，观察 P101A 泵泄液阀 VD02 的出口，当不再有液体泄出时，显示标志变为红色，关闭 P101A 泵泄液阀 VD02。

4）V101 罐泄压、泄液

（1）待罐 V101 液位小于 10％时，打开 V101 罐泄液阀 VD10。

（2）待 V101 罐液位小于 5％时，打开 PIC101 泄压阀。

（3）观察 V101 罐泄液阀 VD10 的出口，当不再有液体泄出时，显示标志变为红色，待罐 V101 液体排净后，关闭泄液阀 VD10。

4．仪表及报警一览表（见表 2-1）

表 2-1　离心泵单元仪表及报警一览表

位　号	说　明	类型	正常值	量程上限	量程下限	工程单位	高报	低报
FIC101	离心泵出口流量	PID	20000.0	40000.0	0.0	kg/h		
LIC101	V101 液位控制系统	PID	50.0	100.0	0.0	％	80.0	20.0
PIC101	V101 压力控制系统	PID	5.0	10.0	0.0	atm(G)		2.0
PI101	泵 P101A 入口压力	AI	4.0	20.0	0.0	atm(G)		
PI102	泵 P101A 出口压力	AI	12.0	30.0	0.0	atm(G)	13.0	
PI103	泵 P101B 入口压力	AI		20.0	0.0	atm(G)		
PI104	泵 P101B 出口压力	AI		30.0	0.0	atm(G)	13.0	
TI101	进料温度	AI	50.0	100.0	0.0	℃		

三、事故设置一览

1．P101A 泵坏

事故现象：（1）P101A 泵出口压力急剧下降。

(2)FIC101 流量急剧减小。

处理方法：切换到备用泵 P101B。

(1)将 FIC101 切换到手动，关闭 FV101。

(2)全开 P101B 泵入口阀 VD05、向泵 P101B 灌液，全开排空阀 VD07 排 P101B 的不凝气，当显示标志为绿色后，关闭 VD07。

(3)灌泵和排气结束后，启动 P101B。

(4)待泵 P101B 出口压力升至入口压力的 2.0 倍后，打开 P101B 出口阀 VD08，缓慢打开 FIC101，流量稳定后 FIC101 投自动，设定值 20000kg/h。

(5)待 P101B 进出口压力指示正常，按停泵顺序停止 P101A 运转，缓慢关闭 P101A 出口阀 VD04，以尽量减少流量波动，关闭泵 P101A，关闭泵 P101A 入口阀 VD01，并通知维修工。

(6)打开 P101A 泵前泄液阀 VD02，当不再有液体泄出时，显示标志变为红色，关闭 P101A 泵泄液阀 VD02。

2. 调节阀 FV101 阀卡

事故现象：FIC101 的液体流量不可调节。

处理方法：(1)打开 FV101 的旁通阀 VD09，调节流量使其达到正常值。

(2)手动关闭调节阀 FV101 及其后阀 VB04、前阀 VB03。

(3)通知维修部门。

3. P101A 入口管线堵

事故现象：(1)P101A 泵入口、出口压力急剧下降。

(2)FIC101 流量急剧减小到零。

处理方法：按泵的切换步骤切换到备用泵 P101B，并通知维修部门进行维修。

4. P101A 泵汽蚀

事故现象：(1)P101A 泵入口、出口压力上下波动。

(2)P101A 泵出口流量波动(大部分时间达不到正常值)。

处理方法：按泵的切换步骤切换到备用泵 P101B。

5. P101A 泵气缚

事故现象：(1)P101A 泵入口、出口压力急剧下降。

(2)FIC101 流量急剧减小。

处理方法：重新灌泵。

(1)将 FIC101 切换到手动并关闭。

(2)关闭 P101A 泵后阀 VD04，关闭 P101A 泵，关闭 P101A 泵前阀 VD01。

(3)打开 P101A 泵前阀 VD01、排气阀 VD03 排放不凝气，排尽后关闭 VD03。

(4)启动 P101A 泵，待泵出口压力大于入口压力 2 倍后，打开泵出口阀 VD04。

(5)缓慢打开 FIC101，流量稳定后投自动，设定值 20000kg/h。

四、仿真界面

离心泵 DCS 图如图 2-3 所示，现场图如图 2-4 所示。

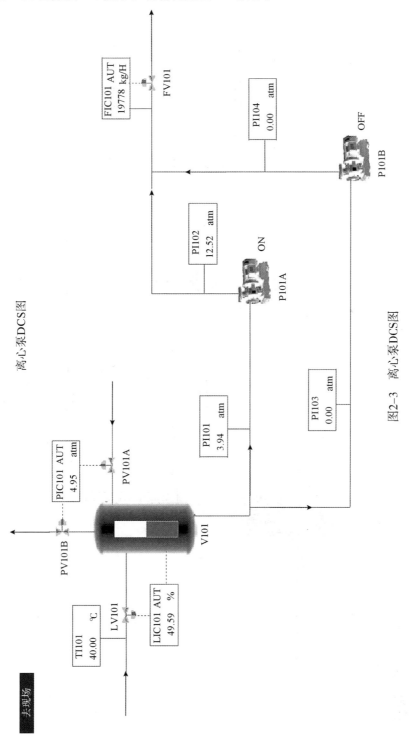

图2-3　离心泵DCS图

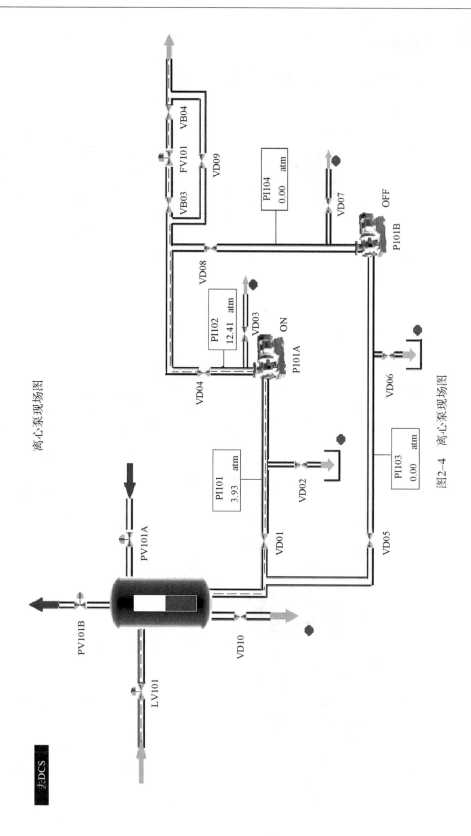

图2-4 离心泵现场图

思考题

(1)请简述离心泵的工作原理和结构。

(2)请举例说出除离心泵以外你所知道的其它类型的泵。

(3)什么叫汽蚀现象？汽蚀现象有什么破坏作用？

(4)发生汽蚀现象的原因有那些？如何防止汽蚀现象的发生？

(5)为什么启动前一定要将离心泵灌满被输送液体？

(6)离心泵在启动和停止运行时的出口阀应处于什么状态？为什么？

(7)泵 P101A 和泵 P101B 在进行切换时，应如何调节其出口阀 VD04 和 VD08，为什么要这样做？

(8)一台离心泵在正常运行一段时间后，流量开始下降，可能会有哪些原因导致？

(9)离心泵出口压力过高或过低应如何调节？

(10)离心泵入口压力过高或过低应如何调节？

(11)若两台性能相同的离心泵串联操作，其输送流量和扬程较单台离心泵相比有什么变化？若两台性能相同的离心泵并联操作，其输送流量和扬程较单台离心泵相比有什么变化？

实训二　换热器单元

一、工艺流程说明

1. 工作原理简述

在化工、能源、动力、冶金、机械、建筑等工业部门中，常常涉及到换热问题，特别是在化工生产过程中的化学反应过程或一些单元操作中，都需要进行加热或冷却操作，所以，对化工行业的人员来说，换热设备的操作技术培训是很重要的基本单元操作训练。

热量的传递有传导、对流和辐射三种基本方式。热传导是无物质宏观位移的传热方式，主要发生于静止物质内或层流的流体中；对流传热是指流体中质点发生相对位移引起的热交换，常伴生有热传导；由热的原因产生电磁波在空间的热传递是辐射传热，它不需要有传递介质。

化工生产中所指的换热器，常指间壁式换热器，它利用金属壁将冷、热两种流体间隔开，热流体将热传到壁面的一侧(对流传热)，通过间壁内的热传导，再由间壁的另一侧将热传给冷流体，从而使热物流被冷却，冷物流被加热，满足化工生产中对冷物流或热物流温度的控制要求。

本单元选用的是双程列管式换热器，冷物流被加热后有相变化。

在传热过程中，传热速率除与传热推动力(温度差)有关外，还与传热面积和传热系数成正比。传热面积减少时，传热速率减少；如果间壁上有气膜或污垢层，都会降低传热系数，减少传热速率。所以，开车时要排不凝气；发生管堵或严重结垢时，必须停车检修或清洗。

另外，考虑到金属的热胀冷缩特性，尽量减小温差应力和局部过热等问题，开车时应先进冷物料后进热物料，停车时则先停热物料后停冷物料。

2. 工艺说明

本单元设计采用管壳式换热器，其流程图如图 2-5 所示。来自界外的 92℃冷物流（沸点：198.25℃）由泵 P101A/B 送至换热器 E101 的壳程，被流经管程的热物流加热至 145℃，并有 20%被汽化。冷物流流量由流量控制器 FIC101 控制，正常流量为 12000kg/h。来自另一设备的 225℃热物流经泵 P102A/B 送至换热器 E101，与流经壳程的冷物流进行热交换，热物流出口温度由 TIC101 控制（177℃）。

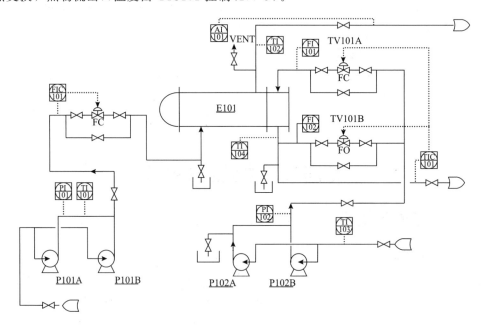

图 2-5　换热器单元流程图

为保证热物流的流量稳定，TIC101 采用分程控制，TV101A 和 TV101B 分别调节流经 E101 和副线的流量，TIC101 输出 0～100% 分别对应 TV101A 开度 0～100%，TV101B 开度 100%～0。

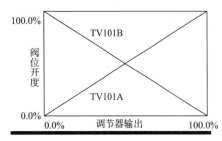

图 2-6　TIC101 的分程控制

3. 本单元复杂控制方案说明

TIC101 的分程控制线如图 2-6 所示。

补充说明：

本单元现场图中现场阀旁边的实心红色圆点代表高点排气和低点排液的指示标志，当完成高点排气和低点排液时实心红色圆点变为绿色。

4．设备一览

P101A/B：冷物流进料泵。

P102A/B：热物流进料泵。

E101：列管式换热器。

二、换热器单元操作规程(参见图 2－7，图 2－8)

1．冷态开车操作规程

装置的开工状态为换热器处于常温常压下，各调节阀处于手动关闭状态，各手操阀处于关闭状态，可以直接进冷物流。

1)启动冷物流进料泵 P101A

(1)开换热器壳程排气阀 VD03。

(2)开 P101A 泵的前阀 VB01。

(3)启动泵 P101A。

(4)当进料压力指示表 PI101 指示达 9.0atm 以上，打开 P101A 泵的出口阀 VB03。

2)冷物流进料

(1)打开 FIC101 的前后阀 VB04、VB05，手动逐渐开大调节阀 FV101(FIC101)。

(2)观察壳程排气阀 VD03 的出口，当有液体溢出时(VD03 旁边标志变绿)，标志着壳程已无不凝性气体，关闭壳程排气阀 VD03，壳程排气完毕。

(3)打开冷物流出口阀(VD04)，将其开度置为 50%，手动调节 FV101，使 FIC101 其达到 12000kg/h，且较稳定时 FIC101 设定为 12000kg/h，投自动。

3)启动热物流入口泵 P102A

(1)开管程放空阀 VD06。

(2)开 P102A 泵的前阀 VB11。

(3)启动 P102A 泵。

(4)当热物流进料压力表 PI102 指示大于 10atm 时，全开 P102 泵的出口阀 VB10。

4)热物流进料

(1)全开 TV101A 的前后阀 VB06、VB07，TV101B 的前后阀 VB08、VB09。

(2)打开调节阀 TV101A 给 E101 管程注液，观察 E101 管程排汽阀 VD06 的出口，当有液体溢出时(VD06 旁边标志变绿)，标志着管程已无不凝性气体，此时关管程排气阀 VD06，E101 管程排气完毕。

(3)打开 E101 热物流出口阀(VD07)，将其开度置为 50%，手动调节管程温度控制阀 TIC101，使其出口温度在(177±2)℃，且较稳定，TIC101 设定在 177℃，投自动。

2．正常操作规程

1)正常工况操作参数

(1)冷物流流量为 12000kg/h，出口温度为 145℃，汽化率 20%。

(2)热物流流量为 10000kg/h,出口温度为 177℃。

2)备用泵的切换

(1)P101A 与 P101B 之间可任意切换。

(2)P102A 与 P102B 之间可任意切换。

3.停车操作规程

1)停热物流进料泵 P102A

(1)关闭 P102 泵的出口阀 VB10。

(2)停 P102A 泵。

(3)待 PI102 指示小于 0.1atm 时,关闭 P102 泵入口阀 VB11。

2)停热物流进料

(1)TIC101 置手动并关闭。

(2)关闭 TV101A 的前、后阀 VB06、VB07。

(3)关闭 TV101B 的前、后阀 VB08、VB09。

(4)关闭 E101 热物流出口阀 VD07。

3)停冷物流进料泵 P101A

(1)关闭 P101 泵的出口阀 VB03。

(2)停 P101A 泵。

(3)待 PI101 指示小于 0.1atm 时,关闭 P101 泵入口阀 VB01。

4)停冷物流进料

(1)FIC101 置手动。

(2)关闭 FIC101 的前、后阀 VB04、VB05。

(3)关闭 FV101。

(4)关闭 E101 冷物流出口阀 VD04。

5)E101 管程泄液

打开管程泄液阀 VD05,观察管程泄液阀 VD05 的出口,当不再有液体泄出时,关闭泄液阀 VD05。

6)E101 壳程泄液

打开壳程泄液阀 VD02,观察壳程泄液阀 VD02 的出口,当不再有液体泄出时,关闭泄液阀 VD02。

4.仪表及报警一览表(见表 2-2)

表 2-2 换热器单元仪表及报警一览表

位号	说明	类型	正常值	量程上限	量程下限	工程单位	高报值	低报值	高高报值	低低报值
FIC101	冷流入口流量控制	PID	12000	20000	0	kg/h	17000	3000	19000	1000
TIC101	热流入口温度控制	PID	177	300	0	℃	255	45	285	15

位号	说明	类型	正常值	量程上限	量程下限	工程单位	高报值	低报值	高高报值	低低报值
PI101	冷流入口压力显示	AI	9.0	27000	0	atm	10	3	15	1
TI101	冷流入口温度显示	AI	92	200	0	℃	170	30	190	10
PI102	热流入口压力显示	AI	10.0	50	0	atm	12	3	15	1
TI102	冷流出口温度显示	AI	145.0	300	0	℃	17	3	19	1
TI103	热流入口温度显示	AI	225	400	0	℃				
TI104	热流出口温度显示	AI	129	300	0	℃				
FI101	流经换热器流量	AI	10000	20000	0	kg/h				
FI102	未流经换热器流量	AI	10000	20000	0	kg/h				

三、事故设置一览

1. FIC101 阀卡

主要现象：(1)FIC101 流量减小。

(2)P101 泵出口压力升高。

(3)冷物流出口温度升高。

事故处理：逐渐打开 FIC101 的旁路阀(VD01)，关闭 FIC101 及前后阀 VB04、VB05，调节流量使其达到正常值 12000kg/h。

2. P101A 泵坏

主要现象：(1)P101 泵出口压力急骤下降。

(2)FIC101 流量急骤减小。

(3)冷物流出口温度升高，汽化率增大。

事故处理：FIC101 切换到手动并关闭，关闭 P101A 泵，开启 P101B 泵，手动调节 FIC101，流量稳定在 12000kg/h 后切换到自动。

3. P102A 泵坏

主要现象：(1)P102 泵出口压力急骤下降。

(2)冷物流出口温度下降，汽化率降低。

事故处理：TIC101 切换到手动并关闭，关闭 P102A 泵，开启 P102B 泵，手动调节 TIC101，温度控制在 177℃后切换到自动。

4. TV101A 阀卡

主要现象：(1)热物流经换热器换热后的温度降低(由于分程控制，TV101A 阀开度也会逐渐关闭)。

(2)冷物流出口温度降低。

事故处理：关闭 TV101A 前后阀，打开 TV101A 的旁路阀(VD08)，调节流量使其达到正常值(10000kg/h)。TIC101A 手动调至 50%。

5. 部分管堵

主要现象：(1)热物流流量减小。

(2)冷物流出口温度降低，汽化率降低。

(3)热物流 P102 泵出口压力略升高。

事故处理：执行停车操作规程，拆换热器清洗。

(1)停热物流进料泵 P102A：关闭 P102 泵的出口阀 VB10；停 P102A 泵；待 PI102 指示小于 0.1atm 时，关闭 P102 泵入口阀 VB11。

(2)停热物流进料：TIC101 置手动并关闭；关闭 TV101A 的前、后阀 VB06、VB07；关闭 TV101B 的前、后阀 VB08、VB09；关闭 E101 热物流出口阀 VD07。

(3)停冷物流进料泵 P101A：关闭 P101 泵的出口阀 VB03；停 P101A 泵；待 PI101 指示小于 0.1atm 时，关闭 P101 泵入口阀 VB01。

(4)停冷物流进料：FIC101 置手动；关闭 FIC101 的前、后阀 VB04、VB05；关闭 FV101；关闭 E101 冷物流出口阀 VD04。

(5)E101 管程泄液：打开管程泄液阀 VD05，观察管程泄液阀 VD05 的出口，当不再有液体泄出时，关闭泄液阀 VD05。

(6)E101 壳程泄液：打开壳程泄液阀 VD02，观察壳程泄液阀 VD02 的出口，当不再有液体泄出时，关闭泄液阀 VD02。

6. 换热器结垢严重

主要现象：热物流出口温度高。

事故处理：执行停车操作规程，拆换热器清洗。

(1)停热物流进料泵 P102A：关闭 P102 泵的出口阀 VB10；停 P102A 泵；待 PI102 指示小于 0.1atm 时，关闭 P102 泵入口阀 VB11。

(2)停热物流进料：TIC101 置手动并关闭；关闭 TV101A 的前、后阀 VB06、VB07；关闭 TV101B 的前、后阀 VB08、VB09；关闭 E101 热物流出口阀 VD07。

(3)停冷物流进料泵 P101A：关闭 P101 泵的出口阀 VB03；停 P101A 泵；待 PI101 指示小于 0.1atm 时，关闭 P101 泵入口阀 VB01。

(4)停冷物流进料：FIC101 置手动；关闭 FIC101 的前、后阀 VB04、VB05；关闭 FV101；关闭 E101 冷物流出口阀 VD04。

(5)E101 管程泄液：打开管程泄液阀 VD05，观察管程泄液阀 VD05 的出口，当不再有液体泄出时，关闭泄液阀 VD05。

(6)E101 壳程泄液：打开壳程泄液阀 VD02，观察壳程泄液阀 VD02 的出口，当不再有液体泄出时，关闭泄液阀 VD02。

四、仿真界面

列管式换热器 DCS 图如图 2-7 所示，现场图如图 2-8 所示。

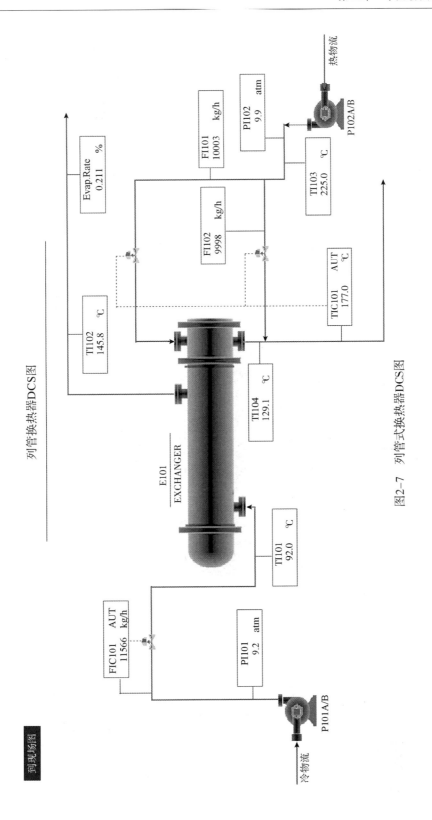

图2-7 列管式换热器DCS图

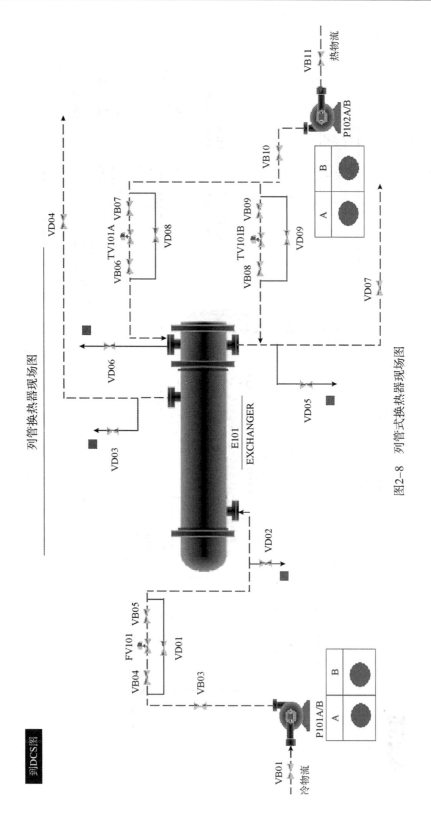

图2-8 列管式换热器现场图

思考题：

(1)冷态开车是先送冷物料，后送热物料；而停车时又要先关热物料，后关冷物料，为什么？

(2)开车时不排出不凝气会有什么后果？如何操作才能排净不凝气？

(3)为什么停车后管程和壳程都要高点排气、低点泄液？

(4)你认为本系统调节器TIC101的设置合理吗？如何改进？

(5)影响间壁式换热器传热量的因素有哪些？

(6)传热有哪几种基本方式，各自的特点是什么？

(7)工业生产中常见的换热器有哪些类型？

实训三　液位控制单元

一、工艺流程说明

1. 工作原理简述

多级液位控制和原料的比例混合，是化工生产中经常遇到的问题。要做到平稳准确的控制，除了按流程中主物料流向逐渐建立液位外，还应准确分析流程，找出主副控制变量，选择合理的自动控制方案，并进行正确的控制操作。本仿真培训单元流程中有1个储罐，2个储槽，通过简单控制回路和分程、串级、比值等复杂控制回路，对其进行液位控制。目的在于掌握多级液位控制和常用的复杂控制系统。

2. 工艺说明

本流程为液位控制系统，通过对三个罐的液位及压力的调节，使学员掌握简单回路及复杂回路的控制及相互关系。

缓冲罐V101仅一股来料，8atm压力的液体通过调节产供阀FIC101向罐V101充液，此罐压力由调节阀PIC101分程控制，缓冲罐压力高于分程点(5.0atm)时，PV101B自动打开泄压，压力低于分程点时，PV101A自动打开给罐充压，使V101压力控制在5atm。缓冲罐V101液位调节器LIC101和流量调节阀FIC102串级调节，一般液位正常控制在50%左右，自V101底抽出液体通过泵P101A或P101B(备用泵)打入罐V102，该泵出口压力一般控制在9atm，FIC102流量正常控制在20000kg/h。

罐V102有两股来料，一股为V101通过FIC102与LIC101串级调节后来的流量；另一股为8atm压力的液体通过调节阀LIC102进入罐V102，一般V102液位控制在50%左右，V102底液抽出通过调节阀FIC103进入V103，正常工况时FIC103的流量控制在30000kg/h。

罐V103也有两股进料，一股来自于V102的底抽出量，另一股为8atm压力的液体通过 FIC103 与 FI103 比值调节进入 V103，比值系数为 2：1，V103 底液体通过 LIC103 调节阀输出，正常时罐 V103 液位控制在 50％左右。

3. 本单元控制回路说明

本单元主要包括单回路控制系统、分程控制系统、比值控制系统、串级控制系统。

1）单回路控制回路

单回路控制回路又称单回路反馈控制。由于在所有反馈控制中，单回路反馈控制是最基本、结构最简单的一种，因此，它又被称之为简单控制。

单回路反馈控制由四个基本环节组成，即被控对象（简称对象）或被控过程（简称过程）、测量变送装置、控制器和控制阀。

所谓控制系统的整定，就是对于一个已经设计并安装就绪的控制系统，通过控制器参数的调整，使得系统的过渡过程达到最为满意的质量指标要求。

本单元的单回路控制有 FIC101、LIC102、LIC103。

2）分程控制回路

通常是一个控制器的输出仅控制一只控制阀。然而分程控制系统却不然，在这种控制回路中，一个控制器的输出可以同时控制两只甚至两只以上的控制阀，控制器的输出信号被分割成若干个信号的范围段，而由每一段信号去控制一只控制阀。

本单元的分程控制回路有 PIC101 分程控制冲压阀 PV101A 和泄压阀 PV101B，如图 2-9 所示。

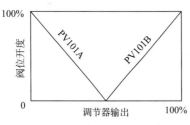

图 2-9　PIC101 分程控制

3）比值控制系统

在化工、炼油及其他工业生产过程中，工艺上常需要两种或两种以上的物料保持一定的比例关系，比例一旦失调，将影响生产或造成事故。

实现两个或两个以上参数符合一定比例关系的控制系统，称为比值控制系统。通常以保持两种或几种物料的流量为一定比例关系的系统，称之流量比值控制系统。

比值控制系统可分为开环比值控制系统、单闭环比值控制系统、双闭环比值控制系统、变比值控制系统、串级和比值控制组合的系统等。

FFIC104 为一比值调节器，根据 FIC1103 的流量，按一定的比例，相适应比例调整 FI103 的流量。

对于比值调节系统，首先是要明确哪种物料是主物料，而另一种物料按主物料来配比。在本单元中，FIC1425（以 C_2 为主的烃原料）为主物料，而 FIC1427（H_2）的量是随主物料（C_2 为主的烃原料）的量的变化而改变。

4）串级控制系统

如果系统中不止采用一个控制器，而且控制器间相互串联，一个控制器的输出作为另一个控制器的给定值，这样的系统称为串级控制系统。

串级控制系统的特点：

（1）能迅速地克服进入副回路的扰动；

（2）改善主控制器的被控对象特征；

（3）有利于克服副回路内执行机构等的非线性。

在本单元中罐 V101 的液位是由液位调节器 LIC101 和流量调节器 FIC102 串级控制。

5）设备一览

V101：缓冲罐。

V102：恒压中间罐。

V103：恒压产品罐。

P101A：缓冲罐 V101 底抽出泵。

P101B：缓冲罐 V101 底抽出备用泵。

二、装置的操作规程

1. 冷态开车规程

装置的开工状态为 V102 和 V103 两罐已充压完毕，保压在 2.0atm，缓冲罐 V101 压力为常压状态，所有可操作阀均处于关闭状态。

1）缓冲罐 V101 充压及液位建立

（1）打开 V101 进料调节器 FIC101 的前后手阀 V1 和 V2，开度在 100％。

（2）打开调节阀 FIC101，阀位一般在 50％左右开度，给缓冲罐 V101 充液，待液位达 50％左右时，FIC101 投自动。

（3）待 V101 见液位后（5％）再启动压力调节阀 PIC101，充压，待压力达 5.0atm 左右时，PIC101 投自动。

2）中间罐 V102 液位建立

（1）确认事项：

①V101 液位达 40％以上；

②V101 压力达 5.0atm 左右。

（2）V102 建立液位：

①打开泵 P101A 的前手阀 V5 为 100％；

②启动泵 P101A；

③当泵出口压力达 10atm 时，打开泵 P101A 的后手阀 V7 为 100％；

④打开流量调节器 FIC102 前后手阀 V9 及 V10 为 100％；

⑤打开出口调节阀 FIC102，手动调节 FV102 开度，使泵出口压力控制在 9.0atm 左右；

⑥打开液位调节阀 LV102 至 50％开度；

⑦操作平稳后调节阀 FIC102 投入自动控制并与 LIC101 串级调节 V101 液位；

⑧V102 液位达 50％左右，LIC102 投自动，设定值为 50％。

3）产品罐 V103 建立液位

（1）确认事项：

V102 液位达 50％左右。

（2）V103 建立液位：

①打开流量调节器 FIC103 的前后手阀 V13 及 V14；

②调节 FIC103，流量达到 30000.0kg/h 左右时投自动（设定值 30000.0kg/h）；

③调节 FFIC104，流量达到 15000.0kg/h 左右时投自动（设定值 2），投串级；

④当 V103 液位达 50％时，打开液位调节阀 LIC103 开度为 50％；

⑤LIC103 调节平稳后投自动，设定值为 50％。

2. 正常操作规程

（1）FIC101 投自动，设定值为 20000.0kg/h。

（2）PIC101 投自动（分程控制），设定值为 5.0atm。

（3）LIC101 投自动，设定值为 50％。

（4）FIC102 投串级（与 LIC101 串级）。

（5）FIC103 投自动，设定值为 30000.0kg/h。

（6）FFIC104 投串级（与 FIC103 比值控制），比值系统为常数 2.0。

（7）LIC102 投自动，设定值为 50％。

（8）LIC103 投自动，设定值为 50％。

（9）泵 P101A（或 P101B）出口压力 PI101 正常值为 9.0atm。

（10）V102 外进料流量 FI101 正常值为 10000.0kg/h。

（11）V103 产品输出量 FI102 的流量正常值为 45000.0kg/h。

3. 停车操作规程

1）正常停车

（1）停用原料缓冲罐 V101：

①将调节阀 FIC101 改为手动操作，关闭 FIC101，再关闭现场手阀 V1 及 V2；

②将调节阀 LIC102 改为手动操作，关闭 LIC102，使 V102 外进料流量 FI101 为 0.0kg/h；

③解除 FIC102 与 LIC101 的串级，FIC102 与 LIC101 投手动；

④当储槽 V101 液位降至 10％时，关闭调节阀 FV102 及其前后阀；

⑤关闭泵 P101A 出口阀 V7，停泵 P101A，关闭泵 P101A 前阀 V5。

（2）停用中间储槽 V102：

①当储槽 V102 液位降至 10％时，FFIC104 投手动；

②FIC103 投手动；

③控制调节阀 FV103 和 FFV104 使流经两者流量比维持在 2.0；

④当储罐 V102 液位为 0.0 时，关调节阀 FIC103 及现场前后手阀 V13 及 V14；

⑤关调节阀 FFV104。

（3）停用产品储槽 V103：

①LIC103 投手动；

②当储罐 V103 液位为 0.0 时，关调节阀 LIC103。

(4)V-101 泄压及排放：

①打开排凝阀 V4；

②罐 V101 液位降到 0.0 时，关闭 V4；

③PIC101 置手动调节，输出值大于 50％放空；

④当罐 V101 内与常压接近时，关闭 PV101A 和 PV101B 阀。

2)紧急停车

紧急停车操作规程同正常停车操作规程。

4. 仪表一览表(见表 2-3)

表 2－3　液位控制单元仪表一览表

位号	说明	类型	正常值	量程高限	量程低限	工程单位	高报	低报	高高报	低低报
FIC101	V101 进料流量	PID	20000.0	40000.0	0.0	kg/h				
FIC102	V101 出料流量	PID	20000.0	40000.0	0.0	kg/h				
FIC103	V102 出料流量	PID	30000.0	60000.0	0.0	kg/h				
FIC104	V103 进料流量	PID	15000.0	30000.0	0.0	kg/h				
LIC101	V101 液位	PID	50.0	100.0	0.0	％				
LIC102	V102 液位	PID	50.0	100.0	0.0	％				
LIC103	V103 液位	PID	50.0	100.0	0.0	％				
PIC101	V101 压力	PID	5.0	10.0	0.0	atm				
FI101	V102 进料液量	AI	10000.0	20000.0	0.0	kg/h				
FI102	V103 出料流量	AI	45000.0	90000.0	0.0	kg/h				
FI103	V103 进料流量	AI	15000.0	30000.0	0.0	kg/h				
PI101	P101A/B 出口压	AI	9.0	10.0	0.0	atm				
FI01	V102 进料流量	AI	20000.0	40000.0	0.0	kg/h	22000.0	5000.0	25000.0	3000.0
FI02	V103 出料流量	AI	45000.0	90000.0	0.0	kg/h	47000.0	43000.0	50000.0	40000.0
FY03	V102 出料流量	AI	30000.0	60000.0	0.0	kg/h	32000.0	28000.0	35000.0	25000.0
FI03	V103 进料流量	AI	15000.0	30000.0	0.0	kg/h	17000.0	13000.0	20000.0	10000.0
LI01	V101 液位	AI	50.0	100.0	0.0	％	80	20	90	10
LI02	V102 液位	AI	50.0	100.0	0.0	％	80	20	90	10
LI03	V103 液位	AI	50.0	100.0	0.0	％	80	20	90	10
PY01	V101 压力	AI	5.0	10.0	0.0	atm	5.5	4.5	6.0	4.0
PI01	P101A/B 出口压力	AI	9.0	18.0	0.0	atm	9.5	8.5	10.0	8.0
FY01	V101 进料流量	AI	20000.0	40000.0	0.0	kg/h	22000.0	18000.0	25000.0	15000.0
LY01	V101 液位	AI	50.0	100.0	0.0	％	80	20	90	10
LY02	V102 液位	AI	50.0	100.0	0.0	％	80	20	90	10
LY03	V103 液位	AI	50.0	100.0	0.0	％	80	20	90	10
FY02	V102 进料流量	AI	20000.0	40000.0	0.0	kg/h	22000.0	18000.0	25000.0	15000.0

位号	说明	类型	正常值	量程高限	量程低限	工程单位	高报	低报	高高报	低低报
FFY04	比值控制器	AI	2.0	4.0	0.0		2.5	1.5	4.0	0.0
PT01	V101 的压力控制	AO	50.0	100.0	0.0	％				
LT01	V101 的液位调节器的输出	AO	50.0	100.0	0.0	％				
LT02	V102 的液位调节器的输出	AO	50.0	100.0	0.0	％				
LT03	V103 的液位调节器的输出	AO	50.0	100.0	0.0	％				

三、事故设置一览

1. 泵 P101A 坏

原因：运行泵 P101A 停。

现象：画面泵 P101A 显示为开，但泵出口压力急剧下降。

处理：先关小出口调节阀开度，启动备用泵 P101B，调节出口压力，压力达 9.0atm 时，关泵 P101A，完成切换。

处理方法：(1)关小 P101A 泵出口阀 V7。

(2)打开 P101B 泵入口阀 V6。

(3)启动备用泵 P101B。

(4)打开 P101B 泵出口阀 V8。

(5)待 PI101 压力达 9.0atm 时，关 V7 阀。

(6)关闭 P101A 泵。

(7)关闭 P101A 泵入口阀 V5。

2. 调节阀 FIC102 阀卡

原因：FIC102 调节阀卡 20％开度不动作。

现象：罐 V101 液位急剧上升，FIC102 流量减小。

处理：打开副线阀 V11，待流量正常后，关调节阀前后手阀。

处理方法：(1)调节 FIC102 旁路阀 V11 开度。

(2)待 FIC102 流量正常后，关闭 FIC102 前后手阀 V9 和 V10。

(3)关闭调节阀 FIC102。

四、仿真界面

液位控制系统 DCS 图如图 2-10 所示，现场图如图 2-11 所示。

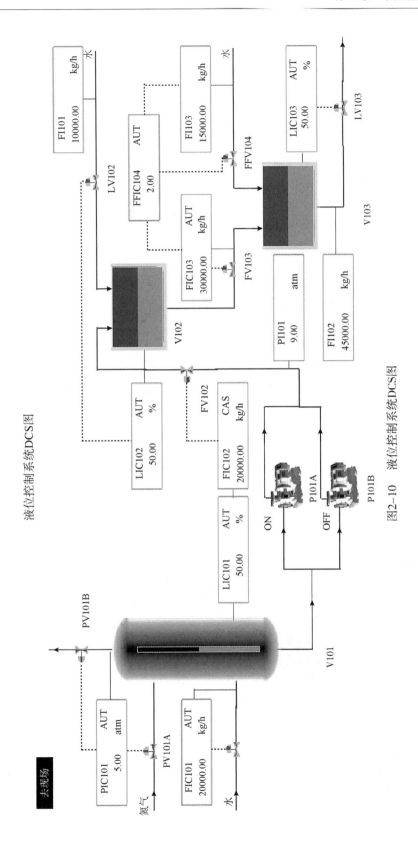

图2-10 液位控制系统DCS图

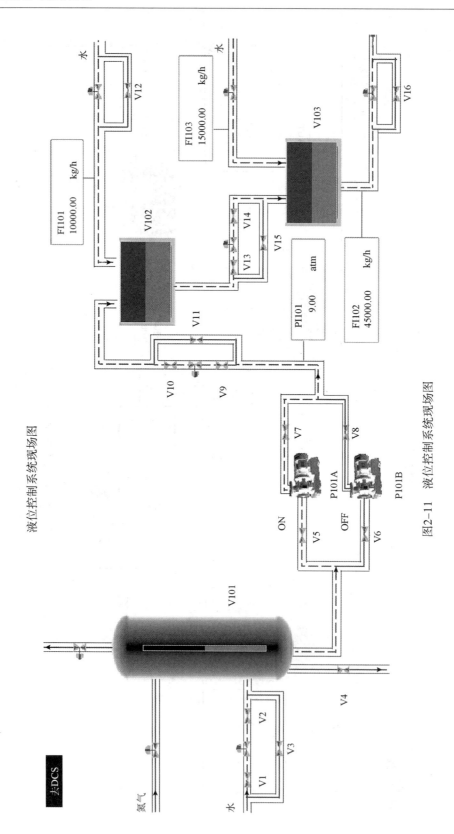

图2-11 液位控制系统现场图

思考题

(1)通过本单元，理解什么是"过程动态平衡"，掌握通过仪表画面了解液位发生变化的原因和如何解决的方法。

(2)请问在调节器 FIC103 和 FFIC104 组成的比值控制回路中，哪一个是主动量？为什么？并指出这种比值调节属于开环，还是闭环控制回路？

(3)本仿真培训单元包括有串级、比值、分程三种复杂调节系统，你能说出它们的特点吗？它们与简单控制系统的差别是什么？

(4)在开/停车时，为什么要特别注意维持流经调节阀 FV103 和 FFV104 的液体流量比值为 2？

(5)开/停车的注意事项有哪些？

实训四　管式加热炉单元

一、工艺流程说明

1. 工作原理简述

在工业生产中，能对物料进行热加工，并使其发生物理或化学变化的加热设备称为工业炉或窑。一般把用来完成各种物料的加热、熔炼等加工工艺的加热设备叫做炉；而把用于固体物料热分解所用的加热设备，叫做窑，如石灰窑。按热源可分为燃煤炉、燃油炉、燃气炉和油气混合燃烧炉。按炉温可分为高温炉(＞1000℃)、中温炉(650～1000℃)和低温炉(＜650℃)。

工业炉的操作使用包括烘炉操作、开/停车操作、热工调节和日常维护。其中烘炉的目的是排出炉体及附属设备中砌体的水分，并使砌体完全转化为砖，避免砌体产生开裂和剥落现象。分为三个主要过程：水分排出期、砌体膨胀期和保温期。

油气混合燃烧管式加热炉开车时，要先对炉膛进行蒸汽吹扫，并先烧燃料气再烧燃料油。而停车时则正好相反，应先停燃料油，后停燃料气。点燃燃料油火嘴前，要先用蒸汽吹扫干净火嘴上的结焦和集水。

2. 工艺流程简述

本单元选择的是石油化工生产中最常用的管式加热炉。管式加热炉是一种直接受热式加热设备，主要用于加热液体或气体化工原料，所用燃料通常有燃料油和燃料气。管式加热炉的传热方式以辐射传热为主，通常由以下几部分构成：

(1)辐射室　通过火焰或高温烟气进行辐射传热的部分。这部分直接受火焰冲刷，温度很高(600～1600℃)，是热交换的主要场所(约占热负荷的 70%～80%)。

(2)对流室　靠辐射室出来的烟气进行以对流传热为主的换热部分。

（3）燃烧器　是使燃料雾化并混合空气，使之燃烧的产热设备，燃烧器可分为燃料油燃烧器、燃料气燃烧器和油-气联合燃烧器。

（4）通风系统　将燃烧用空气引入燃烧器，并将烟气引出炉子，可分为自然通风方式和强制通风方式。本实训的加热炉采用自然通风方式，依靠烟囱本身的抽力通风，炉膛是靠炉膛内高温烟气与炉子外冷空气的密度差所形成的压差把空气从外界吸入。安装在烟道内的挡板可以由全关状态开启到全开状态。因本实训的加热炉采用自然通风方式，所以挡板的作用是用于控制进入加热炉炉膛的空气用量。通过调整挡板和风门的开度能够调整炉膛负压和烟道气中氧气含量。

1）工艺物料系统

某烃类化工原料在流量调节器 FIC101 的控制下先进入加热炉 F-101 的对流段，经对流的加热升温后，再进入 F-101 的辐射段，被加热至 420℃后，送至下一工序，其炉出口温度由调节器 TIC106 通过调节燃料气流量或燃料油压力来控制。

采暖水在调节器 FIC102 控制下，经与 F-101 的烟气换热，回收余热后，返回采暖水系统。

2）燃料系统

燃料气管网的燃料气在调节器 PIC101 的控制下进入燃料气罐 V-105，燃料气在 V-105 中脱油脱水后，分两路送入加热炉，一路在 PCV01 控制下送入常明线；一路在 TV106 调节阀控制下送入油-气联合燃烧器。

来自燃料油罐 V-108 的燃料油经 P101A/B 升压后，在 PIC109 控制压送至燃烧器火嘴前，用于维持火嘴前的油压，多余燃料油返回 V-108。来自管网的雾化蒸汽在 PDIC112 的控制压与燃料油保持一定压差情况下送入燃料器。来自管网的吹热蒸汽直接进入炉膛底部。

3．本单元复杂控制方案说明

炉出口温度控制：

工艺物流炉出口温度 TIC106 是通过一个切换开关 HS101 实现的。实现有两种控制方案：一是直接控制燃料气流量；二是与燃料压力调节器 PIC109 构成串级控制。第一种方案：燃料油的流量固定，不做调节，通过 TIC106 自动调节燃料气流量控制工艺物流炉出口温度；第二种方案：燃料气流量固定，TIC106 和燃料压力调节器 PIC109 构成串级控制回路，控制工艺物流炉出口温度。

4．设备一览

V-105：燃料气分液罐。

V-108：燃料油储罐。

F-101：管式加热炉。

P-101A：燃料油 A 泵。

P-101B：燃料油 B 泵。

二、本单元操作规程

1. 开车操作规程

装置的开车状态为氨置换的常温常压氨封状态。

1）开车前的准备

（1）公用工程启用（现场图"UTILITY"按钮置"ON"）。

（2）摘除联锁（现场图"BYPASS"按钮置"ON"）。

（3）联锁复位（现场图"RESET"按钮置"ON"）。

2）点火前的准备工作

（1）全开加热炉的烟道挡板 MI102。

（2）打开吹扫蒸汽阀 D03，吹扫炉膛内的可燃气体（实际约需 10min）。

（3）待可燃气体的含量低于 0.5％后，关闭吹扫蒸汽阀 D03。

（4）将 MI101 调节至 30％。

（5）调节 MI102 在一定的开度（30％左右）。

3）燃料气准备

（1）手动打开 PIC101 的调节阀，向 V-105 充燃料气。

（2）控制 V-105 的压力不超过 2atm，在 2atm 处将 PIC101 投自动。

4）点火操作

（1）当 V-105 压力大于 0.5atm 后，启动点火棒（"IGNITION"按钮置"ON"），开常明线上的根部阀门 D05。

（2）确认点火成功（火焰显示）。

（3）若点火不成功，需重新进行吹扫和再点火。

5）升温操作

（1）确认点火成功后，先进燃料气线上的调节阀的前后阀（B03、B04），再稍开调节阀（<10％）（TV106），再全开根部阀 D10，引燃料气入加热炉火嘴。

（2）用调节阀 TV106 控制燃料气量，来控制升温速度。

（3）当炉膛温度升至 100℃时恒温 30s（实际生产恒温 1h）烘炉，当炉膛温度升至 180℃时恒温 30s（实际生产恒温 1h）暖炉。

6）引工艺物料

当炉膛温度升至 180℃后，引工艺物料：

（1）先开进料调节阀的前后阀 B01、B02，再稍开调节阀 FV101（<10％），引进工艺物料进加热炉。

（2）先开采暖水线上调节阀的前后阀 B13、B12，再稍开调节阀 FV102（<10％），引采暖水进加热炉。

7）启动燃料油系统

待炉膛温度升至 200℃左右时，开启燃料油系统：

(1)开雾化蒸汽调节阀的前后阀 B15、B14,再微开调节阀 PDIC112(<10%)。

(2)全开雾化蒸汽的根部阀 D09。

(3)开燃料油压力调节阀 PV109 的前后阀 B09、B08。

(4)开燃料油返回 V-108 管线阀 D06。

(5)启动燃料油泵 P101A。

(6)微开燃料油调节阀 PV109(<10%),建立燃料油循环。

(7)全开燃料油根部阀 D12,引燃料油入火嘴。

(8)打开 V-108 进料阀 D08,保持储罐液位为 50%。

(9)按升温需要逐步开大燃料油调节阀,通过控制燃料油升压(最后到 6atm 左右)来控制进入火嘴的燃料油量,同时控制 PDIC112 在 4atm 左右。稳定后 PIC109 和 PDIC112 投自动。

8)调整至正常

(1)逐步升温使炉出口温度至正常(420℃)。

(2)在升温过程中,逐步开大工艺物料线的调节阀,使之流量调整至正常。

(3)在升温过程中,逐步采暖水流量调至正常。

(4)在升温过程中,逐步调整风门使烟气氧含量正常。

(5)逐步调节挡板开度使炉膛负压正常。

(6)逐步调整其它参数至正常。

(7)将联锁系统投用("INTERLOCK"按钮置"ON")。

2. 正常操作规程

1)正常工况下主要工艺参数的生产指标

(1)炉出口温度 TIC106:420℃。

(2)炉膛温度 TI104:640℃。

(3)烟道气温度 TI105:210℃。

(4)烟道氧含量 AR101:4%。

(5)炉膛负压 PI107:-2.0mmH$_2$O。

(6)工艺物料量 FIC101:3072.5kg/h。

(7)采暖水流量 FIC102:9584kg/h。

(8)V-105 压力 PIC101:2atm。

(9)燃料油压力 PIC109:6atm。

(10)雾化蒸汽压差 PDIC112:4atm。

2)TIC106 控制方案切换

工艺物料的炉出口温度 TIC106 可以通过燃料气和燃料油两种方式进行控制。两种方式的切换由 HS101 切换开关来完成。当 HS100 切入燃料气控制时,TIC106 直接控制燃料气调节阀,燃料油由 PIC109 单回路自行控制;当 HS101 切入燃料油控制时,TIC106 与 PIC109 结成串级控制,通过燃料油压力控制燃料油燃烧量。

3. 停车操作规程

1）停车前的准备

摘除联锁系统（现场图上按下"联锁不投用"）。

2）降量

（1）通过 FIC101 逐步降低工艺物料进料量至正常的 70%。

（2）在 FIC101 降量过程中，逐步通过减少燃料油压力或燃料气流量，来维持炉出口温度 TIC106 稳定在 420℃左右。

（3）在 FIC101 降量过程中，逐步降低采暖水 FIC102 的流量。

（4）在降量过程中，适当调节风门和挡板，维持烟气氧含量和炉膛负压。

3）降温及停燃料油系统

（1）当 FIC101 降至正常量的 70%后，逐步开大燃料油的 V-108 返回阀来降低燃料油压力，降温。

（2）待 V-108 返回阀全开后，可逐步关闭燃料油调节阀，再停燃料油泵（P101A/B）。

（3）在降低燃料油压力的同时，降低雾化蒸汽流量，最终关闭雾化蒸汽调节阀。

（4）在以上降温过程中，可适当降低工艺物料进料量，但不可使炉出口温度高于 420℃。

4）停燃料气及工艺物料

（1）待燃料油系统停完后，关闭 V-105 燃料气入口调节阀（PIC101 调节阀），停止向 V-105 供燃料气。

（2）待 V-105 压力下降至 0.2atm 时，关燃料气调节阀 TV106 及其前后阀，关根部阀 D10。

（3）待 V-105 压力降至 0.1atm 时，关长明灯根部阀 D05，灭火。

（4）待炉膛温度低于 150℃时，关 FIC101 调节阀及其前后阀停工艺进料，关 FIC102 调节阀及其前后阀，停采暖水。

5）炉膛吹扫

（1）灭火后，开 D03 吹扫蒸汽，吹扫炉膛 5s（实际 10min）。

（2）炉膛吹扫完成后，关闭 D03。

（3）停吹扫蒸汽后，保持风门、挡板一定开度，使炉膛正常通风。

4. 复杂控制系统和联锁系统

1）炉出口温度控制

工艺物流炉出口温度 TIC106 通过一个切换开关 HS101 实现。实现两种控制方案：一是直接控制燃料气流量；二是与燃料压力调节器 PIC109 构成串级控制。

2）炉出口温度联锁

（1）联锁源。

工艺物料进料量过低（FIC101＜正常值的 50%）。

联锁动作：

关闭燃料气入炉电磁阀 S01。

关闭燃料油入炉电磁阀 S02。

打开燃料油返回电磁阀 S03。

(2)联锁源。

雾化蒸汽压力过低(低于 1atm)。

联锁动作：

关闭燃料油入炉电磁阀 S02。

打开燃料油返回电磁阀 S03。

5. 仪表一览表(见表 2-4)

表 2-4 管式加热炉单元仪表一览表

位号	说　明	类型	正常值	量程上限	量程下限	工程单位	高报	低报	高高报	低低报
AR101	烟气氧含量	AI	4.0	21.0	0.0	%	7.0	1.5	10.0	1.0
FIC101	工艺物料进料量	PID	3072.5	6000.0	0.0	kg/h	4000.0	1500.0	5000.0	1000.0
FIC102	采暖水进料量	PID	9584.0	20000.0	0.0	kg/h	15000.0	5000.0	18000.0	1000.0
LI101	V105 液位	AI	40～60.0	100.0	0.0	%				
LI115	V108 液位	AI	40～60.0	100,0	0.0	%				
PIC101	V105 压力	PID	2.0	4.0	0.0	atm(G)	3.0	1.0	3.5	0.5
PI107	烟膛负压	AI	−2.0	10.0	−10.0	mmH$_2$O	0.0	−4.0	4.0	−8.0
PIC109	燃料油压力	PID	6.0	10.0	0.0	atm(G)	7.0	5.0	9.0	3.0
PDIC112	雾化蒸汽压差	PID	4.0	10.0	0.0	atm(G)	7.0	2.0	8.0	1.0
TI104	炉膛温度	AI	640.0	1000.0	0.0	℃	700.0	600.0	750.0	400.0
TI105	烟气温度	AI	210.0	400.0	0.0	℃	250.0	100.0	300.0	50.0
TIC106	工艺物料炉	PID	420.0	800.0	0.0	℃	430.0	410.0	460.0	370.0
TI108	燃料油温度	AI		100.0	0.0	℃				
TI134	炉出口温度	AI		800.0	0.0	℃	430.0	400.0	450.0	370.0
TI135	炉出品温度	AI		800.0	0.0	℃	430.0	400.0	450.0	370.0
HS101	切换开关	SW								

位号	说　　明	类型	正常值	量程上限	量程下限	工程单位	高报	低报	高高报	低低报
MI101	风门开度	AI		100.0	0.0	%				
MI102	挡板开度	AI		100.0	0.0	%				
TT106	TIC106 的输入	AI	420.0	800.0	0.0	℃	430.0	400	450.0	370.0
PT109	PIC109 的输入	AI	6.0	10.0	0.0	atm	7.0	5.0	9.0	3.0
FT101	FIC101 的输入	AI	3072.5	6000.0	0.0	kg/h	4000.0	1500.0	5000.0	500.0
FT102	FIC102 的输入	AI	9584.0	20000.0	0.0	kg/h	11000.0	5000.0	15000.0	1000.0
PT101	PIC101 的输入	AI	2.0	4.0	0.0	atm	3.0	1.5	3.5	1.0
PT112	PDIC112 的输入	AI	4.0	10.0	0.0	atm	300.0	150.0	350.0	100.0
FRIQ104	燃料气的流量	AI	209.8	400.0	0.0	Nm³/h	0.0	−4.0	4.0	−8.0
COMPG	炉膛内可燃气体的含量	AI	0.00	100.0	0.0	%	0.5	0.0	2.0	0.0

三、事故设置一览

1. 燃料油火嘴堵

事故现象：(1)燃料油泵出口压控阀压力忽大忽小。

　　　　　(2)燃料气流量急骤增大。

处理方法：紧急停车。

2. 燃料气压力低

事故现象：(1)炉膛温度下降。

　　　　　(2)炉出口温度下降。

　　　　　(3)燃料气分液罐压力降低。

处理方法：(1)开大燃料油调节阀 PIC109。

　　　　　(2)联系调度处理。

3. 炉管破裂

事故现象：(1)炉膛温度急骤升高。

　　　　　(2)炉出口温度升高。

　　　　　(3)燃料气控制阀关阀。

处理方法：炉管破裂的紧急停车。

4. 燃料气调节阀卡

事故现象：(1)调节器信号变化时燃料气流量不发生变化。

(2)炉出口温度下降。

处理方法：(1)改现场旁路手动控制，关闭 TIC106 及其前后手阀。

(2)联系仪表人员进行修理。

5. 燃料气带液

事故现象：(1)炉膛和炉出口温度先下降。

(2)燃料气流量增加。

(3)燃料气分液罐液位升高。

处理方法：(1)打开泄液阀 D02，使 V105 罐泄液。

(2)增大燃料气入炉量。

(3)联系调度处理。

6. 燃料油带水

事故现象：燃料气流量增加。

处理方法：(1)关燃料油根部阀和雾化蒸汽。

(2)改由烧燃料气控制。

(3)联系调度处理。

7. 雾化蒸汽压力低

事故现象：(1)产生联锁。

(2)PIC109 控制失灵。

(3)炉膛温度下降。

处理方法：(1)关燃料油根部阀和雾化蒸汽。

(2)调节燃料气调节阀 TIC106，使炉膛温度正常。

(3)联系调度处理。

8. 燃料油泵 P101A 停

事故现象：(1)炉膛温度急剧下降。

(2)燃料气控制阀开度增加。

处理方法：(1)现场启动备用泵 P101B。

(2)调节燃料气控制阀的开度。

四、仿真界面

管式加热炉 DCS 图如图 2-12 所示，现场图如图 2-13 所示。

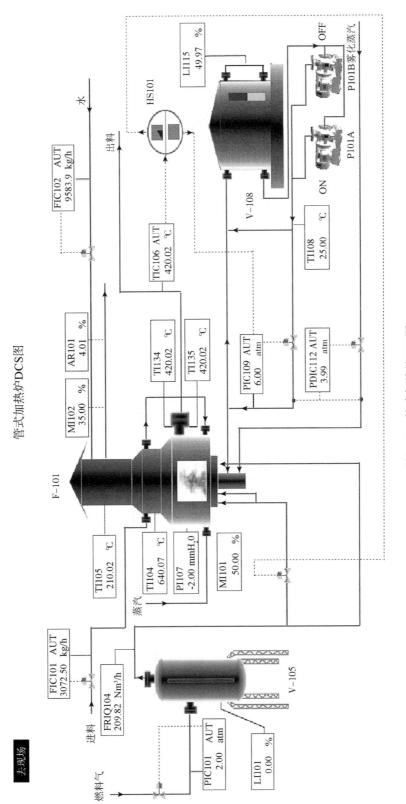

图2-12 管式加热炉DCS图

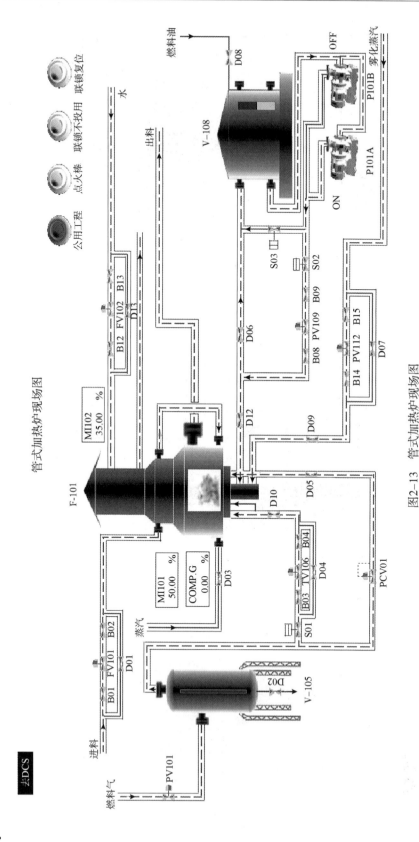

图2-13 管式加热炉现场图

思考题

(1)什么叫工业炉？按热源可分为几类？

(2)油气混合燃烧炉的主要结构是什么？开/停车时应注意哪些问题？

(3)加热炉在点火前为什么要对炉膛进行蒸汽吹扫？

(4)加热炉点火时为什么要先点燃点火棒，再依次开长明线阀和燃料气阀？

(5)在点火失败后，应做些什么工作？为什么？

(6)加热炉在升温过程中为什么要烘炉？升温速度应如何控制？

(7)加热炉在升温过程中，什么时候引入工艺物料，为什么？

(8)在点燃燃油火嘴时应做哪些准备工作？

(9)雾化蒸汽量过大或过小，对燃烧有什么影响？应如何处理？

(10)烟道气出口氧气含量为什么要保持在一定范围？过高或过低意味着什么？

(11)加热过程中风门和烟道挡板的开度大小对炉膛负压和烟道气出口氧气含量有什么影响？

(12)本流程中三个电磁阀的作用是什么？在开/停车时应如何操作？

实训五　精馏塔单元

一、工艺流程说明

1. 工作原理简述

精馏是化工生产中分离互溶液体混和物的典型单元操作，其实质是多级蒸馏，即在一定的压力下，利用互溶液体混合物各组分的沸点或饱和蒸气压不同，经多次部分液相汽化和部分气相冷凝，使轻组分(沸点较低或饱和蒸气压较高的组分)不断汽化到气相，重组分不断冷凝到液相，使气相中的轻组分和液相中的重组分浓度逐渐升高，从而实现轻重组分的分离。

精馏过程的主要设备有精馏塔、再沸器、冷凝器、回流罐和输送设备。精馏塔以进料板为界，上部为精馏段，下部为提馏段。一定温度和压力的料液进入精馏塔后，轻组分在精馏段逐渐浓缩，离开塔顶后全部冷凝进入回流罐，一部分作为塔顶产品(也叫馏出液)，另一部分被送入塔内作为回流液。回流液的目的是补充塔板上的轻组分，使塔板上的液体组成保持稳定，保证精馏操作连续稳定地进行。而重组分在提馏段中浓缩后，一部分作为塔釜产品(也叫残液)，一部分则经再沸器加热后送回塔中，为精馏操作提供一定量连续上升的蒸汽回流。

2. 工艺说明(参见图2-14、图2-15)

本流程是利用精馏过程将脱丙烷塔釜液中的丁烷从混合物中分离出来。由于丁烷的沸点较低，即其挥发度较高，故丁烷易于从液相中汽化出来，经过精馏塔内多次部分汽化部分冷凝，达到分离混合物中丁烷的目的。

原料为 67.8℃脱丙烷塔的釜液（主要有 C_4、C_5、C_6、C_7 等），由脱丁烷塔（DA-405）的第 16 块板进料（全塔共 32 块板），进料量由流量控制器 FIC101 控制。由调节器 TC101 通过调节再沸器加热蒸汽的流量，来控制提馏段灵敏板温度，从而控制丁烷的分离质量。

脱丁烷塔塔釜液（主要为 C_5 以上馏分）一部分作为产品采出，一部分经再沸器（EA-418A、B）部分汽化为蒸汽从塔底入塔。塔釜的液位和塔釜产品采出量由 LC101 和 FC102 组成的串级控制器控制。再沸器采用低压蒸汽加热。塔釜蒸汽缓冲罐（FA-414）液位由液位控制器 LC102 调节底部采出量控制。

塔顶的上升蒸汽（C_4 馏分和少量 C_5 馏分）经塔顶冷凝器（EA-419）全部冷凝成液体，该冷凝液靠位差流入回流罐（FA-408）。塔顶压力 PC102 采用分程控制：在正常的压力波动下，通过调节塔顶冷凝器的冷却水量来调节压力，当压力超高时，压力报警系统发出报警信号，PC102 调节塔顶至回流罐的排气量来控制塔顶压力调节气相出料。操作压力 4.25atm（表压），高压控制器 PC101 将调节回流罐的气相排放量，来控制塔内压力稳定。冷凝器以冷却水为载热体。回流罐液位由液位控制器 LC103 调节塔顶产品采出量来维持恒定。回流罐中的液体一部分作为塔顶产品送下一工序，另一部分液体由回流泵（GA-412）送回塔顶做为回流，回流量由流量控制器 FC104 控制。

3. 本单元复杂控制方案说明

精馏单元复杂控制回路主要是串级回路的使用，在塔釜和塔顶回流罐中都使用了液位与流量串级回路。

串级回路是在简单调节系统基础上发展起来的。在结构上，串级回路调节系统有两个闭合回路。主、副调节器串联，主调节器的输出为副调节器的给定值，系统通过副调节器的输出操纵调节阀动作，实现对主参数的定值调节。所以在串级回路调节系统中，主回路是定值调节系统，副回路是随动系统。

分程控制就是由一只调节器的输出信号控制两只或更多的调节阀，每只调节阀在调节器的输出信号的某段范围中工作。

具体实例：

DA405 的塔釜液位控制 LC101 和和塔釜出料 FC102 构成一串级回路。

FC102.SP 随 LC101.OP 的改变而变化。

PIC102 为一分程控制器，分别控制 PV102A 和 PV102B，当 PC102.OP 逐渐开大时，PV102A 从 0 逐渐开大到 100%；而 PV102B 从 100% 逐渐关小至 0。

4. 设备一览

DA-405：脱丁烷塔。

EA-419：塔顶冷凝器。

FA-408：塔顶回流罐。

GA-412A/B：回流泵。

EA-418A/B：塔釜再沸器。

FA-414：塔釜蒸汽缓冲罐。

二、精馏单元操作规程

1.冷态开车操作规程

装置冷态开工状态为精馏塔单元处于常温、常压氮吹扫完毕后的氮封状态，所有阀门、机泵处于关停状态。

1）进料及排放不凝气

(1)开 FA-408 顶放空阀 PC101 排放不凝气：打开 PV102B 前后截止阀 V51、V52，打开 PV101 前后截止阀 V45、V46，微开 PV101 排放塔内不凝气。

(2)打开 FV101 前后截止阀 V31、V32，稍开 FIC101 调节阀(不超过20％)，向精馏塔进料。

(3)进料后，塔内温度略升，压力升高。当压力 PC101 升至 0.5atm 时，关闭 PC101 调节阀投自动，并控制塔压不超过 4.25atm(如果塔内压力大幅波动，改回手动调节稳定压力)。

2）启动再沸器

(1)当压力 PC101 升至 0.5atm 时，打开 PV102A 前后截止阀 V48、V49，打开冷凝水 PC102 调节阀至 50％；塔压基本稳定在 4.25atm 后，可加大塔进料(FIC101 开至 50％左右)。

(2)待塔釜液位 LC101 升至 20％以上时，开加热蒸汽入口阀 V13，再打开 TV101 前后截止阀 V33、V34，稍开 TC101 调节阀，给再沸器缓慢加热，并调节 TC101 阀开度使塔釜液位 LC101 维持在 40％～60％。

(3)待 FA414 液位 LC102 升至 50％时，打开 LV102 前后截止阀 V36、V37，将蒸汽冷凝水储罐 FA414 的液位控制 LC102 设为自动，设定值为 50％。

(4)逐渐开大 TV101 至 50％，是塔釜温度逐渐上升至 100℃，灵敏板温度升至 75℃。

3）建立回流

随着塔进料增加和再沸器、冷凝器投用，塔压会有所升高。回流罐逐渐积液。

(1)塔压升高时，通过开大 PC102 的输出，改变塔顶冷凝器冷却水量和旁路量来控制塔压稳定。

(2)当回流罐液位 LC103 升至 20％以上时，先开回流泵 GA412A/B 的入口阀 V19，再启动泵，再开出口阀 V17，启动回流泵。

(3)打开 FV104 前截止阀 V43、V44，通过 FC104 的阀开度控制回流量，维持回流罐液位升至 40％以上，同时逐渐关闭进料，全回流操作。

4）调整至正常

(1)待塔压稳定后，将 PC101 设置为自动，设定 PC101 为 4.25atm。

(2)将 PC102 设置为自动，设定 PC102 为 4.25atm。

(3)全稳定后，将 PC101 设置为 5.0atm。

(4)待进料稳定在 14056kg/h 后，将 FIC101 设置为自动，设定 FIC101 为 14056kg/h。

(5)热敏板温度稳定在 89.3℃，塔釜温度 TI102 稳定在 109.3℃后，将 TC101 设置为自动。

(6)将调节阀 FV104 开至 50％，当 FC104 流量稳定在 9664kg/h 后，将其设置为自动，设定 FC104 为 9664kg/h。

(7)打开 FV102 前截止阀 V39，打开 FV102 后截止阀 V40，当塔釜液位无法维持时（大于 35％）逐渐打开 FC102，采出塔釜产品，当塔釜产品采出量稳定在 7349kg/h，将 FC102 设置为自动，设定 FC102 为 7349kg/h。

(8)将 LC101 设置为自动，将 LC101 设为 50％，将 FC102 设置为串级。

(9)打开 FV103 前截止阀 V41，打开 FV103 后截止阀 V42，当回流罐液位无法维持时，逐渐打开 FV103，采出塔顶产品，待产出稳定在 6707kg/h，将 FC103 设置为自动，设定 FC103 为 6707kg/h。

(10)将 LC103 设置为自动，将 LC103 设为 50％，将 FC103 设置为串级。

2．正常操作规程

1)正常工况下的工艺参数

(1)进料流量 FIC101 设为自动，设定值为 14056kg/h。

(2)塔釜采出量 FC102 设为串级，设定值为 7349kg/h，LC101 设自动，设定值为 50％。

(3)塔顶采出量 FC103 设为串级，设定值为 6707kg/h。

(4)塔顶回流量 FC104 设为自动，设定值为 9664kg/h。

(5)塔顶压力 PC102 设为自动，设定值为 4.25atm，PC101 设自动，设定值为 5.0atm。

(6)灵敏板温度 TC101 设为自动，设定值为 89.3℃。

(7)FA-414 液位 LC102 设为自动，设定值为 50％。

(8)回流罐液位 LC103 设为自动，设定值为 50％。

2)主要工艺生产指标的调整方法

(1)质量调节　本系统的质量调节采用以提馏段灵敏板温度作为主参数，以再沸器和加热蒸汽流量的调节系统，实现塔的分离质量控制。

(2)压力控制　在正常的压力情况下，由塔顶冷凝器的冷却水量来调节压力，当压力高于操作压力 4.25atm(表压)时，压力报警系统发出报警信号，同时调节器 PC101 将调节回流罐的气相出料，为了保持同气相出料的相对平衡，该系统采用压力分程调节。

(3)液位调节　塔釜液位由调节塔釜的产品采出量来维持恒定。设有高低液位报警。回流罐液位由调节塔顶产品采出量来维持恒定。设有高低液位报警。

(4)流量调节　进料量和回流量都采用单回路的流量控制；再沸器加热介质流量，由灵敏板温度调节。

3．停车操作规程

1)降负荷

(1)逐步关小 FIC101 调节阀，降低进料至正常进料量的 70％。

(2)在降负荷过程中，保持灵敏板温度 TC101 的稳定性和塔压 PC102 的稳定，使精馏塔分离出合格产品。

（3）在降负荷过程中，断开 LC103 和 FC103 的串级，手动开大 FV103，使回流罐液位 LC104 在 20％左右。

（4）在降负荷过程中，断开 LC101 和 FC102 的串级，手动开大 FV102，使 LC101 降至 30％左右。

2）停进料和再沸器

在负荷降至正常的 70％，且产品已大部采出后，停进料和再沸器。

（1）关 FIC101 调节阀，停精馏塔进料，关闭 FV101 前后截止阀 V31、V32。

（2）关 TC101 调节阀，关闭 TV101 前后截止阀 V33、V34，V13 或 V16 阀，停再沸器的加热蒸汽。

（3）关 FC102 调节阀及其前后截止阀 V39、V40，关 FC103 调节阀及其前后截止阀 V41、V42，停止产品采出。

（4）打开塔釜泄液阀 V10，排不合格产品。

（5）手动打开 LC102 调节阀，对 FA-114 泄液。

3）停回流

（1）停进料和再沸器后，回流罐中的液体全部通过回流泵打入塔，以降低塔内温度。

（2）当回流罐液位至 0 时，关 FC104 调节阀及其前后截止阀 V43、V44，关泵出口阀 V17（或 V18），停泵 GA412A（或 GA412B），关入口阀 V19（或 V20），停回流。

（3）开泄液阀 V10 排净塔内液体。

4）降压、降温

（1）打开 PC101 调节阀，将塔压降至接近常压后，关 PC101 调节阀及其前后截止阀 V45、V46。

（2）灵敏板温度降至 50℃以下，关塔顶冷凝器冷凝水，手动关闭 PV102A 及其前后截止阀 V48、V49。

（3）当塔釜液位降至 0 后，关闭泄液阀 V10。

4. 仪表一览表（见表 2-5）

表 2-5　精馏塔单元仪表一览表

位号	说明	类型	正常值	量程高限	量程低限	工程单位
FIC101	塔进料量控制	PID	14056.0	28000.0	0.0	kg/h
FC102	塔釜采出量控制	PID	7349.0	14698.0	0.0	kg/h
FC103	塔顶采出量控制	PID	6707.0	13414.0	0.0	kg/h
FC104	塔顶回流量控制	PID	9664.0	19000.0	0.0	kg/h
PC101	塔顶压力控制	PID	4.25	8.5	0.0	atm
PC102	塔顶压力控制	PID	4.25	8.5	0.0	atm
TC101	灵敏板温度控制	PID	89.3	190.0	0.0	℃
LC101	塔釜液位控制	PID	50.0	100.0	0.0	％

续表

位号	说明	类型	正常值	量程高限	量程低限	工程单位
LC102	塔釜蒸汽缓冲罐液位控制	PID	50.0	100.0	0.0	%
LC103	塔顶回流罐液位控制	PID	50.0	100.0	0.0	%
TI102	塔釜温度	AI	109.3	200.0	0.0	℃
TI103	进料温度	AI	67.8	100.0	0.0	℃
TI104	回流温度	AI	39.1	100.0	0.0	℃
TI105	塔顶气温度	AI	46.5	100.0	0.0	℃

三、事故设置一览

1. 加热蒸汽压力过高

原因：热蒸汽压力过高。

现象：加热蒸汽的流量增大，塔釜温度持续上升。

处理：适当减小 TC101 的阀门开度。

(1)将 TC101 改为手动调节。

(2)减小调节阀 TV101 的开度。

(3)待温度稳定后，将 TC101 改为自动调节，将 TC101 设定为 89.3℃。

2. 加热蒸汽压力过低

原因：热蒸汽压力过低。

现象：加热蒸汽的流量减小，塔釜温度持续下降。

处理：适当增大 TC101 的开度。

(1)将 TC101 改为手动调节。

(2)增大调节阀 TV101 的开度。

(3)待温度稳定后，将 TC101 改为自动调节，将 TC101 设定为 89.3℃。

3. 冷凝水中断

原因：停冷凝水。

现象：塔顶温度上升，塔顶压力升高。

处理：(1)开回流罐放空阀 PC101 保压。

(2)手动关闭 FC101 及其前后截止阀 V31、V32，停止进料。

(3)手动关闭 TC101 及其前后截止阀 V33、V34，停加热蒸汽。

(4)手动关闭 FC102 及其前后截止阀 V39、V40，停止塔釜产品采出。

(5)手动关闭 FC103 及其前后截止阀 V41、V42，停止塔顶产品采出。

(6)开塔釜排液阀 V10，排不合格产品。

(7)开回流罐排液阀 V23，排不合格产品。

(8)手动打开 LIC102，对 FA114 泄液。

(9)当回流罐液位为 0 时，关闭 FIC104，关闭 V23。

(10)关闭回流泵出口阀 V17。

(11)关闭回流泵 GA424A。

(12)关闭回流泵入口阀 V19。

(13)待塔釜液位为 0 时，关闭泄液阀 V10。

(14)待塔顶压力降为常压后，关闭冷凝器，关闭 PV102A 前后截止阀 V48、V49。

4. 停电

原因：停电。

现象：回流泵 GA412A 停止，回流中断。

处理：(1)手动开回流罐放空阀 PC101 泄压。

(2)手动关闭 FC101 及其前后截止阀 V31、V32，停止进料。

(3)手动关闭 TC101 及其前后截止阀 V33、V34，停加热蒸汽。

(4)手动关闭 FC102 及其前后截止阀 V39、V40，停止塔釜产品采出。

(5)手动关闭 FC103 及其前后截止阀 V41、V42，停止塔顶产品采出。

(6)开塔釜排液阀 V10，排不合格产品。

(7)开回流罐排液阀 V23，排不合格产品。

(8)手动打开 LIC102，对 FA114 泄液。

(9)当回流罐液位为 0 时，关闭 V23。

(10)关闭回流泵出口阀 V17。

(11)关闭回流泵 GA424A。

(12)关闭回流泵入口阀 V19。

(13)待塔釜液位为 0 时，关闭泄液阀 V10。

(14)待塔顶压力降为常压后，关闭冷凝器，关闭 PV102A 前后截止阀 V48、V49。

5. 回流泵故障

原因：回流泵 GA-412A 坏。

现象：GA-412A 断电，回流中断，塔顶压力、温度上升。

处理：(1)开备用泵入口阀 V20。

(2)启动备用泵 GA412B。

(3)开备用泵出口阀 V18。

(4)关闭运行泵出口阀 V17。

(5)停运行泵 GA412A。

(6)关闭运行泵入口阀 V19。

6. 回流控制阀 FC104 阀卡

原因：回流控制阀 FC104 阀卡。

现象：回流量减小，塔顶温度上升，压力增大。

处理：(1)将 FC104 设为手动模式。

　　　(2)关闭 FV104 前后截止阀 V43、V44。

　　　(3)打开旁通阀 V14，保持回流。

7. 加热蒸汽中断

原因：低压蒸汽停送。

现象：塔釜温度、灵敏板温度、塔顶温度降低，塔压下降。

处理：打开旁路阀 V14，保持回流。

处理：(1)开回流罐放空阀 PC101 保压。

　　　(2)手动关闭 FC101 及其前后截止阀 V31、V32，停止进料。

　　　(3)手动关闭 TC101 及其前后截止阀 V33、V34，停加热蒸汽。

　　　(4)手动关闭 FC102 及其前后截止阀 V39、V40，停止塔釜产品采出。

　　　(5)手动关闭 FC103 及其前后截止阀 V41、V42，停止塔顶产品采出。

　　　(6)开塔釜排液阀 V10，排不合格产品。

　　　(7)开回流罐排液阀 V23，排不合格产品。

　　　(8)手动打开 LIC102，对 FA114 泄液。

　　　(9)当回流罐液位为 0 时，关闭 FIC104，关闭 V23。

　　　(10)关闭回流泵出口阀 V17。

　　　(11)关闭回流泵 GA424A。

　　　(12)关闭回流泵入口阀 V19。

　　　(13)待塔釜液位为 0 时，关闭泄液阀 V10。

　　　(14)待塔顶压力降为常压后，关闭冷凝器，关闭 PV102A 前后截止阀 V48、V49。

8. 塔釜出料调节阀卡

原因：塔釜出料调节阀 FV102 阀卡。

现象：塔釜采出流量减少。

处理：(1)将 FC102 设为手动模式。

　　　(2)关闭 FV102 前截止阀 V39。

　　　(3)关闭 FV102 后截止阀 V40。

　　　(4)打开 FV102 旁通阀 V12，维持塔釜液位。

9. 再沸器严重结垢

原因：再沸器严重结垢。

现象：塔釜温度、灵敏板温度缓慢下降。

处理：(1)打开备用再沸器 EA408B 蒸汽入口阀 V16。

　　　(2)关闭再沸器 EA408A 蒸汽入口阀 V13。

10. 仪表风停

原因：仪表风供应中断。

现象：所有流量仪表归零，各调节阀、电磁阀不能有效运行。

处理：(1)打开 FV101 的旁通阀 V11。

(2)打开 TV101 的旁通阀 V35。

(3)打开 LV102 的旁通阀 V38。

(4)打开 FV102 的旁通阀 V12。

(5)打开 PV102A 的旁通阀 V50。

(6)打开 FV104 的旁通阀 V14。

(7)打开 FV103 的旁通阀 V15。

(8)关闭气闭阀 PV102A 的前截止阀 V48。

(9)关闭气闭阀 PV102A 的后截止阀 V49。

(10)关闭气闭阀 PV101 的前截止阀 V45。

(11)关闭气闭阀 PV101 的后截止阀 V46。

(12)调节旁通阀使 PI101 为 4.25atm。

(13)调节旁通阀使 FA408 液位 LC103 为 50%。

(14)调节旁通阀使精馏塔液位 LC101 为 50%。

(15)调节旁通阀使 FA414 液位 LC102 为 50%。

(16)调节旁通阀使精馏塔温度 TC101 为 89.3℃。

(17)调节旁通阀使精馏塔进料 FIC101 为 14056kg/h。

(18)调节旁通阀使精馏塔回流流量 FC104 为 9664kg/h。

11. 进料压力突然增大

原因：回流控制阀 FC104 阀卡。

现象：回流量减小，塔顶温度上升，压力增大。

处理：(1)将 FIC101 投手动。

(2)调节 FV101，使原料液进料达到正常值。

(3)原料液进料量稳定在 14056kg/h。

(4)原料液进料量稳定在 14056kg/h 后，将 FIC101 投自动。

(5)将 FIC101 设定为 14056kg/h。

12. 再沸器积水

原因：回流控制阀 FC104 阀卡。

现象：回流量减小，塔顶温度上升，压力增大。

处理：(1)调节 LV102，降低 FA414 液位。

(2)罐 FA414 液位维持在 50% 左右。

(3)当罐 FA414 液位维持在 50% 左右时，将 LC102 投自动。

(4)将 LC102 的设定值设定为 50%。

(5)维持精馏塔温度 TC101 为 89.3℃。

(6)精馏塔液位 LC101 维持在 50% 左右。

13. 回流罐液位超高

原因：回流控制阀 FC104 阀卡。

现象：回流量减小，塔顶温度上升，压力增大。

处理：(1)将 FC103 设为手动模式。

(2)开大阀 FV102。

(3)打开泵 GA412B 前阀 V20，开度为 50%。

(4)启动泵 GA412B。

(5)打开泵 GA412B 后阀 V18，开度为 50%。

(6)将 FC104 设为手动模式。

(7)及时调整阀 FV104，使 FC104 流量稳定在 9664kg/h 左右。

(8)当 FA408 液位接近正常值液位时，关闭泵 GA412B 后阀 V18。

(9)关闭泵 GA412B。

(10)关闭泵 GA412B 前阀 V20。

(11)及时调整阀 FV103，使回流罐液位 LC103 稳定在 50%。

(12)LC103 稳定在 50%后，将 FC103 为串级。

(13)FC104 最后稳定在 9664kg/h 后，将 FC104 设为自动。

(14)将 FC104 的设定值设为 9664kg/h。

14. 塔釜轻组分含量偏高

原因：回流控制阀 FC104 阀卡。

现象：回流量减小，塔顶温度上升，压力增大。

处理：(1)手动调节回流阀 FV104。

(2)当回流量稳定在 9664kg/h 时，将 FC104 投自动。

(3)将 FC104 的设为 9664kg/h。

(4)回流流量 FC104 稳定在 9664kg/h。

(5)塔釜轻组分含量低于 0.2%。

15. 原料液进料调节阀卡

原因：回流控制阀 FC104 阀卡。

现象：回流量减小，塔顶温度上升，压力增大。

处理：(1)将 FIC101 置为手动。

(2)关闭 FV101 前截止阀 V31。

(3)关闭 FV101 后截止阀 V32。

(4)打开 FV101 旁通阀 V11，维持塔釜液位。

四、仿真界面

精馏塔 DCS 图如图 2-14 所示，现场图如图 2-15 所示。

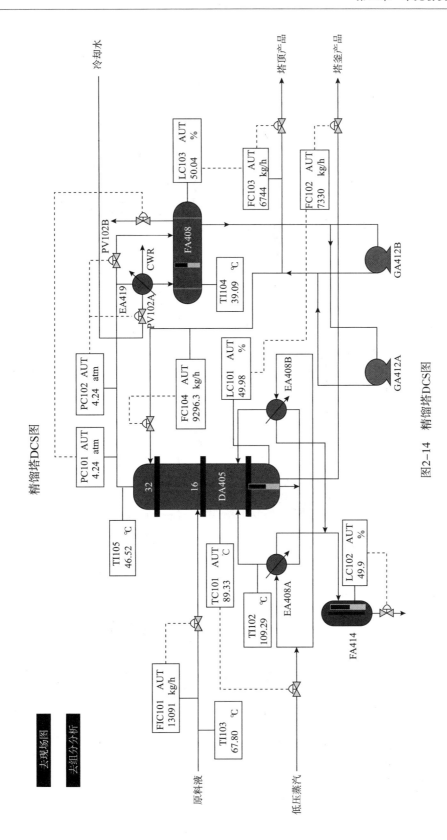

图2-14 精馏塔DCS图

精馏塔DCS图

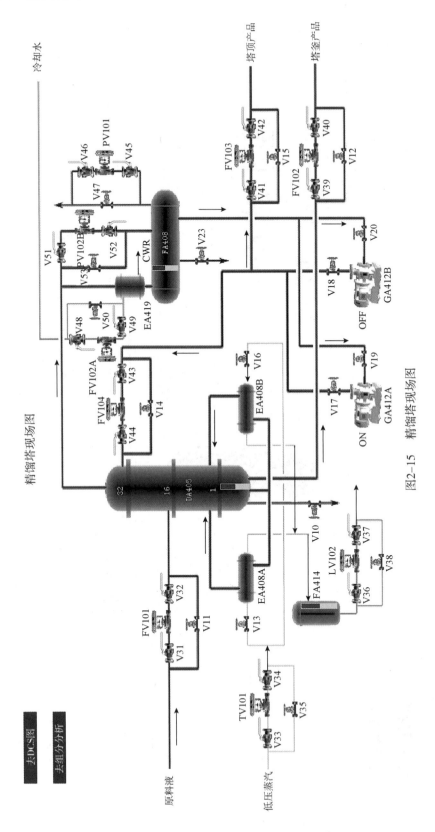

图2-15　精馏塔现场图

思考题

(1)什么叫蒸馏？在化工生产中分离什么样的混合物？蒸馏和精馏的关系是什么？

(2)精馏的主要设备有哪些？

(3)在本单元中，如果塔顶温度、压力都超过标准，可以有几种方法将系统调节稳定？

(4)当系统在一较高负荷突然出现大的波动、不稳定，为什么要将系统降到一低负荷的稳态，再重新开到高负荷？

(5)根据本单元的实际，结合"化工原理"讲述的原理，说明回流比的作用。

(6)若精馏塔灵敏板温度过高或过低，则意味着分离效果如何？应通过改变哪些变量来调节至正常？

(7)请分析本流程中如何通过分程控制来调节精馏塔正常操作压力的。

(8)根据本单元的实际，理解串级控制的工作原理和操作方法。

实训六　吸收解吸单元

一、工艺流程说明

1. 工作原理简述

吸收解吸是化工生产过程中用于分离均相气体混合物的单元操作，与蒸馏操作一样是属于气-液两相操作，目的是分离均相混合物。吸收是利用气体混合物中各组分在液体吸收剂中的溶解度不同，来分离气体混合物的过程。能够溶解的组分称为溶质或吸收质，要进行分离的混合气体富含溶质称为富气，不被吸收的气体称为贫气，也叫惰性气体或载体。不含溶质的吸收剂称为贫液(或溶剂)，富含溶质的吸收剂称为富液。

当吸收剂与气体混合物接触，溶质便向液相转移，直至液相中溶质达到饱和，浓度不再增加为止，这种状态称为相平衡。平衡状态下气相中的溶质分压称为平衡分压，吸收过程进行的方向与限度取决于溶质在气液两相中的平衡关系。当溶质在气相中的实际分压高于平衡分压，溶质由气相向液相转移，此过程称为吸收；当溶质在气相中的实际分压低于平衡分压，溶质从液相逸出到气相，此过程称为解吸，是吸收过程的逆过程。

提高压力、降低温度有利于溶质吸收；降低压力、提高温度有利于溶质解吸。正是利用这一原理，吸收剂可以重复使用。

2. 工艺说明

该单元以 C_6 油为吸收剂，分离气体混合物(其中 C_4：25.13%，CO 和 CO_2：6.26%，N_2：64.58%，H_2：3.5%，O_2：0.53%)中的 C_4 组分(吸收质)。

从界区外来的富气从底部进入吸收塔 T-101。界区外来的纯 C_6 油吸收剂贮存于 C_6 油储罐 D-101 中，由 C_6 油泵 P-101A/B 送入吸收塔 T-101 的顶部，C_6 流量由 FRC103 控制。吸收剂 C_6 油在吸收塔 T-101 中自上而下与富气逆向接触，富气中 C_4 组分被溶解在 C_6 油中。不溶解的贫气自 T-101 顶部排出，经盐水冷却器 E-101 被 $-4℃$ 的盐水冷却至 $2℃$ 进入尾气分离罐 D-102。吸收了 C_4 组分的富油（C_4：8.2%，C_6：91.8%）从吸收塔底部排出，经贫富油换热器 E-103 预热至 $80℃$ 进入解吸塔 T-102。吸收塔塔釜液位由 LIC101 和 FIC104 通过调节塔釜富油采出量串级控制。

来自吸收塔顶部的贫气在尾气分离罐 D-102 中回收冷凝的 C_4、C_6 后，不凝气在 D-102 压力控制器 PIC103（1.2MPaG）控制下排入放空总管进入大气。回收的冷凝液（C_4、C_6）与吸收塔釜排出的富油一起进入解吸塔 T-102。

预热后的富油进入解吸塔 T-102 进行解吸分离。塔顶气相出料（C_4：95%）经全冷器 E-104 换热降温至 $40℃$ 全部冷凝进入塔顶回流罐 D-103，其中一部分冷凝液由 P-102A/B 泵打回流至解吸塔顶部，回流量 8.0t/h，由 FIC106 控制，其他部分做为 C_4 产品在液位控制（LIC105）下由 P-102A/B 泵抽出。塔釜 C_6 油在液位控制（LIC104）下，经贫富油换热器 E-103 和盐水冷却器 E-102 降温至 $5℃$ 返回至 C_6 油储罐 D-101 再利用，返回温度由温度控制器 TIC103 通过调节 E-102 循环冷却水流量控制。

T-102 塔釜温度由 TIC104 和 FIC108 通过调节塔釜再沸器 E-105 的蒸汽流量串级控制，控制温度 $102℃$。塔顶压力由 PIC-105 通过调节塔顶冷凝器 E-104 的冷却水流量控制，另有一塔顶压力保护控制器 PIC-104，在塔顶有凝气压力高时通过调节 D-103 放空量降压。

因为塔顶 C_4 产品中含有部分 C_6 油及其他 C_6 油损失，所以随着生产的进行，要定期观察 C_6 油储罐 D-101 的液位，补充新鲜 C_6 油。

3. 本单元复杂控制方案说明

吸收解吸单元复杂控制回路主要是串级回路的使用，在吸收塔、解吸塔和产品罐中都使用了液位与流量串级回路。

串级回路是在简单调节系统基础上发展起来的。在结构上，串级回路调节系统有两个闭合回路。主、副调节器串联，主调节器的输出为副调节器的给定值，系统通过副调节器的输出操纵调节阀动作，实现对主参数的定值调节。所以在串级回路调节系统中，主回路是定值调节系统，副回路是随动系统。

举例：在吸收塔 T101 中，为了保证液位的稳定，有一塔釜液位与塔釜出料组成的串级回路。液位调节器的输出同时是流量调节器的给定值，即流量调节器 FIC104 的 SP 值由液位调节器 LIC101 的输出 OP 值控制，LIC101. OP 的变化使 FIC104. SP 产生相应的变化。

4. 设备一览

T101：吸收塔。

D101：C_6 油储罐。

D102：气液分离罐。

E101：吸收塔顶冷凝器。

E102：循环油冷却器。

P101A/B：C_6 油供给泵。

T102：解吸塔。

D103：解吸塔顶回流罐。

E103：贫富油换热器。

E104：解吸塔顶冷凝器。

E105：解吸塔釜再沸器。

P102A/B：解吸塔顶回流、塔顶产品采出泵。

二、吸收解吸单元操作规程

1. 开车操作规程

装置的开工状态为吸收塔解吸塔系统均处于常温常压下，各调节阀处于手动关闭状态，各手操阀处于关闭状态，氮气置换已完毕，公用工程已具备条件，可以直接进行氮气充压。

1）氮气充压

（1）确认所有手阀处于关状态。

（2）氮气充压：

①打开氮气充压阀 V2，给吸收塔系统充压。

②当吸收塔系统压力升至 1.0MPa(g)左右时，关闭 N_2 充压阀。

③打开氮气充压阀 V20，给解吸塔系统充压。

④当吸收塔系统压力升至 0.5MPa(g)左右时，关闭 N_2 充压阀。

2）进吸收油

（1）确认：

①系统充压已结束；

②所有手阀处于关状态。

（2）吸收塔系统进吸收油：

①打开引油阀 V9 至开度 50%左右，给 C_6 油储罐 D-101 充 C6 油至液位 70%。

②打开 C_6 油泵 P-101A（或 B）的入口阀，启动 P-101A（或 B）。

③打开 P-101A（或 B）出口阀，打开调节阀 FV103 前阀 VI1、后阀 VI2，手动打开 FV103 阀至 30%左右给吸收塔 T-101 充液至 50%。充油过程中注意观察 D-101 液位，必要时给 D-101 补充新油。

（3）解吸塔系统进吸收油：

①打开调节阀 FV104 前阀 VI3、后阀 VI4，手动打开调节阀 FV104 开度至 50%左右，给解吸塔 T-102 进吸收油至液位 50%。

②给 T-102 进油时注意给 T-101 和 D-101 补充新油，以保证 D-101 和 T-101 的液位均不低于 50%。

3）C6 油冷循环

(1)确认：

①储罐、吸收塔、解吸塔液位 50％左右。

②吸收塔系统与解吸塔系统保持合适压差。

(2)建立冷循环：

①打开调节阀 LV104 前阀 VI13、后阀 VI14，手动逐渐打开调节阀 LV104，向 D-101 倒油。

②当向 D-101 倒油时，同时逐渐调整 LV104，以保持 T-102 液位在 50％左右，将 LIC104 设定在 50％设自动。

③由 T-101 至 T-102 油循环时，手动调节 FV103 以保持 T-101 液位在 50％左右，将 LIC101 设定在 50％投自动。LIC101 稳定在 50％后，将 FIC104 投串级。

④手动调节 FV103，使 FRC103 保持在 13.50t/h，投自动，冷循环 10min。

4)T-102 回流罐 D-103 灌 C_4

打开 V21 向 D-103 灌 C_4 至液位为 40％，关闭 V21 阀。

5)C_6 油热循环

(1)确认：

①冷循环过程已经结束。

②D-103 液位已建立。

(2)T-102 再沸器投用：

①打开调节阀 TV103 前阀 VI7、后阀 VI8，设定 TIC103 于 5℃，投自动。

②打开调节阀 PV105 前阀 VI17、后阀 VI18，手动打开 PV105 至 70％。

③手动控制 PIC105 于 0.5MPa，待回流稳定后再投自动。

④打开调节阀 FV108 前阀 VI23、后阀 VI24，手动打开 FV108 至 50％，开始给 T-102 加热。

⑤打开调节阀 PV104 前阀 VI19、后阀 VI20，通过调节 PV104，控制塔压在 0.5MPa。

(3)建立 T-102 回流：

①随着 T-102 塔釜温度 TIC107 逐渐升高，C6 油开始汽化，并在 E-104 中冷凝至回流罐 D-103。

②当塔顶温度高于 45℃时，打开 P-102A/B 泵的入口阀 VI25/VI27、启动 P-102A/B 泵、打开其出口阀 VI26/VI28，打开 FV106 的前后阀，手动打开 FV106 至合适开度，维持塔顶温度高于 51℃。

③当 TIC107 温度指示达到 102℃时，将 TIC107 设定在 102℃投自动，TIC107 和 FIC108 投串级。

④热循环 10min。

6)进富气：

(1)确认 C6 油热循环已经建立。

(2)进富气：

①打开 V4 阀，启用冷凝气 E-101，逐渐打开富气进料阀 V1，开始富气进料，FI101

流量控制为 5t/h。

②随着 T-101 富气进料，塔压升高，打开调节阀 PV103 前阀 VI5、后阀 VI6，手动调节 PIC103 使压力恒定在 1.2MPa（表）。当富气进料达到正常值后，设定 PIC103 于 1.2MPa（表），投自动。

③当吸收了 C4 的富油进入解吸塔后，塔压将逐渐升高，手动调节 PIC105，维持 PIC105 在 0.5MPa（表），稳定后投自动。PIC104 投自动，设定值为 0.55MPa。

④当 T-102 温度、压力控制稳定后，手动调节 FIC106 使回流量达到正常值 8.0t/h，投自动。

⑤观察 D-103 液位，液位高于 50％时，打开 LIV105 的前后阀，手动调节 LIC105 维持液位在 50％，投自动，将 LV105 投自动，设定在 50％。

⑥将所有操作指标逐渐调整到正常状态。

2. 正常操作规程

1）正常工况操作参数

(1)吸收塔顶压力控制 PIC103：1.20MPa（表）。

(2)吸收油温度控制 TIC103：5.0℃。

(3)解吸塔顶压力控制 PIC105：0.50MPa（表）。

(4)解吸塔顶温度：51.0℃。

(5)解吸塔釜温度控制 TIC107：102.0℃。

2）补充新油

因为塔顶 C_4 产品中含有部分 C_6 油及其他 C_6 油损失，所以随着生产的进行，要定期观察 C_6 油储罐 D-101 的液位，当液位低于 30％时，打开阀 V9 补充新鲜的 C_6 油。

3）D-102 排液

生产过程中贫气中的少量 C_4 和 C_6 组分积累于尾气分离罐 D-102 中，定期观察 D-102 的液位，当液位高于 70％时，打开阀 V7 将凝液排放至解吸塔 T-102 中。

4）T-102 塔压控制

正常情况下 T-102 的压力由 PIC-105 通过调节 E-104 的冷却水流量控制。生产过程中会有少量不凝气积累于回流罐 D-103 中使解吸塔系统压力升高，这时 T-102 顶部压力超高保护控制器 PIC-104 会自动控制排放不凝气，维持压力不会超高。必要时可打手动打开 PV104 至开度 1％～3％来调节压力。

3. 停车操作规程

1）停富气进料和 C_4 产品出料

(1)关闭进料阀 V1，停富气进料。

(2)将调节阀 LIC105 置手动。

(3) 关闭调节阀 LV105，关闭调节阀 LV105 前阀 VI21，关闭调节阀 LV105 后阀 VI22。

(4)将压力控制器 PIC103 置手动。

(5)手动控制调节阀 PV103，维持 T-101 压力不小于 1.0MPa。

(6)将压力控制器 PIC104 置手动。

(7)手动控制调节阀 PV104 维持解吸塔压力在 0.2MPa 左右。

2)停 C6 油进料

(1)关闭泵 P101A 出口阀 VI10，关闭泵 P101A，关闭泵 P101A 进口阀 VI9。

(2)关闭 FV103，关闭 FV103 前阀 VI1，关闭 FV103 后阀 VI2。

(3)维持 T-101 压力(≥1.0MPa)，如果压力太低，打开 V2 充压。

3)吸收塔系统泄油

(1)将 FIC104 解除串级置手动状态。

(2)FV104 开度保持 50％向 T-102 泄油。

(3)当 LIC101 为 0％时关闭 FV104，关闭 FV104 前阀 VI3，关闭 FV104 后阀 VI4。

(4)打开 V7 阀(开度＞10％)，将 D-102 中凝液排至 T-102。

(5)当 D-102 中的液位降至 0 时，关闭 V7 阀。

(6)关 V4 阀，中断冷却盐水，停 E-101。

(7)手动打开 PV103(开度＞10％)，吸收塔系统泄压。

(8)当 PI101 为 0 时，关 PV103，关 PV103 前阀 VI5，关 PV103 后阀 VI6。

4)T-102 降温

(1)TIC107 置手动。

(2)FIC108 置手动。

(3)关闭 E-105 蒸汽阀 FV108，关闭 E-105 蒸汽阀 FV108 前阀 VI23，关闭 E-105 蒸汽阀 FV108 后阀 VI24，停再沸器 E-105。

(4)手动调节 PV105 和 PV104，保持解吸塔压力(0.2MPa)。

5)停 T-102 回流

(1)当 LIC105＜10％时，关 P-102A 后阀 VI26，停泵 P102A，关 P-102A 前阀 VI25。

(2)手动关闭 FV106，关闭 FV106 后阀 VI16，关闭 FV106 前阀 VI15。

(3)打开 D-103 泄液阀 V19(开度＞10％)。

(4)当液位指示下降至 0 时，关闭阀 V19。

6)T-102 泄油

(1)置 LIC104 于手动。

(2)手动置 LV104 于 50％，将 T-102 中的油倒入 D-101。

(3)当 D-102 液位 LIC104 指示下降至 10％时。关 LV104，关 LV104 前阀 VI13，关 LV104 后阀 VI14。

(4)置 TIC103 于手动。

(5)手动关闭 TV103，手动关闭 TV103 前阀 VI17，手动关闭 TV103 后阀 VI18。

(6)打开 T-102 泄油阀 V18(开度＞10％)。

（7）T-102 液位 LIC104 下降至 0 时，关 V18。

7）T-102 泄压

（1）手动打开 PV104 至开度 50％；开始 T-102 系统泄压。

（2）当 T-102 系统压力降至常压时，关闭 PV104。

8）吸收油储罐 D-101 排油

（1）当停 T-101 吸收油进料后，D-101 液位必然上升，此时打开 D-101 排油阀 V10 排污油。

（2）直至 T-102 中油倒空，D-101 液位下降至 0，关 V10。

4．仪表及报警一览表（见表 2-6）

表 2-6　吸收解吸单元仪表及报警一览表

位号	说明	类型	正常值	量程上限	量程下限	工程单位	高报值	低报值	高高报值	低低报值
AI101	回流罐 C_4 组分	AI	＞95.0	100.0	0	％				
FI101	T-101 进料	AI	5.0	10.0	0	t/h				
FI102	T-101 塔顶气量	AI	3.8	6.0	0	t/h				
FRC103	吸收油流量控制	PID	13.50	20.0	0	t/h	16.0	4.0		
FIC104	富油流量控制	PID	14.70	20.0	0	t/h	16.0	4.0		
FI105	T-102 进料	AI	14.70	20.0	0	t/h				
FIC106	回流量控制	PID	8.0	14.0	0	t/h	11.2	2.8		
FI107	T-101 塔底贫油采出	AI	13.41	20.0	0	t/h				
FIC108	加热蒸汽量控制	PID	2.963	6.0	0	t/h				
LIC101	吸收塔液位控制	PID	50	100	0	％	85	15		
LI102	D-101 液位	AI	60.0	100	0	％	85	15		
LI103	D-102 液位	AI	50.0	100	0	％	65	5		
LIC104	解吸塔釜液位控制	PID	50	100	0	％	85	15		
LIC105	回流罐液位控制	PID	50	100	0	％	85	15		
PI101	吸收塔顶压力显示	AI	1.22	20	0	MPa	1.7	0.3		
PI102	吸收塔塔底压力	AI	1.25	20	0	MPa				
PIC103	吸收塔顶压力控制	PID	1.2	20	0	MPa	1.7	0.3		
PIC104	解吸塔顶压力控制	PID	0.55	1.0	0	MPa				
PIC105	解吸塔顶压力控制	PID	0.50	1.0	0	MPa				
PI106	解吸塔底压力显示	AI	0.53	1.0	0	MPa				
TI101	吸收塔塔顶温度	AI	6	40	0	℃				
TI102	吸收塔塔底温度	AI	40	100	0	℃				
TIC103	循环油温度控制	PID	5.0	50	0	℃	10.0	2.5		
TI104	C_4 回收罐温度显示	AI	2.0	40	0	℃				
TI105	预热后温度显示	AI	80.0	150.0	0	℃				
TI106	吸收塔顶温度显示	AI	6.0	50	0	℃				
TIC107	解吸塔釜温度控制	PID	102.0	150.0	0	℃				
TI108	回流罐温度显示	AI	40.0	100	0	℃				

三、事故设置一览

1. 冷却水中断

主要现象：(1)冷却水流量为0。

(2)入口路各阀常开状态。

处理方法：(1)手动打开PV104保压。

(2)关闭FV108停用再沸器。

(3)关闭V1阀。

(4)关闭PV105，关闭PV105前阀VI18，关闭PV105后阀VI17。

(5)手动关闭PV103保压。

(6)手动关闭FV104停止向解吸塔进料。

(7)手动关闭LV105，停出产品。

(8)手动关闭FV103。

(9)手动关闭FV106，停吸收塔贫油进料和解吸塔回流。

(10)关闭LV104，保持液位。

2. 加热蒸汽中断

主要现象：(1)加热蒸汽管路各阀开度正常。

(2)加热蒸汽入口流量为0。

(3)塔釜温度急剧下降。

处理方法：(1)关闭V1阀，停止加料。

(2)关闭FV106，停吸收解吸塔回流。

(3)关闭LV105，停产品采出。

(4)关闭FV104，停止向解吸塔进料。

(5)关闭PV103保压。

(6)关闭LV104，保持液位。

(7)关闭FV108，关闭FV108前阀VI24，关闭FV108后阀VI23。

3. 仪表风中断

主要现象：各调节阀全开或全关。

处理方法：(1)打开FRC103旁路阀V3。

(2)打开FIC104旁路阀V5。

(3)打开PIC103旁路阀V6。

(4)打开TIC103旁路阀V8。

(5)打开LIC104旁路阀V12。

(6)打开FIC106旁路阀V13。

(7)打开PIC105旁路阀V14。

(8)打开 PIC104 旁路阀 V15。

(9)打开 LIC105 旁路阀 V16。

(10)打开 FIC108 旁路阀 V17。

4. 停电

主要现象：(1)泵 P-101A/B 停。

(2)泵 P-102A/B 停。

处理方法：(1)打开泄液阀 V10，保持 LI102 液位在 55%。

(2)保持 LI102 液位在 55%。

(3)打开泄液阀 V19，保持 LI105 在 50% 左右。

(4)保持 LI105 液位在 50% 左右。

(5)停止进料，关 V1 阀。

5. P-101A 泵坏

主要现象：(1)FRC103 流量降为 0。

(2)塔顶 C_4 上升，温度上升，塔顶压上升。

(3)釜液位下降。

处理方法：(1)关泵 P-101A 后阀 VI10，关泵 P101A，关泵 P-101A 前阀 VI9。

(2)开泵 P-101B 前阀 VI11，开泵 P101B，开泵 P-101B 后阀 VI12。

6. LIC104 调节阀卡

主要现象：(1)FI107 降至 0。

(2)塔釜液位上升，并可能报警。

处理方法：(1)关 LIC104 前后阀 VI13，VI14。

(2)开 LIC104 旁路阀 V12 至 60% 左右。

(3)调整旁路阀 V12 开度，使液位保持 50%。

7. 换热器 E-105 结垢严重

主要现象：(1)调节阀 FIC108 开度增大。

(2)加热蒸汽入口流量增大。

(3)塔釜温度下降，塔顶温度也下降，塔釜 C_4 组成上升。

处理方法：(1)停富气进料和 C_4 产品出料。

关闭进料阀 V1，停富气进料，将调节器 LIC105 置手动，关闭调节阀 LV105，关闭调节阀 LV105 后阀 VI21，关闭调节阀 LV105 前阀 VI22，将压力控制器 PIC103 置手动，手动控制调节阀 PV103，维持 T-101 压力不小于 1.0MPa，将压力控制器 PIC104 置手动，手动控制调节阀 PV104 维持解吸塔压力在 0.2MPa 左右。

(2)停 C_6 油进料。

关闭泵 P101A 出口阀 VI10，关闭泵 P101A，关闭泵 P101A 出口阀 VI9，关闭 FV103 后阀，关闭 FV103 前阀，关闭 FV103，维持 T-101 压力($\geqslant$1.0MPa)，如果压力太低，打

开 V2 充压。

(3)吸收塔系统泄油。

将 FIC101 接触串级置手动状态，FV104 开度保持 50％向 T-102 泄油，当 LIC101 为 0％时关闭 FV104，关闭 FV104 前阀 VI4，关闭 FV104 后阀 VI3，打开 V7 阀（开度＞10％），将 D-102 中凝液排除至 T-102，当 D-102 中的液位降至 0 时，关闭 V7 阀，关 V4 阀，中断冷却盐水，停 E-101，手动打开 PV103（开度＞10％），吸收塔系统泄压，当 PI101 为 0 时，关 PV103，关 PV103 前阀 VI6，关 PV103 后阀 VI5。

(4)T-102 降温。

TIC107 置手动，FIC108 置手动，关闭 E-105 蒸汽阀 FV108，关闭 E-105 蒸汽阀 FV108 前阀，关闭 E-105 蒸汽阀 FV108 后阀停再沸器 E-105，手动调节 PV105 和 PV104，保持解吸塔压力(0.2MPa)。

(5)停 T-102 回流。

当 LIC105＜10％时，关 P-102A 前阀 VI26，停泵 P102A，关 P-102A 后阀 VI25，手动关闭 FV106，关闭 FV106 后阀 VI15，关闭 FV106 前阀 VI15，打开 D-103 泄液阀 V19（开度为 10％），当液位指示下降至 0 时，关闭 V19。

(6)T-102 泄油。

手动置 LV104 于 50％，将 T-102 中的油倒入 D-101，当 T-102 液位 LIC104 指示下降至 10％，关 LV104，关 LV104 前阀 VI14，关 LV104 后阀 VI13，手动关闭 TV103，手动关闭 TV103 前阀 VI8，手动关闭 TV103 后阀 VI7，打开 T-102 泄油阀 V18（开度＞10％），T-102 液位 LIC104 下降至 0％时，关 V18。

(7)T-102 泄压。

手动打开 PV104 至开度 50％，开始 T-102 系统泄压，当 T-102 系统压力降至常压时，关闭 PV104。

(8)吸收油贮罐 D-101 排油。

当停 T-101 吸收油进料后，D-101 液位必然上升，此时打开 D-101 排油阀 V10 排污油，直至 T-102 中油倒空，D-101 液位下降至 0％，关 V10。

8. 解吸塔釜加热蒸汽压力高

主要现象：解吸塔釜温度升高，蒸汽流量波动，并可能报警。

处理方法：(1)将 FIC108 设为手动模式。

(2)开小 FV108。

(3)当 TIC107 稳定在 102℃左右时，将 FIC108 设为串级模式。

(4)TIC107 稳定在 102℃左右。

9. 解吸塔釜加热蒸汽压力低

主要现象：解吸塔釜温度降低，蒸汽流量波动，并可能报警。

处理方法：(1)将 FIC108 设为手动模式。

（2）开大 FV108。

（3）当 TIC107 稳定在 102℃左右时，将 FIC108 设为串级模式。

（4）TIC107 稳定在 102℃左右。

10. 解吸塔超压

主要现象：解吸塔顶压力 PIC104、PIC105 过高，并可能报警。

处理方法：（1）开大 PV105。

（2）将 FIC104 设为手动模式。

（3）调节 PIC104 以使解吸塔塔顶压力稳定在 0.5MPa。

（4）当 PIC105 稳定在 0.5MPa 左右时，将 PIC105 设为自动模式。

（5）将 PIC105 设为 0.5MPa。

（6）当 PIC105 稳定在 0.5MPa 左右时，将 PIC104 设为自动模式。

（7）将 PIC104 设为 0.55MPa。

（8）PIC105 稳定在 0.5MPa。

11. 吸收塔超压

主要现象：吸收塔顶压力 PI101 过高，并可能报警。

处理方法：（1）关小原料气进料阀 V1，使吸收塔塔顶压力 PI101 稳定在 1.22MPa 左右。

（2）将 FIC103 设定为手动模式。

（3）调节 PV103 以使吸收塔塔顶压力稳定在 1.22MPa。

（4）将原料气进料阀 V1 设置为 50%。

（5）当 PI101 稳定在 1.22MPa 后，将 PIC103 设为自动模式。

（6）将 PIC103 设为 1.2MPa。

（7）PI101 稳定在 1.22MPa 左右。

12. 解吸塔釜温度指示坏

主要现象：解吸塔釜温度指示 TIC107 为零，并可能报警。

处理方法：（1）将 FIC108 设为手动模式，手动调整 FV108。

（2）将 LIC104 设为手动模式，手动调整 LV104。

（3）待 LIC104 稳定在 50%左右，将 LIC104 设自动。

（4）解吸塔塔顶温度 TI106 稳定在 51℃。

（5）解吸塔入口温度 TI105 稳定在 80℃。

（6）解吸塔釜液位 LIC104 稳定在 50%。

四、仿真界面

吸收系统 DCS 图如图 2-16 所示，现场图如图 2-17 所示。

解吸系统 DCS 图如图 2-18 所示，现场图如图 2-19 所示。

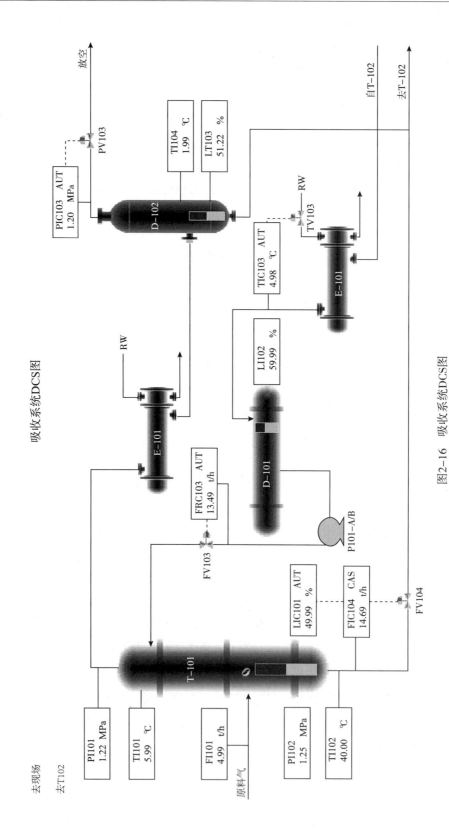

吸收系统DCS图

图2-16 吸收系统DCS图

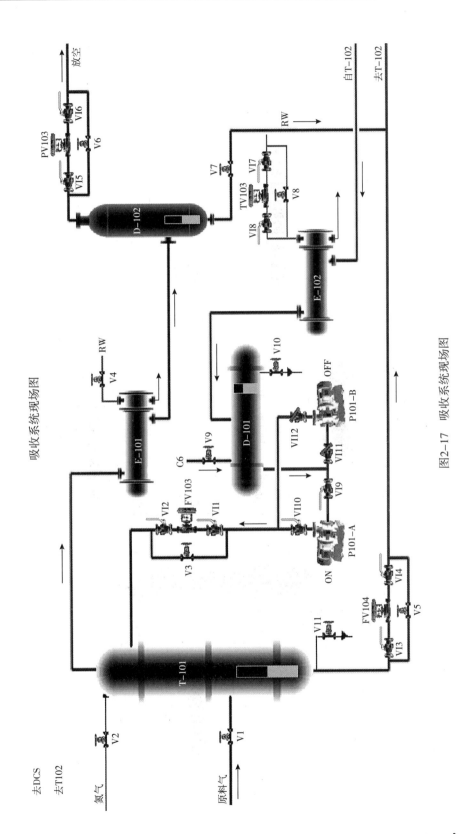

吸收系统现场图

图2-17　吸收系统现场图

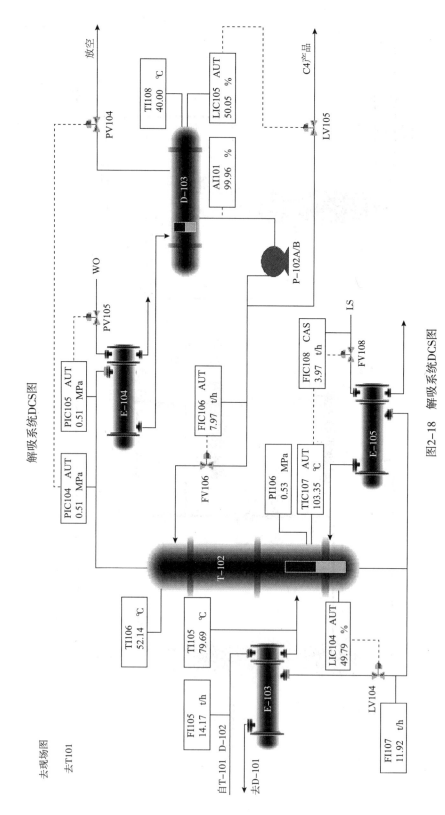

解吸系统DCS图

图2-18 解吸系统DCS图

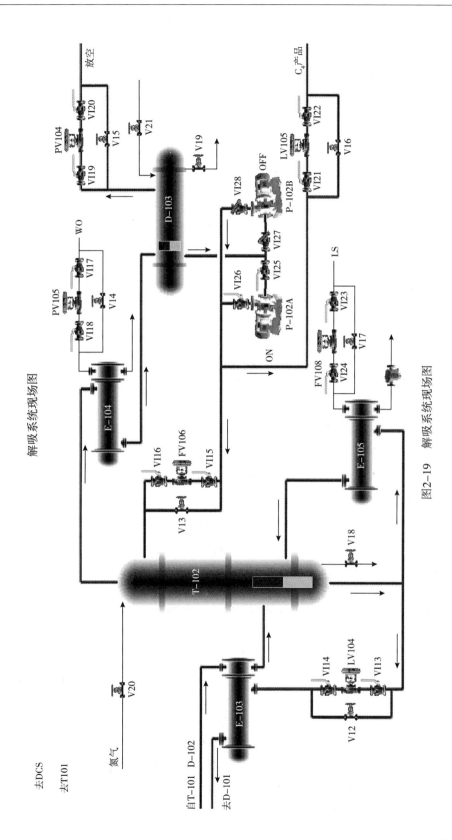

解吸系统现场图

图2-19　解吸系统现场图

思考题

(1)吸收岗位的操作是在高压、低温的条件下进行的，为什么说这样的操作条件对吸收过程的进行有利？

(2)请从节能的角度对换热器 E-103 在本单元的作用做出评价。

(3)结合本单元的具体情况，说明串级控制的工作原理。

(4)操作时若发现富油无法进入解吸塔，会有哪些原因导致？应如何调整？

(5)假如本单元的操作已经平稳，这时吸收塔的进料富气温度突然升高，分析会导致什么现象？如果造成系统不稳定，吸收塔的塔顶压力上升(塔顶 C_4 增加)，有几种手段将系统调节正常？

(6)请分析本流程的串级控制；如果请你来设计，还有哪些变量可以通过串级调节控制？这样做的优点是什么？

(7)C6 油储罐进料阀为一手操阀，有没有必要在此设一个调节阀使进料操作自动化，为什么？

实训七　单级压缩机单元

一、工艺流程说明

1.工作原理简述

对气体进行压缩和输送的设备统称为气体压送机械，与液体的输送设备类似，是对气体做功，以提高气体的压力。气体的输送和压缩设备在化工中十分普遍，主要用于气体输送，产生高压气体和真空。如果以气体压送机械出口气体的压力或压缩比来分类，可大致分为：

通风机　　终压$<1.47×10^3$Pa(表)，压缩比 ε＝1～1.15；

鼓风机　　终压＝$(1.47～2.94)×10^3$Pa(表)，压缩比 ε$<$4；

压缩机　　终压$>2.94×10^3$Pa(表)，压缩比 ε$>$4；

真空泵　　将低于大气压的气体从容器式设备中抽至大气。

气体压送机械按工作原理还可分为容积式和速度式两类。容积式气体压送机械是利用往复运动的活塞或旋转的转子在气缸中改变气体体积来工作的。主要有活塞式、隔膜式、罗茨式、液环式等。速度式气体压送机械，是靠高速旋转的叶轮对气体做功，使气体获得动能，再用扩压器降低其速度，使动能转化为静压能，提高出口气体的压力。常见的有离心式、轴流式等。

离心式压缩机是化工生产中使用最多的气体压送机械之一，这主要得益与它具有结构简单、易损件少、体积小、转速高、运行安全平稳、易实现自动化和大型化等优点。但也有以下缺陷：操作适应性较差、有喘振现象、两机并列操作运行困难。

透平压缩机以汽轮机(蒸汽透平)为动力，蒸汽在汽轮机内膨胀做功驱动压缩机主轴，主轴带动叶轮高速旋转。被压缩气体从轴向进入压缩机叶轮，在高速转动的叶轮作用下随叶轮高速旋转并沿半径方向甩出叶轮，叶轮在汽轮机的带动下高速旋转把所得到的机械能传递给被压缩气体。因此，气体在叶轮内的流动过程中，一方面受离心力作用增加了气体本身的压力，另一方面得到了很大的动能。气体离开叶轮进入流通面积逐渐扩大的扩压器，气体流速急剧下降，动能转化为压力能(势能)，使气体的压力进一步提高，气体被压缩。

在离心压缩机的操作中，有效地防止发生喘振是很重要的。喘振是实际流量小于性能曲线所标明的最小流量时，所出现的一种不稳定工作状态。喘振开始时，因叶轮轴区压力突然下降，吸入口不能吸入足够气体，则出口管外较高压力的气体倒流入压缩机，这使叶轮轴区的气量又复增大，当气量超过最小流量时，压缩机叶轮又把倒流过来的气体压送出去，致使叶轮轴区气量再次减小到最小流量以下，压力又突然下降，压缩机出口管外压力较高的气体又重新倒流入压缩机，这种现象重复出现，压缩机工作不稳定，就叫做喘振。

(1)压缩比压缩机各段出口压力和进口压力的比值。正常压缩比越大，代表着本级压缩机的额定功率越大。

(2)喘振当转速一定，压缩机的进料减少到一定的值，造成叶道中气体的速度不均匀和出现倒流，当这种现象扩展到整个叶道，叶道中的气流流不出去，造成压缩机级中压力突然下降，而级后相对较高的压力将气流倒压回级里，级里的压力又恢复正常，叶轮工作也恢复正常，重新将倒流回的气流压出去。此后，级里压力又突然下降，气流又倒回，这种现象重复出现，压缩机工作不稳定，这种现象成为喘振现象。

2. 工艺说明

本仿真培训系统选用甲烷单级透平压缩的典型流程作为仿真对象。

在生产过程中产生的压力为 1.2～1.6atm(绝)，温度为 30℃左右的低压甲烷经 VD01 阀进入甲烷储罐 FA311，罐内压力控制在 300mmH$_2$O。甲烷从储罐 FA311 出来，进入压缩机 GB301，经过压缩机压缩，出口排出压力为 4.03atm(绝)，温度为 160℃的中压甲烷，然后经过手动控制阀 VD06 进入燃料系统。

该流程为了防止压缩机发生喘振，设计了由压缩机出口至储罐 FA311 的返回管路，即由压缩机出口经过换热器 EA305 和 PV304B 阀到储罐的管线。返回的甲烷经冷却器 EA305 冷却。另外储罐 FA311 有一超压保护控制器 PIC303，当 FA311 中压力超高时，低压甲烷可以经 PIC303 控制放火炬，使罐中压力降低。压缩机 GB301 由蒸汽透平 GT301 同轴驱动，蒸汽透平的供汽为压力 15atm(绝)的来自管网的中压蒸汽，排汽为压力 3atm(绝)的低压蒸汽，进入低压蒸汽管网。

流程中共有两套自动控制系统：PIC303 为 FA311 超压保护控制器，当储罐 FA311 中压力过高时，自动打开放火炬阀。PRC304 为压力分程控制系统，当此调节器输出在 50%～100%范围内时，输出信号送给蒸汽透平 GT301 的调速系统，即 PV304A，用来控制中压蒸汽的进汽量，使压缩机的转速在 3350r/min 至 4704r/min 之间变化，此时 PV304B 阀全关。当此调节器输出在 0%到 50%范围内时，PV304B 阀的开度对应在 100% 至 0%范围内变化。透平在起始升速阶段由手动控制器 HC311 手动控制升速，当轩速大于 3450r/min 时可由切换开关切换到 PIC304 控制。

3. 本单元复杂控制回路说明

分程控制就是由一只调节器的输出信号控制两只或更多的调节阀，每只调节阀在调节器的输出信号的某段范围中工作。

当压缩机切换开关指向 HC3011 时，压缩机转速由 HC3011 控制；当压缩机切换开关指向 PRC304 时，压缩机转速由 PRC304 控制。PRC304 为一分程控制阀，分别控制压缩机转速（主气门开度）和压缩机反喘振线上的流量控制阀。当 PRC304 逐渐开大时，压缩机转速逐渐上升（主气门开度逐渐加大），压缩机反喘振线上的流量控制阀逐渐关小，最终关成 0（本控制方案属较老的控制方案）。

4. 该单元包括以下设备

FA311：低压甲烷储罐。

GT301：蒸汽透平。

GB301：单级压缩机。

EA305：压缩机冷却器。

二、压缩机单元操作规程

1. 开车操作规程

1）开车前准备工作

（1）启动公用工程：

按公用工程按钮，公用工程投用。

（2）油路开车：按油路按钮。

（3）盘车：

①按盘车按钮开始盘车。

②待转速升到 200r/min 时，停盘车（盘车前先打开 PV304B 阀）。

（4）暖机：

按暖机按钮。

（5）EA305 冷却水投用：

打开换热器冷却水阀门 VD05，开度为 50%。

2）罐 FA311 充低压甲烷

（1）打开 PIC303 调节阀放火炬，开度为 50%。

（2）打开 FA311 入口阀 VD11 开度为 50%、微开 VD01。

（3）打开 PV304B 阀，缓慢向系统充压，调整 FA311 顶部安全阀 VD03 和 VD01，使系统压力维持 $300\sim500\mathrm{mmH_2O}$。

（4）调节 PIC303 阀门开度，使压力维持在 0.1atm。

3）透平单级压缩机开车

（1）手动升速：

①缓慢打开透平低压蒸汽出口截止阀 VD10，开度递增级差保持在 10％以内。

②将调速器切换开关切到 HC3011 方向

③手动缓慢打开打开 HC3011，开始压缩机升速，开度递增级差保持在 10％以内。使透平压缩机转速在 250～300r/min。

（2）跳闸实验（视具体情况决定此操作的进行）：

①继续升速至 1000r/min。

②按动紧急停车按钮进行跳闸实验，实验后压缩机转速 XN301 迅速下降为零。

③手关 HC3011，开度为 0.0％，关闭蒸汽出口阀 VD10，开度为 0.0％。

④按压缩机复位按钮。

（3）重新手动升速：

①重复 3)步骤(1)，缓慢升速至 1000r/min。

②HC3011 开度递增级差保持在 10％以内，升转速至 3350r/min。

③进行机械检查。

（4）启动调速系统：

①将调速器切换开关切到 PIC304 方向。

②缓慢打开 PV304A 阀（即 PRC304 阀门开度大于 50.0％），若阀开得太快会发生喘振。同时可适当打开出口安全阀旁路阀（VD13）调节出口压力，使 PI301 压力维持在 3.03atm，防止喘振发生。

（5）调节操作参数至正常值：

①当 PI301 压力指示值为 3.03atm 时，一边关出口放火炬旁路阀，一边打开 VD06 去燃料系统阀，同时相应关闭 PIC303 放火炬阀。

②控制入口压力 PRC304 在 300mmH$_2$O，慢慢升速。

③当转速达全速（4480r/min 左右），将 PRC304 切为自动。

④PIC303 设定为 0.1atm（表），投自动。

⑤顶部安全阀 VD03 缓慢关闭。

2. 正常操作规程

1)正常工况下工艺参数

（1）储罐 FA311 压力 PRC304：295mmH$_2$O。

（2）压缩机出口压力 PI301：3.03atm，燃料系统入口压力 PI302：2.03atm。

（3）低压甲烷流量 FI301：3232.0kg/h。

（4）中压甲烷进入燃料系统流量 FI302：3200.0kg/h。

（5）压缩机出口中压甲烷温度 TI302：160.0℃。

2)压缩机防喘振操作

（1）启动调速系统后，必须缓慢开启 PV304A 阀，此过程中可适当打开出口安全阀旁路阀调节出口压力，以防喘振发生。

（2）当有甲烷进入燃料系统时，应关闭 PIC303 阀。

(3)当压缩机转速达全速时，应关闭出口安全旁路阀。

3. **停车操作规程**

1)正常停车过程：

(1)停调速系统：

①缓慢打开 PV304B 阀，降低压缩机转速。

②打开 PIC303 阀排放火炬。

③开启出口安全旁路阀 VD13，同时关闭去燃料系统阀 VD06。

(2)手动降速：

①将 HC3011 开度置为 100.0%。

②将调速开关切换到 HC3011 方向。

③缓慢关闭 HC3011，同时逐渐关小透平蒸汽出口阀 VD10。

④当压缩机转速降为 300～500r/min 时，按紧急停车按扭。

⑤关闭透平蒸汽出口阀 VD10。

(3)停 FA311 进料：

①关闭 FA311 入口阀 VD01、VD11。

②开启 FA311 泄料阀 VD07，泄液。

③关换热器冷却水。

2)紧急停车

(1)按动紧急停车按钮。

(2)确认 PV304B 阀及 PIC303 置于打开状态。

(3)关闭透平蒸汽入口阀及出口阀。

(4)甲烷气由 PIC303 排放火炬。

(5)其余同正常停车。

4. **联锁说明**

该单元有一联锁。

1)联锁源

(1)现场手动紧急停车(紧急停车按钮)。

(2)压缩机喘振。

2)联锁动作

(1)关闭透平主汽阀及蒸汽出口阀。

(2)全开放空阀 PV303。

(3)全开防喘振线上 PV304B 阀。

该联锁有一现场旁路键(BYPASS)。另有一现场复位键(RESET)。

注：联锁发生后，在复位前(RESET)，应首先将 HC3011 置零，将蒸汽出口阀 VD10 关闭，同时各控制点置手动，并设成最低值。

5. 仪表一览表(见表 2-7)

表 2-7 单级压缩机单元仪表一览表

位号	说明	类型	正常值	量程上限	量程下限	工程单位
PIC303	放火炬控制系统	PID	0.1	4.0	0.0	atm
PIC304	储罐压力控制系统	PID	295.0	40000.0	0.0	mmH$_2$O
PI301	压缩机出口压力	AI	3.03	5.0	0.0	atm
PI302	燃料系统入口压力	AI	2.03	5.0	0.0	atm
FI301	低压甲烷进料流量	AI	3233.4	5000.0	0.0	kg/h
FI302	燃料系统入口流量	AI	3201.6	5000.0	0.0	kg/h
FI303	低压甲烷入罐流量	AI	3201.6	5000.0	0.0	kg/h
FI304	中压甲烷回流流量	AI	0.0	5000.0	0.0	kg/h
TI301	低压甲烷入压缩机温度	AI	30.0	200.0	0.0	℃
TI302	压缩机出口温度	AI	160.0	200.0	0.0	℃
TI304	透平蒸汽入口温度	AI	290.0	400.0	0.0	℃
TI305	透平蒸汽出口温度	AI	200.0	400.0	0.0	℃
TI306	冷却水入口温度	AI	30.0	100.0	0.0	℃
TI307	冷却水出口温度	AI	30.0	100.0	0.0	℃
XN301	压缩机转速	AI	4480	4500	0	r/min
HX311	FA311 罐液位	AI	50.0	100.0	0.0	%

三、事故设置一览表

1. 入口压力过高

主要现象:FA311 罐中压力上升。

处理方法:手动适当打开 PV303 的放火炬阀。

2. 出口压力过高

主要现象:压缩机出口压力上升。

处理方法:开大去燃料系统阀 VD06。

3. 入口管道破裂

主要现象:储罐 FA311 中压力下降。

处理方法:开大 FA311 入口阀 VD01、VD11。

4. 出口管道破裂

主要现象:压缩机出口压力下降。

处理方法:紧急停车。

5. 入口温度过高

主要现象:TI301 及 TI302 指示值上升。

处理方法:紧急停车。

四、仿真界面

压缩机 DCS 图如图 2-20 所示,现场图如图 2-21 所示。

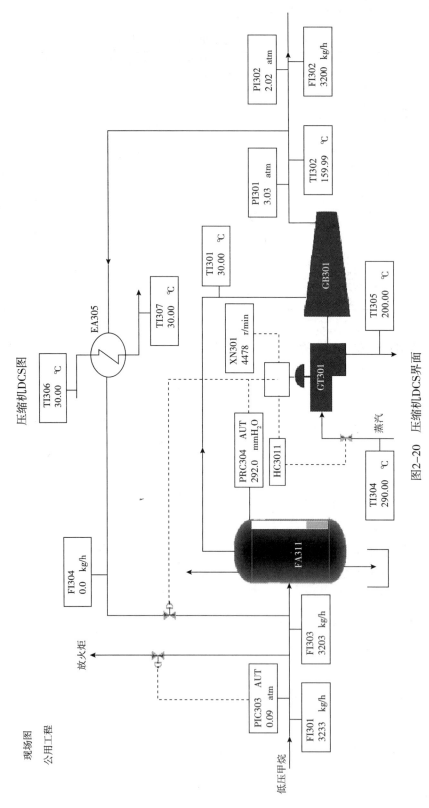

图2-20 压缩机DCS界面

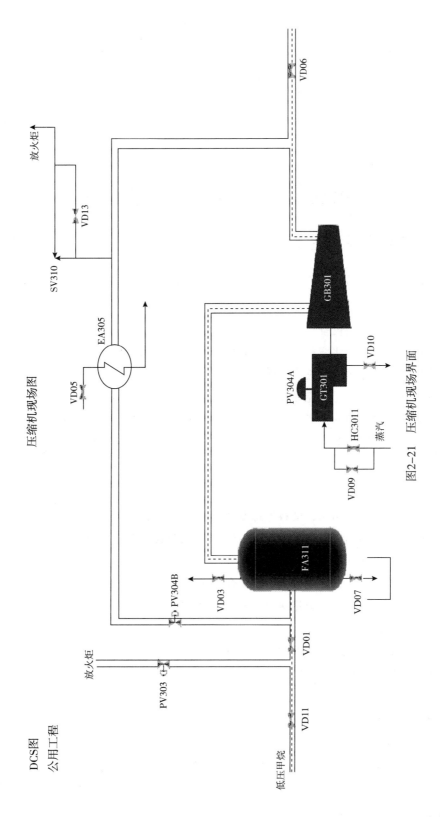

图2-21　压缩机现场界面

思考题

(1)什么是喘振？如何防止喘振？

(2)在手动调速状态，为什么防喘振线上的防喘振阀 PV304B 全开，可以防止喘振？

(3)结合"伯努利"方程，说明压缩机如何做功，进行动能、压力、温度之间的转换。

(4)根据本单元，理解盘车、手动升速、自动升速的概念。

(5)离心式压缩机的优点是什么？

实训八　间歇釜反应器单元

一、工艺流程简述

1. 工作原理简述

化工生产过程与其他生产过程的本质区别是有化学反应发生，并且化学反应过程是化工生产的核心，其所用设备——反应器是化工生产中的关键性设备，是人们通过一定的手段抑制副反应、提高转化率和生产能力的化学反应设备。

釜式反应器又称槽式反应器或锅炉反应器，按选用的材质的不同，可分为钢制釜式反应器、铸铁釜式反应器、搪瓷和玻璃釜式反应器等。釜式反应器在化工生产中具有较大的灵活性，能进行多品种的生产，既适用于间歇操作过程，又可单釜或多釜串联适用于连续操作过程。它具有适用的温度和压力范围宽，操作弹性大，连续操作时温度、浓度易控制，产品质量均一等特点。但若应用在转化率要求较高的场合时，则需要较大的容积。

2. 工艺说明

间歇反应在助剂、制药、染料等行业的生产过程中很常见。本工艺过程的产品(2-硫基苯并噻唑)就是橡胶制品硫化促进剂 DM(2，2-二硫代苯并噻唑)的中间产品，它本身也是硫化促进剂，但活性不如 DM。

全流程的缩合反应包括备料工序和缩合工序。考虑到突出重点，将备料工序略去，则缩合工序共有三种原料，多硫化钠(Na_2S_n)、邻硝基氯苯($C_6H_4ClNO_2$)及二硫化碳(CS_2)。

主反应如下：

$$2C_6H_4ClNO_2 + Na_2S_n \longrightarrow C_{12}H_8N_2S_2O_4 + 2NaCl + (n-2)S\downarrow$$

$$C_{12}H_8N_2S_2O_4 + 2CS_2 + 2H_2O + 3Na_2S_n \longrightarrow 2C_7H_4NS_2Na + 2H_2S\uparrow + 3Na_2S_2O_3 + (3n+4)S\downarrow$$

副反应如下：

$$C_6H_4ClNO_2 + Na_2S_n + H_2O \longrightarrow C_6H_6NCl + Na_2S_2O_3 + S\downarrow$$

工艺流程如下：

来自备料工序的 CS_2、$C_6H_4ClNO_2$、Na_2S_n 分别注入计量罐及沉淀罐中，经计量沉淀后利用位差及离心泵压入反应釜中,釜温由夹套中的蒸汽、冷却水及蛇管中的冷却水控制,设有分程控制 TIC101(只控制冷却水),通过控制反应釜温来控制反应速度及副反应速度,来获得较高的收率及确保反应过程安全。

在本工艺流程中,主反应的活化能要比副反应的活化能要高,因此升温后更利于反应收率。在 90℃ 的时候,主反应和副反应的速度比较接近,因此,要尽量延长反应温度在 90℃ 以上时的时间,以获得更多的主反应产物。

3. 设备一览

R01:间歇反应釜。

VX01:CS_2 计量罐。

VX02:邻硝基氯苯计量罐。

VX03:Na_2S_n 沉淀罐。

PUMP1:离心泵。

二、间歇反应器单元操作规程

1. 开车操作规程

装置开工状态为各计量罐、反应釜、沉淀罐处于常温、常压状态,各种物料均已备好,大部分阀门、机泵处于关停状态(除蒸汽联锁阀外)。

1)备料过程

(1)向沉淀罐 VX03 进料(Na_2S_n):

①开阀门 V9,向罐 VX03 充液。

②VX03 液位接近 3.60m 时,关小 V9,至 3.60m 时关闭 V9。

③静置 4min(实际 4h)备用。

(2)向计量罐 VX01 进料(CS_2):

①开放空阀门 V2。

②开溢流阀门 V3。

③开进料阀 V1,开度约为 50%,向罐 VX01 充液。液位接近 1.4m 时,可关小 V1。

④溢流标志变绿后,迅速关闭 V1。

⑤待溢流标志再度变红后,可关闭溢流阀 V3。

(3)向计量罐 VX02 进料(邻硝基氯苯):

①开放空阀门 V6。

②开溢流阀门 V7。

③开进料阀 V5,开度约为 50%,向罐 VX01 充液。液位接近 1.2m 时,可关小 V5。

④溢流标志变绿后,迅速关闭 V5。

⑤待溢流标志再度变红后,可关闭溢流阀 V7。

2)进料

(1)微开放空阀 V12，准备进料。

(2)从 VX03 中向反应器 RX01 中进料(Na_2S_n)：

①打开泵前阀 V10，向进料泵 PUM1 中充液。

②打开进料泵 PUM1。

③打开泵后阀 V11，向 RX01 中进料。

④至液位小于 0.1m 时停止进料。关泵后阀 V11。

⑤关泵 PUM1。

⑥关泵前阀 V10。

(3)从 VX01 中向反应器 RX01 中进料(CS_2)：

①检查放空阀 V2 开放。

②打开进料阀 V4 向 RX01 中进料。

③待进料完毕后关闭 V4。

(4)从 VX02 中向反应器 RX01 中进料(邻硝基氯苯)：

①检查放空阀 V6 开放。

②打开进料阀 V8 向 RX01 中进料。

③待进料完毕后关闭 V8。

(5)进料完毕后关闭放空阀 V12。

3)开车阶段

(1)检查放空阀 V12、进料阀 V4、V8、V11 是否关闭。打开联锁控制。

(2)开启反应釜搅拌电机 M1。

(3)适当打开夹套蒸汽加热阀 V19，观察反应釜内温度和压力上升情况，保持适当的升温速度。

(4)控制反应温度直至反应结束。

4)反应过程控制

(1)当温度升至 55～65℃左右关闭 V19，停止通蒸汽加热。

(2)当温度升至 70～80℃左右时微开 TIC101(冷却水阀 V22、V23)，控制升温速度。

(3)当温度升至 110℃以上时，是反应剧烈的阶段。应小心加以控制，防止超温。当温度难以控制时，打开高压水阀 V20。并可关闭搅拌器 M1 以使反应降速。当压力过高时，可微开放空阀 V12 以降低气压，但放空会使 CS_2 损失，污染大气。

(4)反应温度大于 128℃时，相当于压力超过 8atm，已处于事故状态，如联锁开关处于"ON"的状态，联锁起动(开高压冷却水阀，关搅拌器，关加热蒸汽阀。)。

(5)压力超过 15atm(相当于温度大于 160℃)，反应釜安全阀作用。

2. 热态开车操作规程

1)反应中要求的工艺参数

(1)反应釜中压力不大于 8atm。

(2)冷却水出口温度不小于 60℃，如小于 60℃易使硫在反应釜壁和蛇管表面结晶，使传热不畅。

2）主要工艺生产指标的调整方法

（1）温度调节　操作过程中以温度为主要调节对象，以压力为辅助调节对象。升温慢会引起副反应速度大于主反应速度的时间段过长，因而引起反应的产率低。升温快则容易反应失控。

（2）压力调节　压力调节主要是通过调节温度实现的，但在超温的时候可以微开放空阀，使压力降低，以达到安全生产的目的。

（3）收率　由于在90℃以下时，副反应速度大于正反应速度，因此在安全的前提下快速升温是收率高的保证。

3. 停车操作规程

在冷却水量很小的情况下，反应釜的温度下降仍较快，则说明反应接近尾声，可以进行停车出料操作了。

（1）打开放空阀 V12 约 5～10s，放掉釜内残存的可燃气体。关闭 V12。

（2）向釜内通增压蒸汽：

①打开蒸汽总阀 V15。

②打开蒸汽加压阀 V13 给釜内升压，使釜内气压高于 4atm。

（3）打开蒸汽预热阀 V14 片刻。

（4）打开出料阀门 V16 出料。

（5）出料完毕后保持开 V16 约 10s 进行吹扫。

（6）关闭出料阀 V16(尽快关闭，超过 1min 不关闭将不能得分)。

（7）关闭蒸汽阀 V15。

4. 仪表及报警一览表（见表 2-8）

表 2-8　间歇釜反应器单元仪表及报警一览表

位号	说明	类型	正常值	量程高限	量程低限	工程单位	高报	低报	高高报	低低报
TIC101	反应釜温度控制	PID	115	500	0	℃	128	25	150	10
TI102	反应釜夹套冷却水温度	AI		100	0	℃	80	60	90	20
TI103	反应釜蛇管冷却水温度	AI		100	0	℃	80	60	90	20
TI104	CS_2 计量罐温度	AI		100	0	℃	80	20	90	10
TI105	邻硝基氯苯罐温度	AI		100	0	℃	80	20	90	10
TI106	多硫化钠沉淀罐温度	AI		100	0	℃	80	20	90	10
LI101	CS_2 计量罐液位	AI		1.75	0	m	1.4	0	1.75	0
LI102	邻硝基氯苯罐液位	AI		1.5	0	m	1.2	0	1.5	0
LI103	多硫化钠沉淀罐液位	AI		4	0	m	3.6	0.1	4.0	0
LI104	反应釜液位	AI		3.15	0	m	2.7	0	2.9	0
PI101	反应釜压力	AI		20	0	atm	8	0	12	0

三、事故设置一览

1. 超温（压）事故

原因：反应釜超温（超压）。

现象：温度大于128℃（气压大于8atm）。

处理：(1)开大冷却水，打开高压冷却水阀V20。

　　　(2)关闭搅拌器PUM1，使反应速度下降。

　　　(3)如果气压超过12atm，打开放空阀V12。

2. 搅拌器M1停转

原因：搅拌器坏。

现象：反应速度逐渐下降为低值，产物浓度变化缓慢。

处理：停止操作，出料维修。

3. 冷却水阀V22、V23卡住（堵塞）

原因：蛇管冷却水阀V22卡。

现象：开大冷却水阀对控制反应釜温度无作用，且出口温度稳步上升。

处理：开冷却水旁路阀V17调节。

4. 出料管堵塞

原因：出料管硫磺结晶，堵住出料管。

现象：出料时，内气压较高，但釜内液位下降很慢。

处理：开出料预热蒸汽阀V14吹扫5min以上（仿真中采用）。拆下出料管用火烧化硫磺，或更换管段及阀门。

5. 测温电阻连线故障

原因：测温电阻连线断。

现象：温度显示置零。

处理：(1)改用压力显示对反应进行调节（调节冷却水用量）。

　　　(2)升温至压力为0.3～0.75atm就停止加热。

　　　(3)升温至压力为1.0～1.6atm开始通冷却水。

　　　(4)压力为3.5～4atm以上为反应剧烈阶段。

　　　(5)反应压力大于7atm，相当于温度大于128℃处于故障状态。

　　　(6)反应压力大于10atm，反应器联锁启动。

　　　(7)反应压力大于15atm，反应器安全阀启动（以上压力为表压）。

四、仿真界面

间歇反应DCS图如图2-22所示，现场图如图2-23所示。

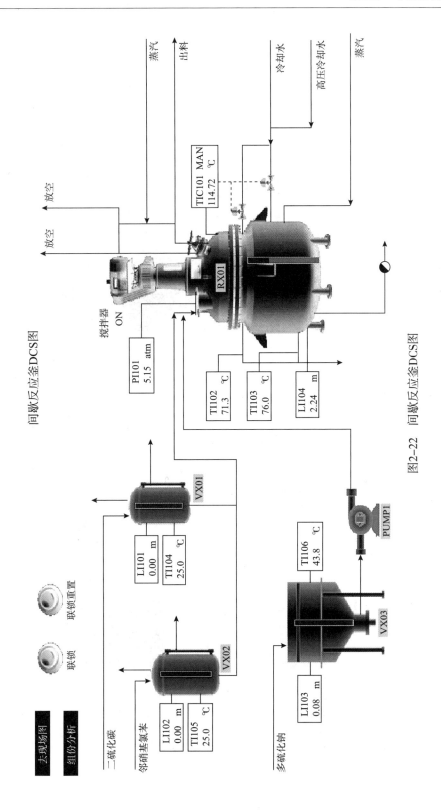

图2-22　间歇反应釜DCS图

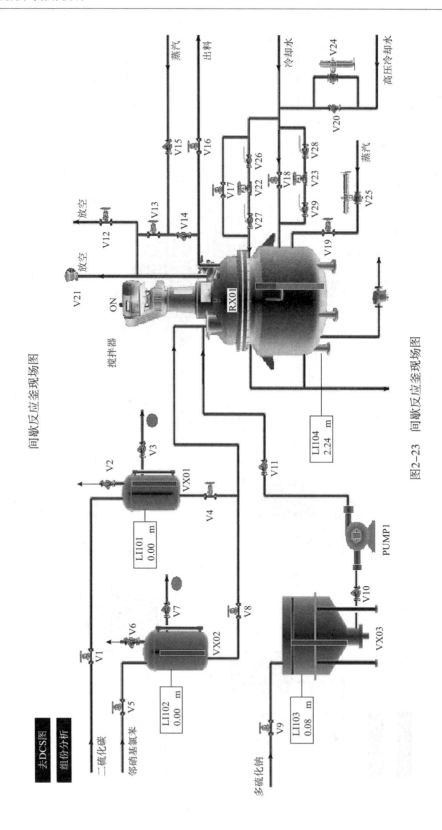

图2-23 间歇反应釜现场图

思考题

(1)反应釜超温(超压)如何处理?

(2)反应温度和压力如何控制?

(3)如何有效地提高收率?

实训九　固定床反应器单元

一、工艺流程说明

1. 工作原理简述

反应器是化工生产中的关键设备,是人们通过一定的手段抑制副反应,提高转化率和生产能力的化学反应设备。在反应器内不仅有化学变化过程,还有传质和传热过程。按反应物系聚集状态可分为均相和非均相反应器;按换热方式分类有绝热式、对外换热式和自热式;以反应器结构形式又可分为釜式、管式、塔式、固定床和流化床等反应器。

凡是流体通过静态固体颗粒形成的床层而进行化学反应的设备都称作固定床反应器,有气-固相催化反应器和液-固相非催化反应器两种,其中尤以利用气态的反应物料,通过由固体催化剂所构成的催化床层进行化学反应的气-固相催化反应器,在化工生产中应用最为广泛。液-固相非催化反应器指气相反应物料流经静态固相反应物料并发生化学反应的反应器。

气-固相催化反应器的主要优点是:床内流体呈理想置换流动,流体停留时间可严格控制,温度分布可适当调节,催化剂用量少,反应器体积小,催化剂颗粒不易磨损,可在高温高压下操作等。其主要缺点有:流体流速不能太大,传热性能差,温度分布不易控制均匀,在放热反应中,换热式反应器轴向位置存在"热点",易造成"飞温";此外,不能使用细颗粒的催化剂,且催化剂的再生和更换不便。其中,"飞温"问题一直是设计、改造和操作控制的关键。

本仿真单元选用的是一种对外换热式气-固相催化剂反应器,热载体是丁烷。该固定床反应器取材于乙烯装置中催化加氢脱除乙炔(碳二加氢)工段。在乙烯装置中,液态烃热裂解得到的裂解气中乙炔约含 $1000\sim5000mL/m^3$,为了获得聚合级的乙烯、丙烯,须将乙炔脱除至要求指标,催化选择加氢是最主要的方法之一。

在加氢催化剂存在下,碳二馏分中的乙炔加氢为乙烯,就加氢可能性来说,可发生如下反应:

主反应:

$$C_2H_2 + H_2 \longrightarrow C_2H_4 + 174.3kJ/mol \tag{1}$$

副反应:

$$C_2H_2 + 2H_2 \longrightarrow C_2H_6 + 311.0kJ/mol \tag{2}$$

$$C_2H_4 + H_2 \longrightarrow C_2H_6 + 136.7kJ/mol \tag{3}$$

$$mC_2H_4 + nC_2H_2 \longrightarrow 低聚物(绿油) \tag{4}$$

高温时，还可能发生裂解反应：

$$C_2H_2 \longrightarrow 2C + H_2 + 227.8kJ/mol \qquad (5)$$

从生产的要求考虑，最好只希望发生(1)式反应，这样既能脱除原料中的乙炔，又增产了乙烯。(2)式的反应是乙炔一直加氢到乙烷，但对乙烯的增产没有贡献，不如反应(1)的方式好。不希望发生(3)～(5)的反应。因此乙炔加氢要求催化剂对乙炔加氢的选择性要好。影响催化剂反应性能的主要因素有反应温度、原料中炔烃、双烯烃的含量、炔烃比、空速、一氧化碳、二氧化碳、硫等杂质的浓度。

(1)反应温度　反应温度对催化剂加氢性能影响较大，碳二加氢反应均是较强的放热反应，高温不仅有利于副反应的发生，而且对安全生产造成威胁。一般地，提高反应温度，催化剂活性提高，但选择性降低。采用钯型催化剂时，反应温度为 $30\sim120℃$。被装置反应温度由壳侧中冷剂(热载体)控制在 $44℃$ 左右。

(2)炔烃浓度　炔烃浓度对催化剂反应性能有着重要影响。加氢原料所含炔烃、双烯烃浓度高，反应放热量大，若不能及时移走热量，使得催化剂床层温度较高，加剧副反应的进行，导致目的产品乙烯的加氢损失，并造成催化剂的表面结焦的不良后果。

(3)氢烃比　乙炔加氢反应的理论氢炔比为1.0，如氢炔比小于1.0，说明乙炔未能脱除。当氢炔比超过1.0时，就意味着除了满足乙炔加氢生成乙烯需要的氢气外，有过剩的氢气出现，反应的选择性就下降了。一般采用的炔烃比为 $1.2\sim2.5$。本装置中控制碳二馏分的流量是 56186.8t/h，氢气的流量是 200t/h。

(4)一氧化碳　一氧化碳会使加氢催化剂中毒，影响催化剂的活性。在加氢原料中的一氧化碳的含量有一定的限制，如碳二加氢所用的富氢中一氧化碳含量应小于 $5mL/m^3$。

2. 工艺说明

本流程为利用催化加氢脱乙炔的工艺。乙炔是通过等温加氢反应器除掉的，反应器温度由壳侧中冷剂温度控制。

主反应为：$nC_2H_2 + 2nH_2 \longrightarrow (C_2H_6)_n$，该反应是放热反应。1g 乙炔反应后放出热量约为 34000kcal。温度超过 $66℃$ 时有副反应为：$2nC_2H_4 \longrightarrow (C_4H_8)_n$，该反应也是放热反应。

冷却介质为液态丁烷，通过丁烷蒸发带走反应器中的热量，丁烷蒸气通过冷却水冷凝。

反应原料分两股，一股为约 $-15℃$ 的以 C_2 为主的烃原料，进料量由流量控制器FIC1425 控制；另一股为 H_2 与 CH_4 的混合气，温度约 $10℃$，进料量由流量控制器FIC1427 控制。FIC1425 与 FIC1427 为比值控制，两股原料按一定比例在管线中混合后经原料气/反应气换热器(EH-423)预热，再经原料预热器(EH-424)预热到 $38℃$，进入固定床反应器(ER-424A/B)。预热温度由温度控制器 TIC1466 通过调节预热器 EH-424 加热蒸汽(S3)的流量来控制。

ER-424A/B 中的反应原料在 2.523MPa、$44℃$ 下反应生成 C_2H_6。当温度过高时会发生 C_2H_4 聚合生成 C_4H_8 的副反应。反应器中的热量由反应器壳侧循环的加压 C_4 冷剂蒸发带走。C_4 蒸气在水冷器 EH-429 中由冷却水冷凝，而 C_4 冷剂的压力由压力控制器 PIC-1426 通过调节 C_4 蒸气冷凝回流量来控制，从而保持 C_4 冷剂的温度。

3. 本单元复杂控制回路说明

FFI1427 为一比值调节器。根据 FIC1425（以 C_2 为主的烃原料）的流量，按一定的比例，相适应的调整 FIC1427（H_2）的流量。

工业上为了保持两种或两种以上物料的比例为一定值的调节叫比值调节。对于比值调节系统，首先是要明确哪种物料是主物料，而另一种物料按主物料来配比。在本单元中，FIC1425（以 C_2 为主的烃原料）为主物料，而 FIC1427（H_2）的量是随主物料（C_2 为主的烃原料）的量的变化而改变。

4. 设备一览

EH-423：原料气/反应气换热器。

EH-424：原料气预热器。

EH-429：C_4 蒸汽冷凝器。

EV-429：C_4 闪蒸罐。

ER424A/B：C_{2X} 加氢反应器。

二、固定床反应器单元操作规程

1. 开车操作规程

装置的开工状态为反应器和闪蒸罐都处于已进行过氮气冲压置换后，保压在 0.03MPa 状态。可以直接进行实气冲压置换。

1）EV-429 闪蒸器充丁烷

（1）确认 EV-429 压力为 0.03MPa。

（2）打开 EV-429 回流阀 PV1426 的前后阀 VV1429、VV1430。

（3）调节 PV1426（PIC1426）阀开度为 50%。

（4）EH-429 通冷却水，打开 KXV1430，开度为 50%。

（5）打开 EV-429 的丁烷进料阀门 KXV1420，开度 50%。

（6）当 EV-429 液位到达 50% 时，关进料阀 KXV1420。

2）ER-424A 反应器充丁烷

（1）确认事项：

①反应器 0.03MPa 保压。

②EV-429 液位到达 50%。

（2）充丁烷：

打开丁烷冷剂进 ER-424A 壳层的阀门 KXV1423，有液体流过，充液结束；同时打开出 ER-424A 壳层的阀门 KXV1425。

3）ER-424A 启动

（1）启动前准备工作：

①ER-424A 壳层有液体流过。

②打开 S3 蒸汽进料控制 TIC1466.

③调节 PIC-1426 设定，压力控制设定在 0.4MPa。

(2)ER-424A 充压、实气置换：

①打开 FIC1425 的前后阀 VV1425、VV1426 和 KXV1412。

②打开阀 KXV1418。

③微开 ER-424A 出料阀 KXV1413，丁烷进料控制 FIC1425(手动)，慢慢增加进料，提高反应器压力，充压至 2.523MPa。

④慢开 ER-424A 出料阀 KXV1413 至 50%，充压至压力平衡。

⑤乙炔原料进料控制 FIC1425 设自动，设定值 56186.8kg/h。

(3)ER-424A 配氢，调整丁烷冷剂压力

①稳定反应器入口温度在 38.0℃，使 ER-424A 升温。

②当反应器温度接近 38.0℃(超过 35.0℃)，准备配氢。打开 FV1427 的前后阀 VV1427、VV1428。

③氢气进料控制 FIC1427 设自动，流量设定 80kg/h。

④观察反应器温度变化，当氢气量稳定后，FIC1427 设手动。

⑤缓慢增加氢气量，注意观察反应器温度变化。

⑥氢气流量控制阀开度每次增加不超过 5%。

⑦氢气量最终加至 200kg/h 左右，此时 $H_2/C_2=2.0$，FIC1427 投串级。

⑧控制反应器温度 44.0℃ 左右。

2. 正常操作规程

1)正常工况下工艺参数

(1)正常运行时，反应器温度 TI1467A：44.0℃，压力 PI1424A 控制在 2.523MPa。

(2)FIC1425 设自动，设定值 56186.8kg/h，FIC1427 设串级。

(3)PIC1426 压力控制在 0.4MPa，EV-429 温度 TI1426 控制在 38.0℃。

(4)TIC1466 设自动，设定值 38.0℃。

(5)ER-424A 出口氢气浓度低于 $50mL/m^3$，乙炔浓度低于 $200mL/m^3$。

(6)EV429 液位 LI1426 为 50%。

2)ER-424A 与 ER-424B 间切换

(1)关闭氢气进料。

(2)ER-424A 温度下降低于 38.0℃ 后，打开 C_4 冷剂进 ER-424B 的阀 KXV1424、KXV1426，关闭 C_4 冷剂进 ER-424A 的阀 KXV1423、KXV1425。

(3)开 C_2H_2 进 ER-424B 的阀 KXV1415，微开 KXV1416。关 C_2H_2 进 ER-424A 的阀 KXV1412。

3)ER-424B 的操作

ER-424B 的操作与 ER-424A 操作相同。

3. 停车操作规程

1)正常停车

(1)关闭氢气进料，关 VV1427、VV1428，FIC1427 设手动，设定值为 0%。

(2)关闭加热器 EH-424 蒸汽进料，TIC1466 设手动，开度 0%。

(3)闪蒸器冷凝回流控制 PIC1426 设手动，开度 100%。

（4）逐渐减少乙炔进料，开大 EH-429 冷却水进料。

（5）逐渐降低反应器温度、压力，至常温、常压。

（6）逐渐降低闪蒸器温度、压力，至常温、常压。

2）紧急停车

（1）与停车操作规程相同。

（2）也可按急停车按钮（在现场操作图上）。

4. 联锁说明

该单元有一联锁。

1）联锁源

（1）现场手动紧急停车（紧急停车按钮）。

（2）反应器温度高报（TI1467A/B>66℃）。

2）联锁动作

（1）关闭氢气进料，FIC1427 设手动。

（2）关闭加热器 EH-424 蒸汽进料，TIC1466 设手动。

（3）闪蒸器冷凝回流控制 PIC1426 设手动，开度 100%。

（4）自动打开电磁阀 XV1426。

该联锁有一复位按钮。

注：在复位前，应首先确定反应器温度已降回正常，同时处于手动状态的各控制点的设定应设成最低值。

5. 仪表及报警一览表（见表 2-9）

表 2-9　固定床反应的单元仪表及报警一览表

位号	说明	类型	量程高限	量程低限	工程单位	报警上限	报警下限
PIC1426	EV429 罐压力控制	PID	1.0	0.0	MPa	0.70	无
TIC1466	EH423 出口温控	PID	80.0	0.0	℃	43.0	无
FIC1425	C2X 流量控制	PID	700000.0	0.0	kg/h	无	无
FIC1427	H2 流量控制	PID	300.0	0.0	kg/h	无	无
FT1425	C2X 流量	PV	700000.0	0.0	kg/h	无	无
FT1427	H2 流量	PV	300.0	0.0	kg/h	无	无
TC1466	EH423 出口温度	PV	80.0	0.0	℃	43.0	无
TI1467A	ER424A 温度	PV	400.0	0.0	℃	48.0	无
TI1467B	ER424B 温度	PV	400.0	0.0	℃	48.0	无
PC1426	EV429 压力	PV	1.0	0.0	MPa	0.70	无
LI1426	EV429 液位	PV	100	0.0	%	80.0	20.0
AT1428	ER424A 出口氢浓度	PV	200000.0	PPm	90.0	无	无
AT1429	ER424A 出口乙炔浓度	PV	1000000.0	PPm	无	无	无
AT1430	ER424B 出口氢浓度	PV	200000.0	PPm	90.0	无	无
AT1431	ER424B 出口乙炔浓度	PV	1000000.0	PPm	无	无	无

三、事故设置一览

1. 氢气进料阀卡住

原因：FIC1427 卡在 20%处。

现象：氢气量无法自动调节。

处理：降低 EH-429 冷却水的量。

用旁路阀 KXV1404 手工调节氢气量。

2. 预热器 EH-424 阀卡住

原因：TIC1466 卡在 70%处。

现象：换热器出口温度超高。

处理：增加 EH-429 冷却水的量。

减少配氢量。

3. 闪蒸罐压力调节阀卡

原因：PIC1426 卡在 20%处。

现象：闪蒸罐压力，温度超高。

处理：增加 EH-429 冷却水的量。

用旁路阀 KXV1434 手工调节。

4. 反应器漏气

原因：反应器漏气，KXV1414 卡在 50%处。

现象：反应器压力迅速降低。

处理：停工。

5. EH-429 冷却水停

原因：EH-429 冷却水供应停止。

现象：闪蒸罐压力，温度超高。

处理：停工。

6. 反应器超温

原因：闪蒸罐通向反应器的管路有堵塞。

现象：反应器温度超高，会引发乙烯聚合的副反应。

处理：增加 EH-429 冷却水的量。

四、仿真界面

固定床 DCS 图如图 2-24 所示，现场图如图 2-25 所示。

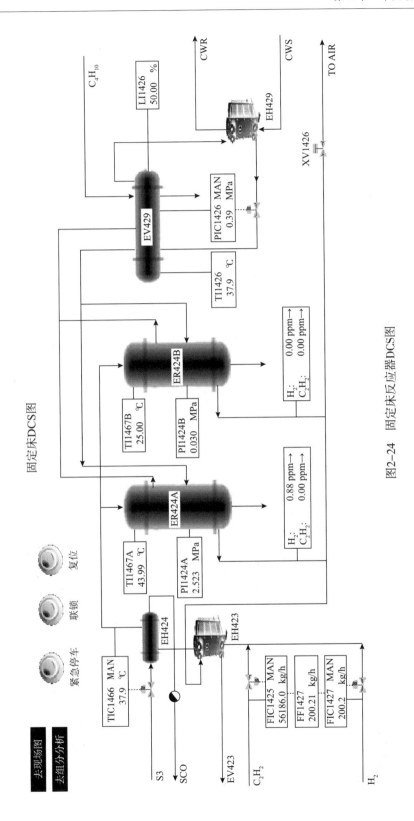

图2-24 固定床反应器DCS图

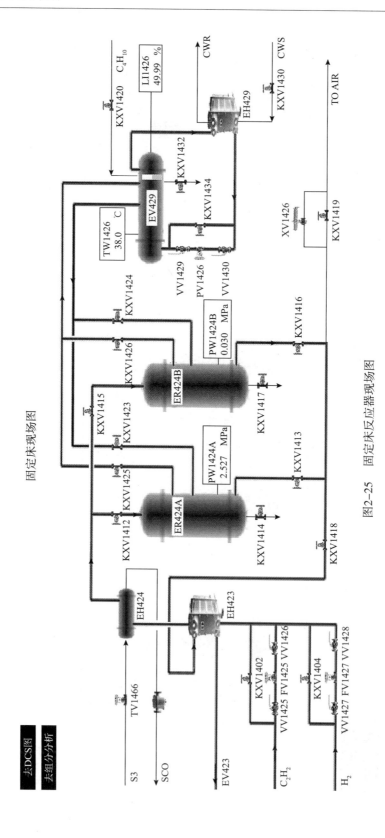

固定床现场图

图2-25　固定床反应器现场图

思考题

(1)结合本单元说明比例控制的工作原理。

(2)为什么是根据乙炔的进料量调节配氢气的量；而不是根据氢气的量调节乙炔的进料量？

(3)根据本单元实际情况，说明反应器冷却剂的自循环原理。

(4)观察在 EH-429 冷却器的冷却水中断后会造成的结果。

(5)结合本单元实际，理解"联锁"和"联锁复位"的概念。

实训十　流化床反应器单元

一、工艺流程说明

1. 工艺原理简述

流化床反应器是将流态化技术应用于流(通常指气体)、固相化学反应的设备,有气－固相流化床催化反应器和气-固相流化床非催化反应器两种。以一定的流动速度使固体催化剂颗粒呈悬浮湍动,并在催化剂作用下进行化学反应的设备称为气-固相流化床催化反应器(常简称为流化床),它是气-固相催化反应常用的一种反应器。而在气－固相流化床非催化反应器中,是原料气直接与悬浮湍动的固体原料发生化学反应。

由于流化床具体有较高的传热效率、床层温度分布均匀、很大的相间接触面积、固体粒子输送方便等优点,因而在化工、冶金等领域得到了广泛的应用。但与固定床相比,主要缺点有：物料返混严重、催化剂磨损大、需要气固相分离装置、操作气体速度受限。

本仿真培训单元所选的是一种气-固相流化床非催化反应器,取材于 HIMONT 工艺连续本体法聚丙烯装置的气相共聚反应器,用于生产高抗冲共聚体。其工艺特点是：气相共聚反应是在均聚反应后进行,聚合物颗粒来自均聚,在气相共聚反应器中不再有催化剂组分的分布问题；在气相共聚反应时加入乙烯,而乙烯的反应速度较快,动力学常数大,因此反应所需的停留时间短,相应的反应压力可以低；气相反应并不存在萃取介质,不但保证了共聚物的质量,而且所生成的共聚物表面不易发生聚合,这对减轻共聚物挂壁或结块堵塞都有好处。另外,气相共聚反应器采用气相法密相流化床,所生成的聚合物颗粒大,呈球形,不但流动性好,而且不像细粉容易被气流吹走,从而相应地缩小了反应器的体积。

气相共聚生产高冲聚合物时,均聚体粉料从共聚反应器顶部进入流化床反应器。与此同时,按一定比例恒定地加入乙烯、丙烯和氢气,以达到共聚产品所需的性质,聚合的反应热靠循环气体的冷却而导出。

气相共聚反应的温度 70℃,反应压力为 1.4MPa,反应器为立式,内设有刮板搅拌器,粉料料面控制高度为 60%。

气相反应聚合速度的控制是靠调节反应器的气体组成(H_2/C_2、C_2/C_3 之比)和总的系统压力、反应温度及料面高度(停留时间)来实现。

2．工艺说明

该流化床反应器取材于 HIMONT 工艺本体聚合装置，用于生产高抗冲击共聚物。具有剩余活性的干均聚物(聚丙烯)，在压差作用下自闪蒸罐 D-301 流到该气相共聚反应器 R－401。

在气体分析仪的控制下，氢气被加到乙烯进料管道中，以改进聚合物的本征黏度，满足加工需要。聚合物从顶部进入流化床反应器，落在流化床的床层上。流化气体(反应单体)通过一个特殊设计的栅板进入反应器。由反应器底部出口管路上的控制阀来维持聚合物的料位。聚合物料位决定了停留时间，从而决定了聚合反应的程度，为了避免过度聚合的鳞片状产物堆积在反应器壁上，反应器内配置一转速较慢的刮刀，以使反应器壁保持干净。

栅板下部夹带的聚合物细末，用一台小型旋风分离器 S401 除去，并送到下游的袋式过滤器中。

所有未反应的单体循环返回到流化压缩机的吸入口。来自乙烯汽提塔顶部的回收气相与气相反应器出口的循环单体汇合，而补充的氢气、乙烯和丙烯加入到压缩机排出口。循环气体用工业色谱仪进行分析，调节氢气和丙烯的补充量。然后调节补充的丙烯进料量以保证反应器的进料气体满足工艺要求的组成。用脱盐水作为冷却介质，用一台立式列管式换热器将聚合反应热撤出。该热交换器位于循环气体压缩机之前。

共聚物的反应压力约为 1.4MPa(表)，70℃。注意，该系统压力位于闪蒸罐压力和袋式过滤器压力之间，从而在整个聚合物管路中形成一定压力梯度，以避免容器间物料的返混并使聚合物向前流动。

3．反应机理

乙烯、丙烯以及反应混合气在一定的温度 70℃，一定的压力 1.35MPa 下，通过具有剩余活性的干均聚物(聚丙烯)的引发，在流化床反应器里进行反应，同时加入氢气以改善共聚物的本征黏度，生成高抗冲击共聚物。

主要原料：乙烯，丙烯，具有剩余活性的干均聚物(聚丙烯)，氢气。

主产物：高抗冲击共聚物(具有乙烯和丙烯单体的共聚物)。

副产物：无。

反应方程式：

$$n\mathrm{C_2H_4} + n\mathrm{C_3H_6} \longrightarrow [\mathrm{C_2H_4-C_3H_6}]_n$$

4．设备一览

A401：R401 的刮刀。

C401：R401 循环压缩机。

E401：R401 气体冷却器。

E409：夹套水加热器。

P401：开车加热泵。

R401：共聚反应器。

S401：R401 旋风分离器。

5．参数说明

AI40111：反应产物中 H_2 的含量。

AI40121：反应产物中 C_2H_4 的含量。

AI40131：反应产物中 C_2H_6 的含量。

AI40141：反应产物中 C_3H_6 的含量。

AI40151：反应产物中 C_3H_8 的含量。

二、装置的操作规程

1. 冷态开车规程

1）开车准备

准备工作包括：系统中用氮气充压，循环加热氮气，随后用乙烯对系统进行置换（按照实际正常的操作，用乙烯置换系统要进行两次，考虑到时间关系，只进行一次）。这一过程完成之后，系统将准备开始单体开车。

（1）系统氮气充压加热：

①充氮 打开充氮阀，用氮气给反应器系统充压，当系统压力达 0.7MPa（表）时，关闭充氮阀。

②当氮充压至 0.1MPa（表）时，按照正确的操作规程，启动 C401 共聚循环气体压缩机，将导流叶片（HIC402）定在 40%。

③环管充液 启动压缩机后，开进水阀 V4030，给水罐充液，开氮封阀 V4031。

④当水罐液位大于 10% 时，开泵 P401 入口阀 V4032，启动泵 P401，调节泵出口阀 V4034 至 60% 开度。

⑤手动开低压蒸汽阀 HC451，启动换热器 E-409，加热循环氮气。

⑥打开循环水阀 V4035。

⑦当循环氮气温度达到 70℃ 时，TC451 投自动，调节其设定值，维持氮气温度 TC401 在 70℃ 左右。

（2）氮气循环：

①当反应系统压力达 0.7MPa 时，关充氮阀。

②在不停压缩机的情况下，用 PC402 和排放阀给反应系统泄压至 0.0MPa（表）。

③在充氮泄压操作中，不断调节 TC451 设定值，维持 TC401 温度在 70℃ 左右。

（3）乙烯充压：

①当系统压力降至 0.0MPa（表）时，关闭排放阀。

②由 FC403 开始乙烯进料，乙烯进料量设定在 567.0kg/h 时投自动调节，乙烯使系统压力充至 0.25MPa（表）。

2）干态运行开车

本规程旨在聚合物进入之前，共聚集反应系统具备合适的单体浓度，另外通过该步骤也可以在实际工艺条件下，预先对仪表进行操作和调节。

（1）反应进料：

①当乙烯充压至 0.25MPa（表）时，启动氢气的进料阀 FC402，氢气进料设定在 0.102kg/h，FC402 投自动控制。

②当系统压力升至 0.5MPa（表）时，启动丙烯进料阀 FC404，丙烯进料设定在 400kg/

h，FC404 投自动控制。

③打开自乙烯汽提塔来的进料阀 V4010。

④当系统压力升至 0.8MPa（表）时，打开旋风分离器 S-401 底部阀 HC403 至 20％开度，维持系统压力缓慢上升。

（2）准备接收 D301 来的均聚物：

①再次加入丙烯，将 FC404 改为手动，调节 FV404 为 85％。

②当 AC402 和 AC403 平稳后，调节 HC403 开度至 25％。

③启动共聚反应器的刮刀，准备接收从闪蒸罐（D-301）来的均聚物。

3）共聚反应物的开车

（1）确认系统温度 TC451 维持在 70℃左右。

（2）当系统压力升至 1.2MPa（表）时，开大 HC403 开度在 40％和 LV401 在 20％～25％，以维持流态化。

（3）打开来自 T-301 的聚合物进料阀。

（4）停低压加热蒸汽，关闭 HV451。

4）稳定状态的过渡

（1）反应器的液位：

①随着 R401 料位的增加，系统温度将升高，及时降低 TC451 的设定值，不断取走反应热，维持 TC401 温度在 70℃左右。

②调节反应系统压力在 1.35MPa（表）时，PC402 自动控制。

③手动开启 LV401 至 30％，让共聚物稳定地流过此阀。

④当液位达到 60％时，将 LC401 设置投自动。

⑤随系统压力的增加，料位将缓慢下降，PC402 调节阀自动开大，为了维持系统压力在 1.35MPa，缓慢提高 PC402 的设定值至 1.40MPa（表）。

⑥当 LC401 在 60％投自动控制后，调节 TC451 的设定值，待 TC401 稳定在 70℃左右时，TC401 与 TC451 串级控制。

（2）反应器压力和气相组成控制

①压力和组成趋于稳定时，将 LC401 和 PC403 投串级。

②FC404 和 AC403 串级联结。

③FC402 和 AC402 串级联结。

2. 正常操作规程

正常工况下的工艺参数：

（1）FC402：调节氢气进料量（与 AC402 串级），正常值：0.35kg/h。

（2）FC403：单回路调节乙烯进料量，正常值：567.0kg/h。

（3）FC404：调节丙烯进料量（与 AC403 串级），正常值：400.0kg/h。

（4）PC402：单回路调节系统压力，正常值：1.4MPa。

（5）PC403：主回路调节系统压力，正常值：1.35MPa。

（6）LC401：反应器料位（与 PC403 串级），正常值：60％。

（7）TC401：主回路调节循环气体温度，正常值：70℃。

（8）TC451：分程调节取走反应热量（与 TC401 串级），正常值：50℃。

（9）AC402：主回路调节反应产物中 H_2/C_2 之比，正常值：0.18。

（10）AC403：主回路调节反应产物中 $C_2/C_3 \& C_2$ 之比，正常值：0.38。

3. 停车操作规程

1）降反应器料位

（1）关闭催化剂来料阀 TMP20。

（2）手动缓慢调节反应器料位。

2）关闭乙烯进料，保压

（1）当反应器料位降至 10％，关乙烯进料。

（2）当反应器料位降至 0％，关反应器出口阀。

（3）关旋风分离器 S-401 上的出口阀。

3）关丙烯及氢气进料

（1）手动切断丙烯进料阀。

（2）手动切断氢气进料阀。

（3）排放导压至火炬。

（4）停反应器刮刀 A401。

4）氮气吹扫

（1）将氮气加入该系统。

（2）当压力达 0.35MPa 时放火炬。

（3）停压缩机 C-401。

4. 仪表一览表（见表 2-10）

表 2-10　流化床反应器单元仪表一览表

位号	说明	类型	正常值	量程高限	量程低限	工程单位	高报	低报	高高报	低低报
FC402	氢气进料流量	PID	0.35	5.0	0.0	kg/h				
FC403	乙烯进料流量	PID	567.0	1000.0	0.0	kg/h				
FC404	丙烯进料流量	PID	400.0	1000.0	0.0	kg/h				
PC402	R401 压力	PID	1.40	3.0	0.0	MPa				
PC403	R401 压力	PID	1.35	3.0	0.0	MPa				
LC401	R401 液位	PID	60.0	100.0	0.0	％				
TC401	R401 循环气温度	PID	70.0	150.0	0.0	℃				
FI401	E401 循环水流量	AI	36.0	80.0	0.0	t/h				
FI405	R401 气相进料流量	AI	120.0	250.0	0.0	t/h				
TI402	循环气 E401 入口温度	AI	70.0	150.0	0.0	℃				
TI403	E401 出口温度	AI	65.0	150.0	0.0	℃				
TI404	R401 入口温度	AI	75.0	150.0	0.0	℃				
TI405/1	E401 入口水温度	AI	60.0	150.0	0.0	℃				
TI405/2	E401 出口水温度	AI	70.0	150.0	0.0	℃				
TI406	E401 出口水温度	AI	70.0	150.0	0.0	℃				

三、事故设置一览

1. 泵 P401 停

原因：运行泵 P401 停。

现象：温度调节器 TC451 急剧上升，然后 TC401 随之升高。

处理：(1)调节丙烯进料阀 FV404，增加丙烯进料量。

(2)调节压力调节器 PC402，维持系统压力。

(3)调节乙烯进料阀 FV403，维持 C_2/C_3 比。

2. 压缩机 C-401 停

原因：压缩机 C-401 停。

现象：系统压力急剧上升。

处理：(1)关闭催化剂来料阀 TMP20。

(2)手动调节 PC402，维持系统压力。

(3)手动调节 LC401，维持反应器料位。

3. 丙烯进料停

原因：丙烯进料阀卡。

现象：丙烯进料量为 0.0。

处理：(1)手动关小乙烯进料量，维持 C_2/C_3 比。

(2)关催化剂来料阀 TMP20。

(3)手动关小 PV402，维持压力。

(4)手动关小 LC401，维持料位。

4. 乙烯进料停

原因：乙烯进料阀卡。

现象：乙烯进料量为 0.0。

处理：(1)手动关丙烯进料，维持 C_2/C_3 比。

(2)手动关小氢气进料，维持 H_2/C_2 比。

5. D301 供料停

原因：D301 供料阀 TMP20 关。

现象：D301 供料停止。

处理：(1)手动关闭 LV401。

(2)手动关小丙烯和乙烯进料。

(3)手动调节压力。

四、仿真界面

流化床反应器 DCS 图如图 2-26 所示，现场图如图 2-27 所示。

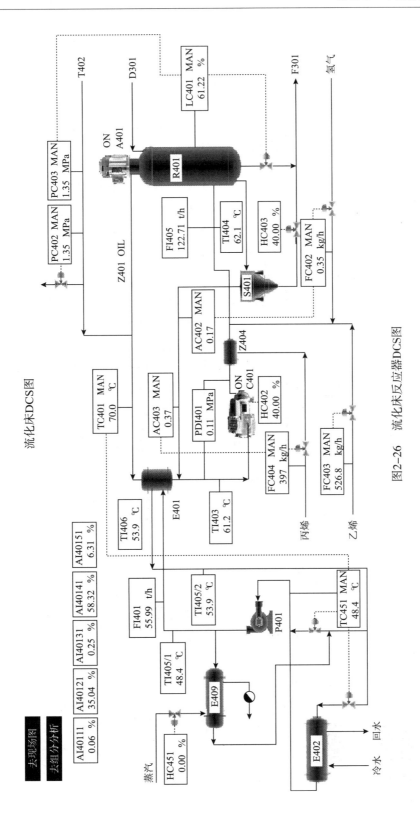

图2-26　流化床反应器DCS图

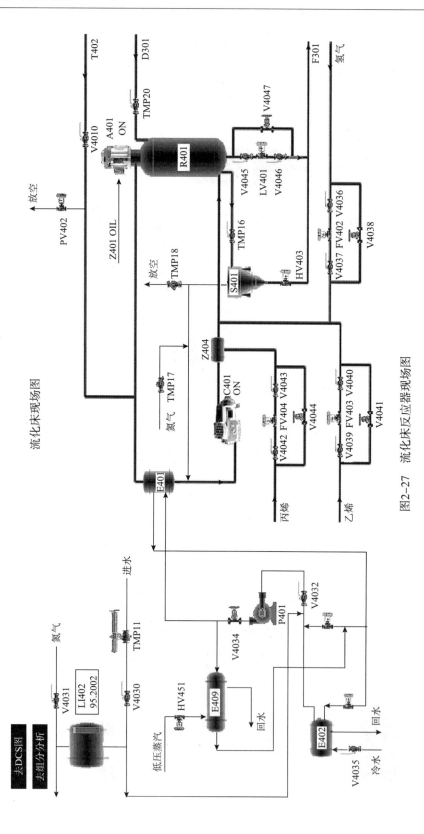

图2-27 流化床反应器现场图

思考题

(1)在开车及运行过程中，为什么一直要保持氮封？

(2)熔融指数(MFR)表示什么？氢气在共聚过程中起什么作用？试描述 AC402 指示值与 MFR 的关系。

(3)气相共聚反应的温度为什么绝对不能偏差所规定的温度？

(4)气相共聚反应的停留时间是如何控制的？

(5)气相共聚反应器的流态化是如何形成的？

(6)冷态开车时，为什么要首先进行系统氮气充压加热？

(7)什么叫流化床？与固定床比有什么特点？

(8)请解释以下概念：共聚、均聚、气相聚合、本体聚合。

(9)请简述本培训单元所选流程的反应机理。

实训十一　锅炉单元

一、工艺流程简述

1.工作原理简述

基于燃料(燃料油、燃料气)与空气按一定比例混合即发生燃烧而产生高温火焰并放出大量热量的原理，锅炉主要是通过燃烧后辐射段的火焰和高温烟气对水冷壁的锅炉给水进行加热，使锅炉给水变成饱和水而进入汽包进行汽水分离，从辐射室出来进入对流段的烟气仍具有很高的温度，再通过对流室对来自于汽包的饱和蒸汽进行加热即产生过热蒸汽。

2.工艺过程说明

锅炉的主要用途是提供中压蒸汽及消除催化裂化装置再生的 CO 废气对大气的污染，回收催化装置再生废气的热能。

主要设备为 WGZ65/39-6 型锅炉，采用自然循环，双汽包结构。锅炉主体由省煤器、上汽包、对流管束、下汽包、下降管、水冷壁、过热器、表面式减温器、联箱组成。省煤器的主要作用是预热锅炉给水，降低排烟温度，提高锅炉热效率。上汽包的主要作用是汽水分离，连接受热面构成正常循环。水冷壁的主要作用是吸收炉膛辐射热。过热器分低温段、高温段过热器，其主要作用是使饱和蒸汽变成过热蒸汽。减温器的主要作用是微调过热蒸汽的温度(调整范围约 10~33℃)。

锅炉设有一套完整的燃烧设备，可以适应燃料气、燃料油、液态烃等多种燃料。根据不同蒸汽压力既可单独烧一种燃料，也可以多种燃料混烧，还可以分别和 CO 废气混烧。本实训为燃料气、燃料油、液态烃与 CO 废气混烧仿真。

除氧器通过水位调节器 LIC101 接受外界来水经热力除氧后，一部分经低压水泵 P102供全厂各车间；另一部分经高压水泵 P101 供锅炉用水，除氧器压力由 PIC101 单回路控制。锅炉给水一部分经减温器回水至省煤器；另一部分直接进入省煤器，两路给水调节阀通过过热蒸汽温度调节器 TIC101 分程控制，被烟气回热至 256℃ 饱和水进入上汽包，再经对流管束至下汽包，再通过下降管进入锅炉水冷壁，吸收炉膛辐射热使其在水冷壁里变成汽水混合物，然后进入上汽包进行汽水分离。锅炉总给水量由上汽包液位调节器 LIC102 单回路控制。

256℃ 的饱和蒸汽经过低温段过热器（通过烟气换热）、减温器（锅炉给水减温）、高温段过热器（通过烟气换热），变成 447℃、3.77MPa 的过热蒸汽供给全厂用户。

燃料气包括高压瓦斯气和液态烃，分别通过压力控制器 PIC104 和 PIC103 单回路控制进入高压瓦斯罐 V-101，高压瓦斯罐顶气通过过热蒸汽压力控制器 PIC102 单回路控制进入六个点火枪；燃料油经燃料油泵 P105 升压进入六个点火枪进料燃烧室。

燃烧所用空气通过鼓风机 P104 增压进入燃烧室。CO 烟气系统由催化裂化再生器产生，温度为 500℃，经过水封罐进入锅炉，燃烧放热后再排至烟窗。

锅炉排污系统包括连排系统和定排系统，用来保持水蒸汽品质。

(1)汽水系统　汽水系统既所谓的"锅"，它的任务是吸收燃料燃烧放出的热量，使水蒸气蒸发最后成为规定压力和温度的过热蒸汽。它由（上、下）汽包、对流管束、下降管、（上、下）联箱、水冷壁、过热器、减温器和省煤器组成。

①汽包　装在锅炉的上部，包括上下两个汽包，它们分别是圆筒型的受压容器，它们之间通过对流管束连接。上汽包的下部是水，上部是蒸汽，它受省煤器的来水，并依靠重力的作用将水经过对流管束送入下汽包。

②对流管束　由多根细管组成，将上、下汽包连接起来。上汽包中的水经过对流管束流入下汽包，其间要吸收炉膛放出的大量热。

③下降管　它是水冷壁的供水管，既汽包中的水流入下降管并通过水冷壁下的联箱均匀地分配到水冷壁的个上升管中。

④水冷壁　是布置在燃烧室内四周墙上的许多平行的管子。它主要的作用是吸收燃烧室中的辐射热，使管内的水汽化，蒸汽就是在水冷壁中产生的。

⑤过热器　过热器的作用是利用烟气的热量将饱和的蒸汽加热成一定温度的过热蒸汽。

⑥减温器　在锅炉的运行过程中，由于很多因素使过热蒸汽加热温度发生变化，而为用户提供的蒸汽温度保持在一定范围内，为此必须装设汽温调节设备。其原理是接受冷量，将过热蒸汽温度降低。本单元中，一部分锅炉给水先经过减温器调节过热蒸汽温度后再进入上汽包。本单元的减温器为多根细管装在一个筒体中的表面式减温器。

⑦省煤器　装在锅炉尾部的垂直烟道中。它利用烟气的热量来加热给水，以提高给水温度，降低排烟温度，节省燃料。

⑧联箱　本单元采用的是圆形联箱，它实际为直径较大，两端封闭的圆管，用来连接管子，起着汇集、混合和分配水汽的作用。

(2)燃烧系统　燃烧系统既所谓的"炉"，它的任务是使燃料在炉中更好的燃烧。本单元的燃烧系统由炉膛和燃烧器组成。

补充说明：单元的液位指示说明。

(1)在脱氧罐 DW101 中，在液位指示计的 0 点下面，还有一段空间，故开始进料后不会马上有液位指示。

（2）在锅炉上汽包中同样是在在液位指示计的起测点下面，还有一段空间，故开始进料后不会马上有液位指示。同时上汽包中的液位指示计较特殊，其起测点的值为−300mm，上限为300mm，正常液位为0mm，整个测量范围为600mm。

3．本单元复杂控制回路说明

TIC101：锅炉给水一部分经减温器回水至省煤器；一部分直接进入省煤器，通过控制两路水的流量来控制上水包的进水温度，两股流量由一分程调节器 TIC101 控制。当 TIC101 的输出为 0 时，直接进入省煤器的一路为全开，经减温器回水至省煤器一路为 0；当 TIC101 的输出为 100 时，直接进入省煤器的一路为 0，经减温器回水至省煤器一路为全开。锅炉上水的总量只受上汽包液位调节器 LIC102 单回路控制。

分程控制：就是由一只调节器的输出信号控制两只或更多的调节阀，每只调节阀在调节器的输出信号的某段范围中工作。

4．设备一览

B101：锅炉主体。

V101：高压瓦斯罐。

DW101：除氧器。

P101：高压水泵。

P102：低压水泵。

P103：Na_2HPO_4 加药泵。

P104：鼓风机。

P105：燃料油泵。

二、装置的操作规程

1．冷态开车操作规程

本装置的开车状态为所有设备均经过吹扫试压，压力为常压，温度为环境温度，所有可操作阀均处于关闭状态。

1）启动公用工程

启动"公用工程"按钮，使所有公用工程均处于待用状态。

2）除氧器投运

（1）手动打开液位调节器 LIC101，向除氧器充水，使液位指示达到 400mm；将调节器 LIC101 投自动（给定值设为 400mm）。

（2）手动打开压力调节器 PIC101，送除氧蒸汽，打开除氧器再沸腾阀 B08，向 DW101 通一段时间蒸汽后关闭。

（3）除氧器压力升至 2000mmH$_2$O 时，将压力调节器 PIC101 投自动（给定值设为 2000mmH$_2$O）。

3）锅炉上水

（1）确认省煤器与下汽包之间的再循环阀关闭 B10，打开上汽包液位计汽阀 D30 和水阀 D31。

(2)确认省煤器给水调节阀 TIC101 全关。

(3)开启高压泵 P101。

(4)通过高压泵循环阀 D06 调整泵出口压力约为 5.0MPa。

(5)缓开给水调节阀的小旁路阀 D25，手控上水(注意上水流量不得大于 10t/h，请注意上水时间较长，在实际教学中，可加大进水量，加快操作速度)。

(6)待水位升至−50mm，关入口水调节阀旁路阀 D25。

(7)开启省煤器和下汽包之间的再循环阀 B10。

(8)打开上汽包液位调节阀 LV102。

(9)小心调节 LV102 阀使上汽包液位控制在 0mm 左右，投自动。

4)燃料系统投运

(1)将高压瓦斯压力调节器 PIC104 置手动，手控高压瓦斯调节阀使压力达到 0.3MPa。给定值设 0.3MPa 后投自动。

(2)将液态烃压力调节器 PIC103 给定值设为 0.3MPa 投自动。

(3)依次开喷射器高压入口阀 B17，喷射器出口阀 B19，喷射器低压入口阀 B18。

(4)开火嘴蒸汽吹扫阀 B07，2min 后关闭。

(5)开启燃料油泵 P105，燃料油泵出口阀 D07，回油阀 D13。

(6)关烟气大水封进水阀 D28，开大水封放水阀 D44，将大水封中的水排空。

(7)开小水封上水阀 D29，为导入 CO 烟气作准备。

5)锅炉点火

(1)全开上汽包放空阀 D26 及过热器排空阀 D27 和过热器疏水阀 D04，全开过热蒸汽对空排气阀 D12。

(2)炉膛送气。全开风机入口挡板 D01 和烟道挡板 D05。

(3)开启风机 P104 通风 5min，使炉膛不含可燃气体。

(4)将烟道挡板调至 20% 左右。

(5)将 1、2、3 号燃气火嘴点燃。先开点火器，后开炉前根部阀。

(6)置过热蒸汽压力调节器 PIC102 为手动，按锅炉升压要求，手动控制升压速度。

(7)将 4、5、6 号燃气火嘴点燃。

6)锅炉升压

冷态锅炉由点火达到并汽条件，时间应严格控制不得小于 3~4h，升压应缓慢平稳。在仿真器上为了提高培训效率，缩短为半小时左右。此间严禁关小过热器疏水阀 D04 和对空排汽阀 D12，赶火升压，以免过热器管壁温度急剧上升和对流管束胀口渗水等现象发生。

(1)开加药泵 P103，加 Na_2HPO_4。

(2)压力在 0.7~0.8MPa 时，根据上水量估计排空蒸汽量。关小减温器、上汽包排空阀。

(3)过热蒸汽温度达 400℃时投入减温器。(按分程控制原理，调整调节器的输出为 0 时，减温器调节阀开度为 0%，省煤器给水调节阀开度为 100%。输出为 50%，两阀各开

50％，输出为 100％，减温器调节阀开度 100％，省煤器给水调节阀开度 0％）。

（4）压力升至 3.6MPa 后，保持此压力达到平稳后，准备锅炉并汽。

7）锅炉并汽

（1）确认蒸汽压力稳定，且为 3.62～3.67MPa，蒸汽温度不低于 420℃，上汽包水位为 0mm 左右，准备并汽。

（2）在并汽过程中，调整过热蒸汽压力低于母管压力 0.10～0.15MPa。

（3）缓开主汽阀旁路阀 D15。

（4）缓开隔离阀旁路阀 D16。

（5）开主汽阀 D17 约 20％。

（6）缓慢开启隔离阀 D02，压力平衡后全开隔离阀。

（7）缓慢关闭隔离阀旁路阀 D16。此时若压力趋于升高或下降，通过过热蒸汽压力调节器手动调整。

（8）缓关主汽阀旁路阀，注意压力变化。若压力趋于升高或下降，通过过热蒸汽压力调节器手动调整。

（9）将过热蒸汽压力调整节器给定值设为 3.77MPa，手调蒸汽压力达到 3.77MPa 后投自动。

（10）缓慢关闭疏水阀 D04。

（11）缓慢关闭排空阀 D12。

（12）缓慢关闭过热器放空阀 D27

（13）关省煤器与下汽包之间再循环阀 B10。

8）锅炉负荷提升

（1）将减温调节器给定值为 447℃，手调蒸汽温度达到后投自动。

（2）逐渐开大主汽阀 D17，使负荷升至 20t/h。

（3）缓慢手调主汽阀提升负荷，（注意操作的平稳度。提升速度每分钟不超过 3～5t/h，同时要注意加大进水量及加热量），使蒸汽负荷缓慢提升到 65t/h 左右。

9）至催化裂化除氧水流量提升

（1）启动低压水泵 P102。

（2）适当开启低压水泵出口再循环阀 D08，调节泵出口压力。

（3）渐开低压水泵出口阀 D10，使去催化的除氧水流量为 100t/h 左右。

2．正常操作规程

1）正常工况下工艺参数

（1）FI105：蒸汽负荷正常控制值为 65t/h。

（2）TIC101：过热蒸汽温度投自动，设定值为 447℃。

（3）LIC102：上汽包水位投自动，设定值为 0.0mm。

（4）PIC102：过热蒸汽压力投自动，设定值为 3.77MPa。

（5）PI101：给水压力正常控制值为 5.0MPa。

（6）PI105：炉膛压力正常控制值为小于 200mmH$_2$O。

(7)TI104：油气与 CO 烟气混烧 200℃，最高 250℃。

油气混烧排烟温度控制值小于 180℃。

(8)POXYGEN：烟道气氧含量：0.9％～3.0％。

(9)PIC104：燃料气压力投自动，设定值为 0.30MPa。

(10)PIC101：除氧器压力投自动，设定值为 2000H₂O。

(11)LIC101：除氧器液位投自动，设定值为 400mmH₂O。

2）正常工况操作要点

(1)在正常运行中，不允许中断锅炉给水。

(2)当给水自动调节投入运行时，仍须经常监视锅炉水位的变化。保持给水量变化平稳，避免调整幅度过大或过急，要经常对照给水流量与蒸汽流量是否相符。若给水自动调整失灵，应改为手动调整给水。

(3)在运行中应经常监视给水压力和给水温度的变化。通过高压泵循环阀调整给水压力；通过除氧器压力间接调整给水温度。

(4)汽包水位计每班冲洗一次，冲洗步骤是：

①开放水阀，冲洗汽、水管和玻璃管。

②关水阀，冲洗汽管及玻璃管。

③开水阀，关汽阀，冲洗水管。

④开汽阀，关放水阀，恢复水位计运行(关放水阀时，水位计中的水位应很快上升，长有轻微波动)。

(5)冲洗水位计时的安全注意事项：

①冲洗水位计时要注意人身安全，穿戴好劳动保护用具，要背向水位计，以免玻璃管爆裂伤人。

②关闭放水阀时要缓慢，因为此时，水流量突然截断，压力会瞬时升高，容易使玻璃管爆裂。

③防止工具、汗水等碰击玻璃管，以防爆裂。

3）汽压和汽温的调整

(1)为确保锅炉燃烧稳定及水循环正常，锅炉蒸发量不应低于 40t/h。

(2)增减负荷时，应及时调整锅炉蒸发量，尽快适应系统的需要。

(3)在下列条件下，应特别注意调整。

①负荷变动大或发生事故时。

②锅炉刚并汽增加负荷或低负荷运行时。

③启停燃料油泵或油系统有操作时。

④解列自动装置时。

⑤CO 烟气系统投运和停运时。

⑥燃料油投运和停运时。

⑦各种燃料阀切换时。

⑧停炉前减负荷或炉间过渡负荷时。

(4)手动调整减温水量时，不应猛增猛减。

(5)锅炉低负荷时，酌情减少减温水量或停止使用减温器。

4)锅炉燃烧的调整

(1)在运行中，应根据锅炉负荷合理地调整风量，在保证燃烧良好的条件下，尽量降低过剩空气系数，降低锅炉电耗。

(2)在运行中，应根据负荷情况，采用"多油枪，小油嘴"的运行方式，力求各油枪喷油均匀，压力在 1.5MPa 以上，投入油枪左、右、上、下对称。

(3)在锅炉负荷变化时，应及时调整油量和风量，保持锅炉的汽压和汽温稳定。在增加负荷时，先加风后加油；在减负荷时，先减油后减风。

(4)CO 烟气投入前，要烧油或瓦斯，使炉膛温度提高到 900℃ 以上，或锅炉负荷为 25t/h 以上，燃烧稳定，各部温度正常，并报告厂级调度联系，当 CO 烟气达到规定指标时，方可投入。

(5)在投入 CO 烟气时，应慢慢增加 CO 烟气量，CO 烟气进炉控制蝶阀后压力比炉膛压力高 30mmH$_2$O，保持 30min，而后再加大 CO 烟气量，使水封罐等均匀预热。

(6)凡停烧 CO 烟气时应注意加大其它燃料量，保持原负荷。在停用 CO 烟气后，水封罐上水。以免急剧冷却造成水封罐内层钢板和衬筒严重变形或焊口裂开。

5)锅炉排污

(1)定期排污在负荷平稳高水位情况下进行。事故处理或负荷有较大波动时，严禁排污。若引起代水位报警时，连续排污也应暂时关闭。

(2)每一定排回路的排污持续时间，排污阀全开到全关时间不准超过半分钟，不准同时开启两个或更多的排污阀门。

(3)排污前，应做好联系；排污时，应注意监视给水压力和水位变化，维持正常水位；排污后，应进行全面检查确认各排污门关闭严密。

(4)不允许两台或两台以上的锅炉同时排污。

(5)在排污过程中，如果锅炉发生事故，应立即停止排污。

6)钢珠除灰

(1)锅炉尾部受热面应定期除尘：当燃 CO 烟气时，每天除尘一次，在后夜进行。不烧 CO 烟气时，每星期一后夜班进行一次。停烧 CO 烟气时，增加除尘一次。若排烟温度不正常升高，适当增加除尘次数。每次 30min。

(2)钢珠除灰前，应做好联系。吹灰时，应保持锅炉运行正常，燃烧稳定，并注意汽温、汽压变化。

7)自动装置运行

(1)锅炉运行时，应将自动装置投放运行，投入自动装置应同时具备下列条件：

①自动装置的调节机构完整好用。

②锅炉运行平稳，参数正常。

③锅炉蒸发量在 30t/h 以上。

(2)自动装置投入运行时，仍须监视锅炉运行参数的变化，并注意自动装置的动作情况，避免因失灵千万不良后果。

(3)遇到下列情况，解列自动装置，改自动为手动操作：

①当汽包水位变化过大，超出其允许变化范围时。

②锅炉运行不正常，自动装置不维持其运行参数在允许范围内变化或自动失灵时，应解列有关自动装置。

③外部事故，使锅炉负荷波动较大时。

④外部负荷变动过大，自动调节跟踪不及时。

⑤调节系统有问题。

3. 正常停车操作规程

停车前应做的工作：

(1)彻底排灰(开除尘阀 B32)。

(2)冲洗水位计一次。

1)锅炉负荷降量

(1)停开加药泵 P103。

(2)缓慢开大减温器开度，使蒸汽温度缓慢下降。

(3)缓慢关小主汽阀 D17，降低锅炉蒸汽负荷。

(4)打开疏水阀 D04。

2)关闭燃料系统

(1)逐渐关闭 D03 停用 CO 烟气，大小水封上水。

(2)缓慢关闭燃料油泵出口阀 D07。

(3)关闭燃料油后，关闭燃料油泵 P105。

(4)停燃料系统后，打开 D07 对火嘴进行吹扫。

(5)缓慢关闭高压瓦斯压力调节阀 PV104 及液态烃压力调节阀 PV103。

(6)缓慢关闭过热蒸汽压力调节阀 PV102。

(7)停燃料系统后，逐渐关闭主蒸汽阀门 D17。

(8)同时开启主蒸汽阀前疏水阀，尽量控制炉内压力，使其平缓下降。

(9)关闭隔离阀 D02。

(10)关闭连续排污阀 D09，并确认定期排污阀 D46 已关闭。

(11)关引风机挡板 D01，停鼓风机 P104，关闭烟道挡板 D05。

(12)关闭烟道挡板后，打开 D28 给大水封上水。

3)停上汽包上水

(1)关闭除氧器液位调节阀 LV102。

(2)关闭除氧器加热蒸汽压力调节阀 PV101。

(3)关闭低压水泵 P102。

(4)待过热蒸汽压力小于 0.1atm 后，打开 D27 和 D26。

(5)待炉膛温度降为 100℃后，关闭高压水泵 P101。

4)泄液

(1)除氧器温度 TI105 降至 80℃后，打开 D41 泄液。

(2)炉膛温度 TI101 降至 80℃后，打开 D43 泄液。

（3）开启鼓风机入口挡板 D01、鼓风机 P104 和烟道挡板 D05 对炉膛进行吹扫，然后关闭。

4. 仪表一览表（见表 2-11）

表 2-11　锅炉单元仪表一览表

位号	说明	类型	正常值	量程高限	量程低限	工程单位	高报	低报	高高报	低低报
LIC101	除氧器水位	PID	400.0	800.0	0.0	mm	500.0	300.0	600.0	200.0
LIC102	上汽包水位	PID	0.0	300.0	−300.0	mm	75.0	−75.0	120.0	−120.0
TIC101	过热蒸汽温度	PID	447.0	600.0	0.0	℃	450.0	430.0	465.0	415.0
PIC101	除氧器压力	PID	2000.0	4000.0	0.0	mmH$_2$O	2500.0	1800.0	3000.0	1500.0
PIC102	过热蒸汽压力	PID	3.77	6.0	0.0	MPa	3.85	3.7	4.0	3.5
PIC103	液态烃压力	PID		0.6	0.0	MPa				
PIC104	高压瓦斯压力	PID	0.30	1.0	0.0	MPa	0.8	0.005	0.9	0.001
FI101	软化水流量	AI		200.0	0.0	t/h				
FI102	止催化除氧水流量	AI		200.0	0.0	t/h				
FI103	锅炉上水流量	AI		80.0	0.0	t/h				
FI104	减温水流量	AI		20.0	0.0	t/h				
FI105	过热蒸汽输出流量	AI	65.0	80.0	0.0	t/h				
FI106	高压瓦斯流量	AI		3000.0	0.0	Nm^3/h				
FI107	燃料油流量	AI		8.0	0.0	Nm^3/h				
FI108	烟气流量	AI		200000.0	0.0	Nm^3/h				
LI101	大水封液位	AI		100.0	0.0	%				
LI102	小水封液位	AI		100.0	0.0	%				
PI101	锅炉上水压力	AI	5.0	10.0	0.0	MPa	6.5	4.5	7.5	3.5
PI102	烟气出口压力	AI		40.0	0.0	mmH$_2$O				
PI103	上汽包压力	AI		6.0	0.0	MPa				
PI104	鼓风机出口压力	AI		600.0	0.0	mmH$_2$O				
PI105	炉膛压力	AI	200.0	400.0	0.0	mmH$_2$O				
TI101	炉膛烟温	AI		1200.0	0.0	℃	1100.0	800.0	1150.0	600.0
TI102	省煤器入口东烟温	AI		700.0	0.0	℃				
TI103	省煤器入口西烟温	AI		700.0	0.0	℃				

位号	说明	类型	正常值	量程高限	量程低限	工程单位	高报	低报	高高报	低低报
TI104	排烟段烟温：油气＋CO 油气	AI	200.0 180.0	300.0	0.0	℃				
TI105	除氧器水温	AI		200.0	0.0	℃				
POXY GEN	烟气出口氧含量	AI	0.9～3.0	21.0	0.0	％	3.0	0.5	5.0	0.1

三、事故设置一览

1. 锅炉满水

现象：水位计液位指示突然超过可见水位上限（＋300mm），由于自动调节，给水量减少。

原因：水位计没有注意维护，暂时失灵后正常。

排除方法：紧急停炉。

2. 锅炉缺水

现象：锅炉水位逐渐下降。

原因：给水泵出口的给水调节阀阀杆卡住，流量小。

排除方法：打开给水阀的大、小旁路手动控制给水。

3. 对流管坏

现象：水位下降，蒸汽压下降，给水压力下降，烟温下降。

原因：对流管开裂，汽水漏入炉膛。

排除方法：紧急停炉处理。

4. 减温器坏

现象：过热蒸汽温度降低，减温水量不正常地减少，蒸汽温度调节器不正常地出现忽大、忽小振荡。

原因：减温器出现内漏，减温水进入过热蒸汽，使汽温下降。此时汽温为自动控制状态，所以减温水调节阀关小，使汽温回升，调节阀再次开启。如此往复形成振荡。

排除方法：降低负荷。将汽温调节器打手动，并关减温水调节阀。改用过热器疏水阀暂时维持运行。

5. 蒸汽管坏

现象：给水量上升；但蒸汽量反而略有下降，给水量蒸汽量不平衡，炉负荷呈上升趋势。

原因：蒸汽流量计前部蒸汽管爆破。

排除方法：紧急停炉处理。

6．给水管坏

现象：上水不正常减小，除氧器和锅炉系统物料不平衡。

原因：上水流量计前给水管破裂。

排除方法：紧急停炉。

7．二次燃烧

现象：排烟温度不断上升，超过250℃，烟道和炉膛正压增大。

原因：省煤器处发生二次燃烧。

排除方法：紧急停炉。

8．电源中断

现象：突发性出现风机停，高低压泵停，烟气停，油泵停，锅炉灭火等综合性现象。

原因：电源中断。

排除方法：紧急停炉。

紧急停炉具体步骤：

(1)上汽包停止上水：

①停加药泵P103。

②关闭上汽包液位调节阀LV102。

③关闭上汽包与省煤器之间的再循环阀B10。

④打开下汽包泄液阀D43。

(2)停燃料系统：

①关闭过热蒸汽调节阀PV102。

②关闭喷射器入口阀B17。

③关闭燃料油泵出口阀D07。

④打开吹扫阀B07对火嘴进行吹扫。

(3)降低锅炉负荷：

①关闭主汽阀前疏水阀D04。

②关闭主汽阀D17。

③打开过热蒸汽排空阀D12和上汽包排空阀D26。

④停引风机P104和烟道挡板D05。

四、仿真界面

锅炉供气系统DCS图如图2-28所示，现场图如图2-29所示。

锅炉燃料气、燃料油系统DCS图如图2-30所示，现场图如图2-31所示。

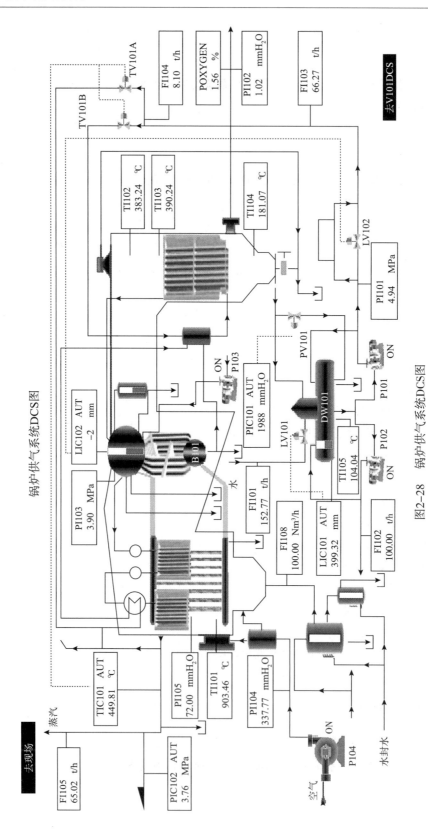

图2-28　锅炉供气系统DCS图

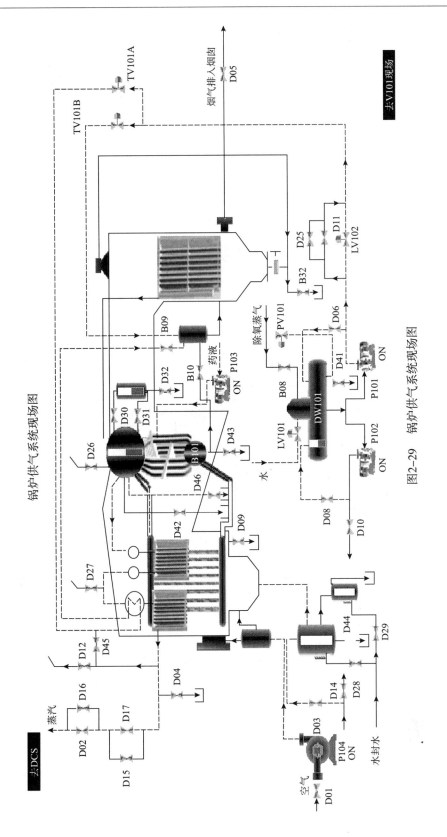

图2-29 锅炉供气系统现场图

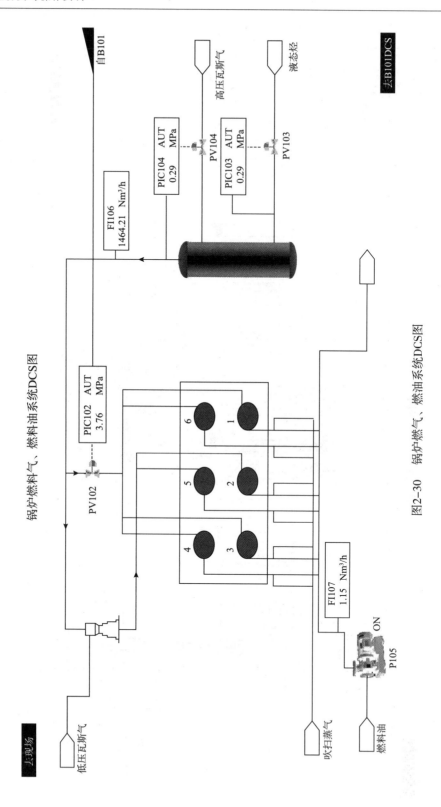

图2-30 锅炉燃料气、燃油系统DCS图

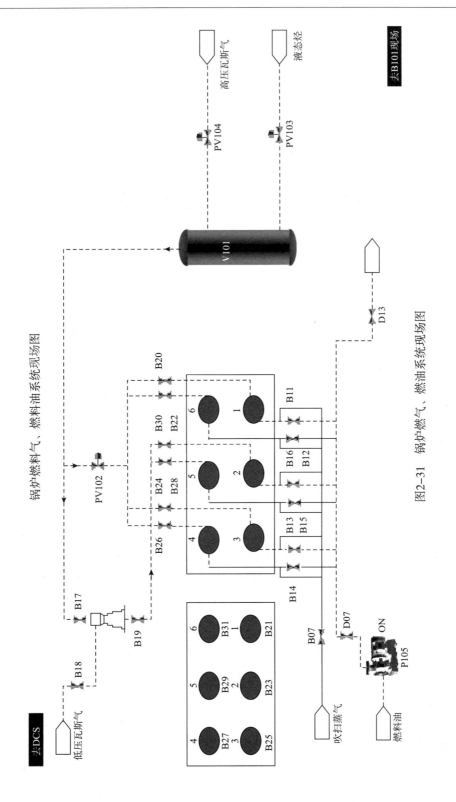

图2-31 锅炉燃料气、燃油系统现场图

思考题

(1)观察在出现锅炉负荷(锅炉给水)剧减时,汽包水位将出现什么变化?为什么?

(2)具体指出本单元中减温器的作用。

(3)说明为什么上下汽包之间的水循环不用动力设备,其动力何在?

(4)结合本单元(TIC101),具体说明分程控制的作用和工作原理。

实训十二　CO_2 压缩机单元

一、工艺流程简述

CO_2 压缩机单元是将合成氨装置的原料气 CO_2 经本单元压缩做功后送往下一工段尿素合成工段,采用的是以汽轮机驱动的四级离心压缩机。其机组主要由压缩机主机、驱动机、润滑油系统、控制油系统和防喘振装置组成。

1. 离心式压缩机工作原理

离心式压缩机的工作原理和离心泵类似,气体从中心流入叶轮,在高速转动的叶轮的作用下,随叶轮作高速旋转并沿半径方向甩出来。叶轮在驱动机械的带动下旋转,把所得到的机械能通过叶轮传递给流过叶轮的气体,即离心压缩机通过叶轮对气体作了功。气体一方面受到旋转离心力的作用增加了气体本身的压力,另一方面又得到了很大的动能。气体离开叶轮后,这部分速度能在通过叶轮后的扩压器、回流弯道的过程中转变为压力能,进一步使气体的压力提高。

离心式压缩机中,气体经过一个叶轮压缩后压力的升高是有限的。因此在要求升压较高的情况下,通常都有许多级叶轮一个接一个、连续地进行压缩,直到最末一级出口达到所要求的压力为止。压缩机的叶轮数越多,所产生的总压头也愈大。气体经过压缩后温度升高,当要求压缩比较高时,常常将气体压缩到一定的压力后,从缸内引出,在外设冷却器冷却降温,然后再导入下一级继续压缩。这样依冷却次数的多少,将压缩机分成几段,一个段可以是一级或多级。

2. 离心式压缩机的喘振现象及防止措施

离心压缩机的喘振是由于操作不当,使进口气体流量过小而产生的一种不正常现象。当进口气体流量不适当地减小到一定值时,气体进入叶轮的流速过低,气体不再沿叶轮流动,在叶片背面形成很大的涡流区,甚至充满整个叶道而把通道塞住,气体只能在涡流区打转而流不出来。这时系统中的气体自压缩机出口倒流进入压缩机,暂时弥补进口气量的不足。虽然压缩机似乎恢复了正常工作,重新压出气体,但当气体被压出后,由于进口气体仍然不足,上述倒流现象重复出现。这样一种在出口处时而倒吸时而吐出的气流,引起出口管道低频、高振幅的气流脉动,并迅速波及各级叶轮,于是整个压缩机产生噪音和振动，这种现象称为喘振。喘振对机器是很不利的，振动过分会产生局部过热，时间过久甚至会造成叶轮破碎等严重事故。

当喘振现象发生后，应设法立即增大进口气体流量。方法是利用防喘振装置，将压缩机出口的一部分气体经旁路阀回流到压缩机的进口，或打开出口放空阀，降低出口压力。

3. 离心式压缩机的临界转速

由于制造原因，压缩机转子的重心和几何中心往往是不重合的，因此在旋转的过程中产生了周期性变化的离心力。这个力的大小与制造的精度有关，而其频率就是转子的转速。如果产生离心力的频率与轴的固有频率一致时，就会由于共振而产生强烈振动，严重时会使机器损坏。这个转速就称为轴的临界转速。临界转速不只是一个，因而分别称为第一临界转速、第二临界转速等。

压缩机的转子不能在接近于各临界转速下工作。离心泵的正常转速比第一临界转速低，这种轴叫做刚性轴。离心压缩机的工作转速往往高于第一临界转速而低于第二临界转速，这种轴称为挠性轴。为了防止振动，离心压缩机在启动和停车过程中，必须较快地越过临界转速。

4. 离心式压缩机的结构

离心式压缩机由转子和定子两大部分组成。转子由主轴、叶轮、轴套和平衡盘等部件组成。所有的旋转部件都安装在主轴上，除轴套外，其它部件用键固定在主轴上。主轴安装在径向轴承上，以利于旋转。叶轮是离心式压缩机的主要部件，其上有若干个叶片，用以压缩气体。

气体经叶片压缩后压力升高，因而每个叶片两侧所受到气体压力不一样，产生了方向指向低压端的轴向推力，可使转子向低压端窜动，严重时可使转子与定子发生摩擦和碰撞。为了消除轴向推力，在高压端外侧装有平衡盘和止推轴承。平衡盘一边与高压气体相通，另一边与低压气体相通，用两边的压力差所产生的推力平衡轴向推力。

离心式压缩机的定子由气缸、扩压室、弯道、回流器、隔板、密封、轴承等部件组成。气缸也称机壳，分为水平剖分和垂直剖分两种形式。水平剖分就是将机壳分成上下两部分，上盖可以打开，这种结构多用于低压。垂直剖分就是筒型结构，由圆筒形本体和端盖组成，多用于高压。气缸内有若干隔板，将叶片隔开，并组成扩压器和弯道、回流器。

为了防止级间窜气或向外漏气，都设有级间密封和轴密封。

离心式压缩机的辅助设备有中间冷却器、气液分离器和油系统等。

5. 汽轮机的工作原理

汽轮机又称为蒸汽透平，是用蒸汽做功的旋转式原动机。进入汽轮机的高压、高温蒸汽，由喷嘴喷出，经膨胀降压后，形成的高速气流按一定方向冲动汽轮机转子上的动叶片，带动转子按一定速度均匀地旋转，从而将蒸汽的能量转变成机械能。

由于能量转换方式不同，汽轮机分为冲动式和反动式两种。在冲动式汽轮机中，蒸汽只在喷嘴中膨胀，动叶片只受到高速气流的冲动力。在反动式汽轮机中，蒸汽不仅在喷嘴中膨胀，而且还在叶片中膨胀，动叶片既受到高速气流的冲动力，同时受到蒸汽在叶片中膨胀时产生的反作用力。

根据汽轮机中叶轮级数不同，可分为单级或多级两种。按热力过程不同，汽轮机可分为背压式、凝气式和抽气凝气式。背压式汽轮机的蒸汽经膨胀做功后以一定的温度和压力排出汽轮机，可继续供工艺使用；凝气式蒸汽轮机的进气在膨胀做功后，全部排入冷凝器凝结为水；抽气凝气式汽轮机的进气在膨胀做功时，一部分蒸汽在中间抽出去作为其它用，其余部分继续在气缸中做功，最后排入冷凝器冷凝。

6．工艺流程简述

1）CO_2 流程说明

来自合成氨装置的原料气 CO_2 压力为 150kPa(A)，温度 38℃，流量由 FR8103 计量，进入 CO_2 压缩机一段分离器 V-111，在此分离掉 CO_2 气相中夹带的液滴后进入 CO_2 压缩机的一段入口，经过一段压缩后，CO_2 压力上升为 0.38MPa(A)，温度 194℃，进入一段冷却器 E-119 用循环水冷却到 43℃，为了保证尿素装置防腐所需氧气，在 CO_2 进入 E-119 前加入适量来自合成氨装置的空气，流量由 FRC-8101 调节控制，CO_2 气中氧含量 0.25％～0.35％，在一段分离器 V-119 中分离掉液滴后进入二段进行压缩，二段出口 CO_2 压力 1.866MPa(A)，温度为 227℃。然后进入二段冷却器 E-120 冷却到 43℃，并经二段分离器 V-120 分离掉液滴后进入三段。

在三段入口设计有段间放空阀，便于低压缸 CO_2 压力控制和快速泄压。CO_2 经三段压缩后压力升到 8.046MPa(A)，温度 214℃，进入三段冷却器 E-121 中冷却。为防止 CO_2 过度冷却而生成干冰，在三段冷却器冷却水回水管线上设计有温度调节阀 TV-8111，用此阀来控制四段入口 CO_2 温度在 50～55℃之间。冷却后的 CO_2 进入四段压缩后压力升到 15.5MPa(A)，温度为 121℃，进入尿素高压合成系统。为防止 CO_2 压缩机高压缸超压、喘振，在四段出口管线上设计有四回一阀 HV-8162（即 HIC8162）。

2）蒸汽流程说明

主蒸汽压力 5.882MPa，温度 450℃，流量 82t/h，进入透平做功，其中一大部分在透平中部被抽出，抽汽压力 2.598MPa，温度 350℃，流量 54.4t/h，送至框架，另一部分通过中压调节阀进入透平后汽缸继续做功，做完功后的乏汽进入蒸气冷凝系统。

7．工艺仿真范围

1）工艺范围

二氧化碳压缩、透平机、油系统。

2）边界条件

所有各公用工程部分，水、电、汽、风等均处于正常平稳状况。

3）现场操作

现场手动操作的阀、机、泵等，根据开车、停车及事故设定的需要等进行设计。调节阀的前后截止阀不进行仿真。

8. 主要设备列表

(1)CO_2 气路系统：E-119、E-120、E-121、V-111、V-119、V-120、V-121、K-101。

(2)蒸气透平及油系统：DSTK-101、油箱、油温控制器、油泵、油冷器、油过滤器、盘车油泵、稳压器、速关阀、调速器、调压器。

(3)设备说明(E：换热器；V：分离器)(见表 2-12)

表 2-12 CO_2 压缩机单元设备一览表

流程图位号	主要设备
U8001	E-119(CO_2 一段冷却器)， E-120(CO_2 二段冷却器)， E-121(CO_2 二段冷却器)， V-111(CO_2 一段分离器)， V-120(CO_2 二段分离器)， V-121(CO_2 三段分离器) DSTK-101(CO_2 压缩机组透平)
U8002	DSTK-101 油箱、油泵、油冷器、油过滤器、盘车油泵

(4)主要控制阀列表(见表 2-13)。

表 2-13 CO_2 压缩机单元主要控制阀一览表

位号	说明	所在流程图位号
FRC8103	配空气流量控制	U8001
LIC8101	V111 液位控制	U8001
LIC8167	V119 液位控制	U8001
LIC8170	V120 液位控制	U8001
LIC8173	V121 液位控制	U8001
HIC8101	段间放空阀	U8001
HIC8162	四回一防喘振阀	U8001
PIC8241	四段出口压力控制	U8001
HS8001	透平蒸汽速关阀	U8002
HIC8205	调速阀	U8002
PIC8224	抽出中压蒸汽压力控制	U8002

二、工艺操作规程

1. 冷态开车

1）准备工作：引循环水

压缩机岗位 E119 开循环水阀 OMP1001，引入循环水；

压缩机岗位 E120 开循环水阀 OMP1002，引入循环水；

压缩机岗位 E121 开循环水阀 TIC8111，引入循环水；

2）CO_2 压缩机油系统开车

在辅助控制盘上启动油箱油温控制器 OMP1045，将油温升到 40℃ 左右；

打开油泵的前切断阀 OMP1026；

打开油泵的后切断阀 OMP1048；

从辅助控制盘上开启主油泵 OILPUMP；

调整油泵回路阀 TMPV186，将控制油压力控制在 0.9MPa 以上；

3）盘车

开启盘车泵的前切断阀 OMP1031；

开启盘车泵的后切断阀 OMP1032；

从辅助控制盘启动盘车泵；

在辅助控制盘上按盘车按钮盘车至转速大于 150r/min；

检查压缩机有无异常响声，检查振动、轴位移等。

4）停止盘车

在辅助控制盘上按盘车按钮停盘车；

从辅助控制盘停盘车泵；

关闭盘车泵的后切断阀 OMP1032；

关闭盘车泵的前切断阀 OMP1031。

5）联锁试验

（1）油泵自启动试验：

主油泵启动且将油压控制正常后，在辅助控制盘上将辅助油泵自动启动按钮按下，按一下 RESET 按钮，打开透平蒸汽速关阀 HS8001，再在辅助控制盘上按停主油泵，辅助油泵应该自行启动，联锁不应动作。

（2）低油压联锁试验：

主油泵启动且将油压控制正常后，确认在辅助控制盘上没有将辅助油泵设置为自动启动，按一下 RESET 按钮，打开透平蒸汽速关阀 HS8001，

关闭四回一阀和段间放空阀，通过油泵回路阀缓慢降低油压，当油压降低到一定值时，仪表盘 PSXL8372 应该报警，按确认后继续开大阀降低油压，检查联锁是否动作，动作后透平蒸汽速关阀 HS8001 应该关闭，关闭四回一阀和段间放空阀应该全开。

（3）停车试验：

主油泵启动且将油压控制正常后，按一下 RESET 按钮，打开透平蒸汽速关阀 HS8001，关闭四回一阀和段间放空阀，在辅助控制盘上按一下 STOP 按钮，透平蒸汽速关阀 HS8001 应该关闭，关闭四回一阀和段间放空阀应该全开。

6) 暖管暖机

在辅助控制盘上点辅油泵自动启动按钮，将辅油泵设置为自启动；

打开入界区蒸汽副线阀 OMP1006，准备引蒸汽；

打开蒸汽透平主蒸汽管线上的切断阀 OMP1007，压缩机暖管；

打开 CO_2 放空截止阀 TMPV102；

打开 CO_2 放空调节阀 PIC8241；

透平入口管道内蒸汽压力上升到 5.0MPa 后，开入界区蒸汽阀 OMP1005；

关副线阀 OMP1006；

打开 CO_2 进料总阀 OMP1004；

全开 CO_2 进口控制阀 TMPV104；

打开透平抽出截止阀 OMP1009；

从辅助控制盘上按一下 RESET 按钮，准备冲转压缩机；

打开透平速关阀 HS8001；

逐渐打开阀 HIC8205，将转速 SI8335 提高到 1000r/min，进行低速暖机；

控制转速 1000r/min，暖机 15min（模拟为 1min）；

打开油冷器冷却水阀 TMPV181；

暖机结束，将机组转速缓慢提到 2000r/min，检查机组运行情况；

检查压缩机有无异常响声，检查振动、轴位移等；

控制转速 2000，停留 15min（模拟为 1min）；

7) 过临界转速

继续开大 HIC8205，将机组转速缓慢提到 3000r/min，准备过临界转速（3000～3500）；

继续开大 HIC8205，用 20～30s 的时间将机组转速缓慢提到 4000r/min，通过临界转速；

逐渐打开 PIC8224 到 50%；

缓慢将段间放空阀 HIC8101 关小到 72%；

将 V111 液位控制 LIC8101 投自动，设定值在 20% 左右；

将 V119 液位控制 LIC8167 投自动，设定值在 20% 左右；

将 V120 液位控制 LIC8170 投自动，设定值在 20% 左右；

将 V121 液位控制 LIC8173 投自动，设定值在 20% 左右；

将 TIC8111 投自动，设定值在 52℃ 左右；

8) 升速升压

继续开大 HIC8205，将机组转速缓慢提到 5500r/min；

缓慢将段间放空阀 HIC8101 关小到 50%；

继续开大 HIC8205，将机组转速缓慢提到 6050r/min；

缓慢将段间放空阀 HIC8101 关小到 25%；

缓慢将四回一阀 HIC8162 关小到 75%；

继续开大 HIC8205，将机组转速缓慢提到 6400r/min；

缓慢将段间放空阀 HIC8101 关闭；

缓慢将四回一阀 HIC8162 关闭；

继续开大 HIC8205，将机组转速缓慢提到 6935r/min；

调整 HIC8205，将机组转速 SI8335 稳定在 6935r/min；

9）投料

逐渐关小 PIC8241，缓慢将压缩机四段出口压力提升到 14.4MPa，平衡合成系统压力；

打开 CO_2 出口阀 OMP1003；

继续手动关小 PIC8241，缓慢将压缩机四段出口压力提升到 15.4MPa，将 CO_2 引入合成系统；

当 PIC8241 控制稳定在 15.4MPa 左右后，将其设定在 15.4MPa 投自动；

2. 正常操作工艺指标（表 2-14）

表 2-14 CO_2 压缩机单元正常操作工艺指标

表位号	测量点位置	常值	单位	备注
TR8102	CO_2 原料气温度	40	℃	
TI8103	CO_2 压缩机一段出口温度	190	℃	
PR8108	CO_2 压缩机一段出口压力	0.28	MPa(G)	
TI8104	CO_2 压缩机一段冷却器出口温度	43	℃	
FRC8101	二段空气补加流量	330	kg/h	
FR8103	CO_2 吸入流量	27000	Nm^3/h	
FR8102	三段出口流量	27330	Nm^3/h	
AR8101	含氧量	0.25~0.3	%	
TE8105	CO_2 压缩机二段出口温度	225	℃	
PR8110	CO_2 压缩机二段出口压力	1.8	MPa(G)	
TI8106	CO_2 压缩机二段冷却器出口温度	43	℃	
TI8107	CO_2 压缩机三段出口温度	214	℃	
PR8114	CO_2 压缩机三段出口压力	8.02	MPa(G)	
TIC8111	CO_2 压缩机三段冷却器出口温度	52	℃	
TI8119	CO_2 压缩机四段出口温度	120	℃	
PIC8241	CO_2 压缩机四段出口压力	15.4	MPa(G)	
PIC8224	出透平中压蒸汽压力	2.5	MPa(G)	
Fr8201	入透平蒸汽流量	82	t/h	
FR8210	出透平中压蒸汽流量	54.4	t/h	
TI8213	出透平中压蒸汽温度	350	℃	
TI8338	CO_2 压缩机油冷器出口温度	43	℃	

续表

表位号	测量点位置	常值	单位	备注
PI8357	CO_2 压缩机油滤器出口压力	0.25	MPa(G)	
PI8361	CO_2 控制油压力	0.95	MPa(G)	
SI8335	压缩机转速	6935	r/min	
XI8001	压缩机振动	0.022	mm	
GI8001	压缩机轴位移	0.24	mm	

3. 正常停车

1)CO_2 压缩机停车

调节 HIC8205 将转速降至 6500r/min；

调节 HIC8162，将负荷减至 21000Nm³/h；

继续调节 HIC8162，抽汽与注汽量，直至 HIC8162 全开；

手动缓慢打开 PIC8241，将四段出口压力降到 14.5MPa 以下，CO_2 退出合成系统；

关闭 CO_2 入合成总阀 OMP1003；

继续开大 PIC8241 缓慢降低四段出口压力到 8.0~10.0MPa；

调节 HIC8205 将转速降至 6403r/min；

继续调节 HIC8205 将转速降至 6052r/min；

调节 HIC8101，将四段出口压力降至 4.0MPa；

继续调节 HIC8205 将转速降至 3000r/min；

继续调节 HIC8205 将转速降至 2000r/min；

在辅助控制盘上按 STOP 按钮，停压缩机；

关闭 CO_2 入压缩机控制阀 TMPV104；

关闭 CO_2 入压缩机总阀 OMP1004；

关闭蒸汽抽出至 MS 总阀 OMP1009；

关闭蒸汽至压缩机工段总阀 OMP1005；

关闭压缩机蒸汽入口阀 OMP1007。

2)油系统停车

从辅助控制盘上取消辅油泵自启动；

从辅助控制盘上停运主油泵；

关闭油泵进口阀 OMP1048；

关闭油泵出口阀 OMP1026；

关闭油冷器冷却水阀 TMPV181；

从辅助控制盘上停油温控制。

4. 工艺报警及联锁系统

1)工艺报警及联锁说明

为了保证工艺、设备的正常运行，防止事故发生，在设备重点部位安装检测装置并在辅助控制盘上设有报警灯进行提示，以提前进行处理将事故消除。

工艺联锁是设备处于不正常运行时的自保系统，本单元设计了两个联锁自保措施：

(1)压缩机振动超高联锁(发生喘振)：

动作：20s后(主要是为了方便培训人员处理)自动进行以下操作：

关闭透平速关阀 HS8001、调速阀 HIC8205、中压蒸汽调压阀 PIC8224；

全开防喘振阀 HIC8162、段间放空阀 HIC8101。

处理：在辅助控制盘上按 RESET 按钮，按冷态开车中暖管暖机冲转开始重新开车

(2)油压低联锁：

动作：自动进行以下操作：

关闭透平速关阀 HS8001、调速阀 HIC8205、中压蒸汽调压阀 PIC8224；

全开防喘振阀 HIC8162、段间放空阀 HIC8101。

处理：找到并处理造成油压低的原因后在辅助控制盘上按 RESET 按钮，按冷态开车中油系统开车起重新开车

2)工艺报警及联锁触发值(表 2-15)

表 2-15 CO_2 压缩机单元工艺报警及联锁触发值一览表

位号	检测点	触发值	
PSXL8101	V111 压力	≤0.09MPa	
PSXH8223	蒸汽透平背压	≥2.75MPa	
LSXH8165	V119 液位	≥85%	
LSXH8168	V120 液位	≥85%	
LSXH8171	V121 液位	≥85%	
LAXH8102	V111 液位	≥85%	
SSXH8335	压缩机转速	≥7200r/min	
PSXL8372	控制油油压	≤0.85MPa	
PSXL8359	润滑油油压	≤0.2MPa	
PAXH8136	CO_2 四段出口压力	≥16.5MPa	
PAXL8134	CO_2 四段出口压力	≤14.5MPa	
SXH8001	压缩机轴位移	≥0.3mm	
SXH8002	压缩机径向振动	≥0.03mm	
振动联锁		XI8001≥0.05mm 或 GI8001≥0.5mm(20s后触发)	
油压联锁		PI8361≤0.6MPa	
辅油泵自启动联锁		PI8361≤0.8MPa	

三、事故列表

1. 压缩机振动大

原因：

机械方面的原因，如轴承磨损、平衡盘密封坏、找正不良、轴弯曲、联轴节松动等等

设备本身的原因；

转速控制方面的原因，机组接近临界转速下运行产生共振；

工艺控制方面的原因，主要是操作不当造成计算机喘振。

处理措施：（模拟中只有20s的处理时间，处理不及时就会发生联锁停车。）

机械方面故障需停车检修；

产生共振时，需改变操作转速，另外在开停车过程中过临界转速时应尽快通过；

当压缩机发生喘振时，找出发生喘振的原因，并采取相应的措施：

(1)入口气量过小：打开防喘振阀HIC8162，开大入口控制阀开度；

(2)出口压力过高：打开防喘振阀HIC8162，开大四段出口排放调节阀开度；

(3)操作不当，开关阀门动作过大：打开防喘振阀HIC8162，消除喘振后再精心操作。

预防措施：

(1)离心式压缩机一般都设有振动检测装置，在生产过程中应经常检查，发现轴振动或位移过大，应分析原因，及时处理。

(2)喘振预防　应经常注意压缩机气量的变化，严防入口气量过小而引发喘振。在开车时应遵循"升压先升速"的原则，先将防喘振阀打开，当转速升到一定值后，再慢慢关小防喘振阀，将出口压力升到一定值，然后再升速，使升速、升压交替缓慢进行，直到满足工艺要求。停车时应遵循"降压先降速"的原则，先将防喘振阀打开一些，将出口压力降低到某一值，然后再降速，降速、降压交替进行，至到泄完压力再停机。

2．压缩机辅助油泵自动启动

原因：

辅助油泵自动启动的原因是由于油压低引起的自保措施，一般情况下是由以下两种原因引起的。①油泵出口过滤器有堵；②油泵回路阀开度过大。

处理措施：

关小油泵回路阀；

按过滤器清洗步骤清洗油过滤器；

从辅助控制盘停辅助油泵。

预防措施：

油系统正常运行是压缩机正常运行的重要保证，因此，压缩机的油系统也设有各种检测装置，如油温、油压、过滤器压降、油位等，生产过程中要对这些内容经常进行检查，油过滤器要定期切换清洗。

3．四段出口压力偏低，CO_2打气量偏少

原因：

压缩机转速偏低；

防喘振阀未关死；

压力控制阀PIC8241未投自动，或未关死。

处理措施：

将转速调到 6935r/min；

关闭防喘振阀；

关闭压力控制阀 PIC8241。

预防措施：

压缩机四段出口压力和下一工段的系统压力有很大的关系，下一工段系统压力波动也会造成四段出口压力波动，也会影响到压缩机的打气量，所以在生产过程中下一系统合成系统压力应该控制稳定，同时应该经常检查压缩机的吸气流量、转速、排放阀、和防喘振阀以及段间放空阀的开度，正常工况下这三个阀应该尽量保持关闭状态，以保持压缩机的最高工作效率。

4. 压缩机因喘振发生联锁跳车

原因：

操作不当，压缩机发生喘振，处理不及时。

处理措施：

关闭 CO_2 去尿素合成总阀 OMP1003；

在辅助控制盘上按一下 RESET 按钮；

按冷态开车步骤中暖管暖机冲转开始重新开车。

预防措施：

按振动过大中喘振预防措施预防喘振发生，一旦发生喘振要及时按其处理措施进行处理，及时打开防喘振阀。

5. 压缩机三段冷却器出口温度过低

原因：

冷却水控制阀 TIC8111 未投自动，阀门开度过大。

处理措施：

(1)关小冷却水控制阀 TIC8111，将温度控制在 52℃左右；

(2)控制稳定后将 TIC8111 设定在 52℃投自动。

预防措施：

二氧化碳在高压下温度过低会析出固体干冰，干冰会损坏压缩机叶轮，而影响到压缩机的正常运行，因而压缩机运行过程中应该经常检查该点温度，将其控制在正常工艺指标范围之内。

四、仿真界面

二氧化碳压缩 DCS 图（U8001）如图 2-32 所示，现场图（U8001F）如图 2-33 所示。

压缩机透平油系统 DCS 图（U8002）如图 2-34 所示，现场图（U8002F）如图 2-35 所示。

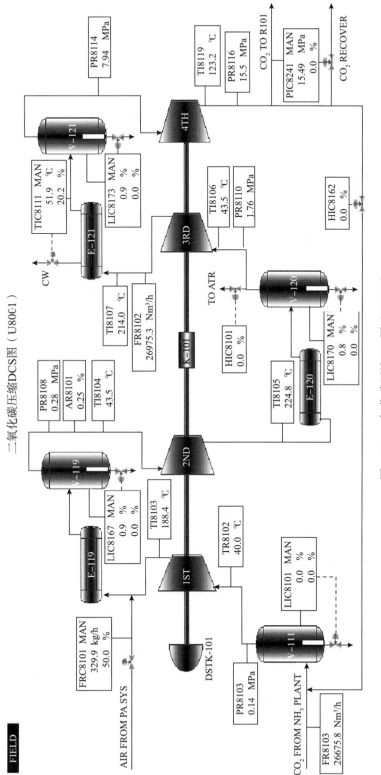

图2-32　二氧化碳压缩DCS图（U8001）

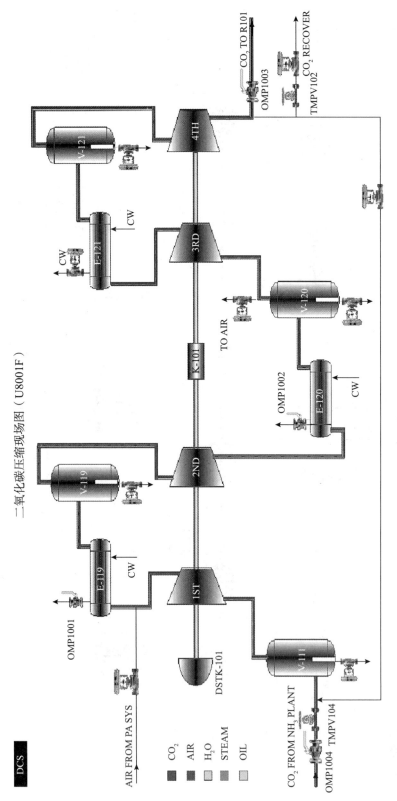

图2-33　二氧化碳压缩现场图（U8001F）

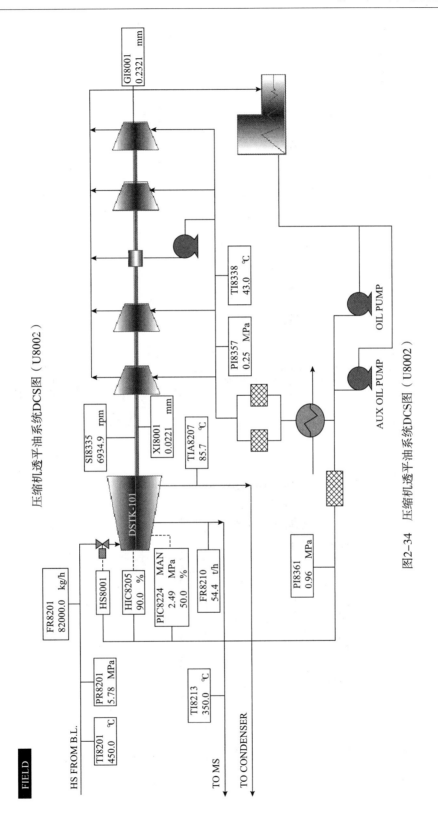

压缩机透平油系统DCS图（U8002）

图2-34　压缩机透平油系统DCS图（U8002）

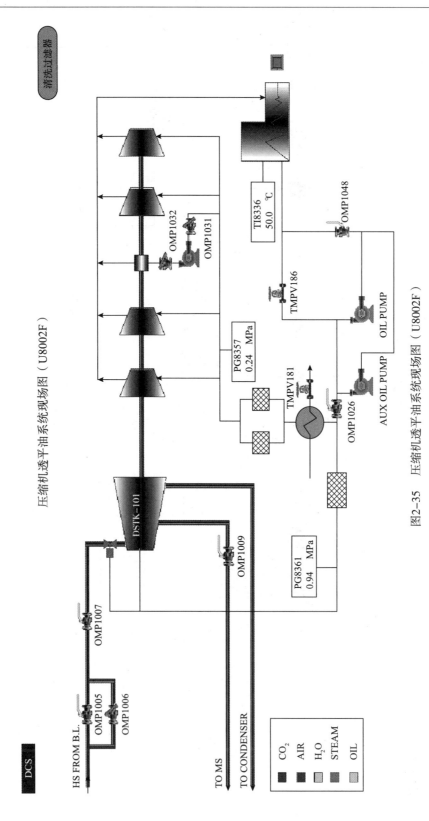

图2-35 压缩机透平油系统现场图（U8002F）

辅助控制盘（AUX）如图 2-36 所示。

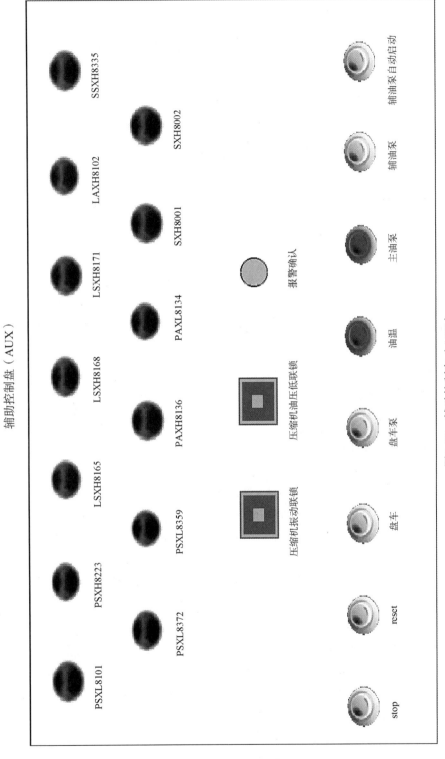

图2-36 辅助控制盘（AUX）

第三章 单元操作实训

实训一 流体综合实训

一、离心泵综合实训

1. 实训目的

(1)了解流体输送综合实训装置的基本原理和主要设备的结构及特点。

(2)了解离心泵结构、工作原理及性能参数，会离心泵特性曲线测定及离心泵最佳工作点确定。

(3)掌握正确使用、维护保养离心泵通用技能；会判断离心泵气缚、汽蚀等异常现象并掌握排除技能。

(4)掌握离心泵串联、并联的操作方法，并与单台泵的特性进行比较。

(5)能根据异常现象分析判断故障种类、产生原因并排除处理。

2. 实训的基本原理

1)离心泵的主要部件及工作原理

(1)离心泵的主要部件：

①叶轮　叶轮是离心泵的核心部件，由4～8片的叶片组成，构成了数目相同的液体通道。按有无盖板分为开式、闭式和半开式。

②泵壳　泵体的外壳，它包围叶轮，在叶轮四周开成一个截面积逐渐扩大的蜗牛壳形通道。此外，泵壳还设有与叶轮所在平面垂直的入口和切线出口。

③泵轴　位于叶轮中心且与叶轮所在平面垂直的一根轴。它由电机带动旋转，以带动叶轮旋转。

(2)离心泵的工作原理

叶轮被泵轴带动旋转，对位于叶片间的流体做功，流体受离心力的作用，由叶轮中心被抛向外围。当流体到达叶轮外周时，流速非常高。泵壳汇集从各叶片间被抛出的液体，这些液体在壳内顺着蜗壳形通道逐渐扩大的方向流动，使流体的动能转化为静压能，减小能量损失。所以泵壳的作用不仅在于汇集液体，它更是一个能量转换装置。

液体吸上原理：依靠叶轮高速旋转，迫使叶轮中心的液体以很高的速度被抛开，从而在叶轮中心形成低压，低位槽中的液体因此被源源不断地吸上。

气缚现象：如果离心泵在启动前壳内充满的是气体，则启动后叶轮中心气体被抛时不能在该处形成足够大的真空度，这样槽内液体便不能被吸上。这一现象称为气缚。为防止气缚现象的发生，离心泵启动前要用外来的液体将泵壳内空间灌满。这一步操作称为灌泵。为防止灌入泵壳内的液体因重力流入低位槽内，在泵吸入管路的入口处装有止逆阀（底阀）；如果泵的位置低于槽内液面，则启动时无需灌泵。

2）离心泵操作与特性曲线测定

（1）离心泵特性曲线的测定：

根据伯努利方程，通过测定离心泵的进出口压力、流量、功率等参数，得到离心泵各特性参数之间的关系。离心泵特性曲线如图 3-1 所示。

$$H = (Z_{出} - Z_{入}) + \frac{P_{出} - P_{入}}{\rho g} + \frac{u_{出}^2 - u_{入}^2}{2g}$$

$$N = 功率表读数 \times 电机效率 = 功率表读数 \times 0.6$$

$$\eta = \frac{Ne}{N}$$

$$N_e = \frac{H \times g \times Q \times \rho}{3600} = \frac{IIQ\rho}{367.3}$$

式中　H——离心泵的扬程，m；

　　　$Z_{出}$——离心泵的出口压力表所在的高度，m；

　　　$Z_{入}$——离心泵的入口真空表所在的高度，m；

　　通常以离心泵入口所在平面为基准面，则 $Z_{入} = 0$，$Z_{出} =$ 离心泵进出口高度差。

　　　$P_{出}$——离心泵出口压力（表压力），Pa；

　　　$P_{入}$——离心泵入口压力（表压力），Pa；

　　　$u_{出}$——离心泵出口处液体流速，m/s；

　　　$u_{入}$——离心泵入口处液体流速，m/s；

本装置离心泵进口管路与出口管路的直径相同，则 $u_{出} = u_{入}$。

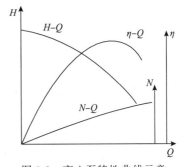

图 3-1　离心泵特性曲线示意

　　　ρ——液体在操作温度下的密度，kg/m³；

　　　g——重力加速度，9.8N/kg；

　　　N——离心泵的轴功率，kW；

　　　N_e——离心泵的有效功率，kW；

　　　η——离心泵的效率；

　　　Q——离心泵的流量，m³/h。

（2）离心泵的串、并联操作：

在实际生产中，有时单台离心泵无法满足生产要求，需要几点组合运行。组合方式可以有串联和并联两种方式。

①泵的并联工作　规格相同的离心泵并联时可以提高流量，如图 3-2 所示。当输送任务变化幅度较大时，可以发挥泵的经济效果，使其能在高效点范围内工作。

②泵的串联工作　规格相同的离心泵串联时可以有效提高泵的扬程。

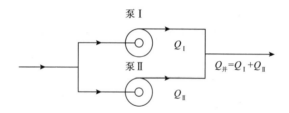

图 3-2　泵的并联工作

3. 实训装置工艺流程、主要设备及仪表控制

1）离心泵综合实训装置工艺流程图（图 3-3）

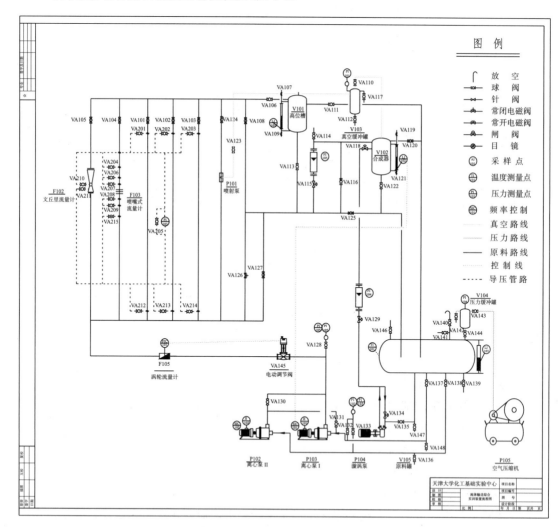

图 3-3　实训装置工艺流程图

2）离心泵综合实训装置主要设备技术参数（表 3-1）

表 3-1　离心泵综合实训装置主要设备技术参数表

序号	位号	名称	规格型号	备注
1	P102	离心泵 I	GZA50-32-160	
2	P103	离心泵 II	GZA50-32-160	
3	V105	原料罐	$\phi 600 \times 1360$	
4	VA145	电动调节阀		
5	F105	涡轮流量计	LWY-500~50m³/h	
6	PI102	泵入口真空表	-0.1~0MPa	
7	PI105	泵出口压力表	0~0.6MPa	

3)离心泵综合实训装置主要阀门名称及作用(表3-2)

表 3-2　离心泵综合实训装置主要阀门名称表

序号	位号	阀门名称及作用	技术参数	备注
10	VA115	转子流量计 FI105 调节阀	DN25	
19	VA125	回水阀	DN50	
20	VA126	电磁阀	DN50	
21	VA127	回水阀	DN50	
22	VA128	泵出口压力表控制阀	DN15	
24	VA130	双泵并联阀	DN50	
25	VA131	双泵串联阀	DN50	
26	VA132	离心泵 P103 真空表控制阀	DN15	
27	VA133	离心泵 P102 真空表控制阀	DN15	
28	VA136	放水阀	DN15	
29	VA137	离心泵 P103 进水阀	DN50	
30	VA138	离心泵 P102 进水阀	DN50	
31	VA139	放水阀	DN15	
32	VA140	原料罐加水放空阀	DN15	
33	VA141	原料罐加水阀	DN15	
34	VA145	电动调节阀	DN50	
35	VA146	原料罐放空阀	DN15	

4)离心泵综合实训装置流程简述

(1)离心泵单泵性能测定工艺过程：

流体由原料罐 V105 经阀门 VA137，由离心泵 IP103 输送作用下，通过电动调节阀 VA145→涡轮流量计 F105→阀门 VA127→阀门 VA125 后回到原料罐 V105，开启泵后再分别打开泵入口真空测压阀 VA132，泵出口测压阀 VA128。

(2)离心泵双泵并联性能测定工艺过程：

流体由原料罐 V105 经阀门 VA137 和阀门 VA138，分别由离心泵 IP103 和离心泵Ⅱ P102 输送作用下，流经阀门 VA130→电动调节阀 VA145→涡轮流量计 F105→阀门 VA127→阀门 VA125 后回到原料罐 V105，开启泵后再分别打开泵入口真空测压阀 VA132 和阀门 VA133，泵出口测压阀 VA128。

(3)离心泵双泵串联性能测定工艺过程：

流体由原料罐 V105 经阀门 VA138，由离心泵Ⅱ P102 输送作用下，流经阀门 VA131 再由离心泵 IP103 输送经电动调节阀 VA145→涡轮流量计 F105→阀门 VA127→阀门 VA125 后回到原料罐 V105，开启泵后再分别打开泵入口真空测压阀 VA133，泵出口测压 阀 VA128。

4. 流体输送综合实训装置控制仪表面板图及参数

1)流体输送综合实训装置控制仪表面板图(图 3-4)

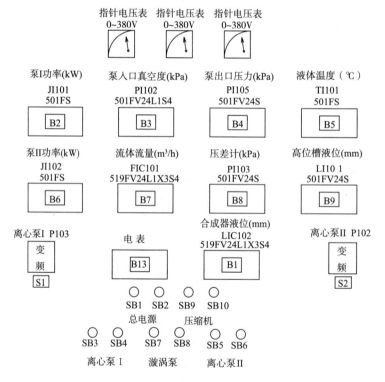

图 3-4　流体输送综合实训装置控制仪表面板图

2)流体输送综合实训装置仪表控制参数(表 3-3)

表 3-3　流体输送综合实训装置仪表控制参数表

序号	测量参数	仪表位码	检测元件	显示仪表	表号	执行机构
1	合成器液位	LIC102	玻璃管	就地		
			传感器	AI519	B1	变频器 S2
2	泵Ⅰ功率	JI101	功率变送器	AI501	B2	

序号	测量参数	仪表位码	检测元件	显示仪表	表号	执行机构
3	真空缓冲罐表	PI101	真空表	就地		
4	泵Ⅰ入口真空度	PI102	压力表	就地		
			传感器	AI501	B3	
5	压差计	PI103	压差传感器	AI501	B8	
6	压力缓冲罐表	PI104	压力表	就地		
7	泵出口压力	PI105	压力表	就地		
			传感器	AI501	B4	
8	液体温度	TI101	温度传感器	AI501	B5	
9	泵Ⅱ功率	JI102	功率变送器	AI501	B6	
10	流体流量	FIC101	涡轮流量计	AI519	B7	电动调节阀
11	高位槽液位	LI101	玻璃管	就地		
			传感器	AI501	B9	
12	电表		电表变送器		B13	
13	离心泵Ⅰ变频	P102			S1	
14	离心泵Ⅱ变频	P103			S2	
15	原料罐液位	LI103	磁翻转液位计	就地		
16	电磁阀	VA126		就地		

5. 训练项目

1)项目训练一：识图技能训练

(1)识读流体输送综合实训装置的工艺流程图,对照实物熟悉流程,能详述流程。

(2)识读流体输送综合实训装置的仪表面板图,对照实物熟悉仪表面板的位置,会仪表的调控操作及参数控制。

2)项目训练二：开车前的动、静设备检查

操作步骤：

(1)检查管路、管件、阀门连接是否完好,检查阀门是否灵活好用并处于正确位置(即关闭状态,球阀把手顺行管路为开,垂直管路为关。闸阀顺时针方向旋转为关,逆时针方向旋转为开),实训装置无跑冒滴漏现象。

(2)流体输送设备是否完好,检查离心泵安装高度是否合适,离心泵是否需要灌泵,检查离心泵前后阀门是否处于正常开车状态(即关闭状态)。离心泵、旋涡泵启动电机前先盘车然后才能通电。检查压缩机的润滑油是否加到指定位置。

(3)仪表手动自动切换训练：仪表(即流体流量 FIC101 和合成器液位 KIC102)的 SV 窗显示(π XXX)时,仪表为手动状态,先按一下仪表的(◀)键,仪表 SV 窗显示变为

（❏XXX），此时再按一下仪表（↻），SV窗显示变为（XXX），此时仪表处于自动状态。反向操作仪表变为受动状态。

（4）检查仪表柜电源是否连接好，合上总空气开关，检查仪表柜总电源指示红灯是否亮起，启动总电源，仪表上电稳定3min后仪表指示应处于正确范围。

（5）排净高位槽、合成器内液体，向原料罐内加入液体，控制液位在600mm左右。

3）项目训练三：装置试车技能训练

操作步骤：

（1）开车前检查泵的出入口管路、阀门，压力表接头有无泄漏，螺丝及其他连接处有无松动。

（2）清理泵体机座地面环境卫生。

（3）盘车是否轻松灵活，泵体内是否有金属碰撞的声音（启泵前一定要盘车灵活，否则强制启动会引起机泵损坏、电机跳闸甚至烧损）。

（4）查排水地漏使整个系统畅通无阻。

（5）开启泵入口阀门使液体充满泵体，打开泵出口阀门排除泵内空气后关闭。

4）项目训练四：离心泵ⅠP103正常开、停车操作技能训练

（1）离心泵ⅠP103开车操作。

操作步骤：

①首先离心泵ⅠP103入口阀门VA137全部开启、利用仪表关闭电动调节阀VA145，关闭回水阀VA127、阀VA125，关闭离心泵ⅠP103出、入口压力表控制阀VA128、阀VA132，然后启动电机。

②当离心泵ⅠP103运转后，全面检查离心泵ⅠP103的工作状况，检查电机和离心泵ⅠP103的旋转方向是否一致。

③当离心泵ⅠP103出口压力高于操作压力时，开启回水阀VA127、阀VA125，利用流量仪表逐渐开大调节阀VA145，控制离心泵ⅠP103的流量压力。

④检查电机、离心泵ⅠP103是否有杂音、是否异常振动，是否有泄漏，调整出口阀门VA124开度达到指定流量。

⑤离心泵ⅠP103的性能测定：

通过调节电动调节阀VA145的不同开度（10组开度），即调节不同流量，或将涡轮流量计设定到某一数值，待流动稳定后同时读取流量（F105）、泵出口处的压强（PI105）、泵入口处的真空度（PI102）、功率（JI101）及水温（TI101）的数据。

（2）离心泵ⅠP103停车操作。

操作步骤：

①利用仪表逐渐关闭电动调节阀VA145，关闭回水阀VA127、阀VA125。

②当离心泵ⅠP103出口阀门全部关闭后停电机。

③离心泵ⅠP103停止运转后，关闭离心泵ⅠP103入口阀V137及离心泵ⅠP103出、入口压力表控制阀VA128、阀VA132。

5）项目训练五：离心泵Ⅰ P103 和离心泵Ⅱ P102 串联操作技能训练

操作步骤：

（1）打开离心泵Ⅱ P102 的进水阀 VA138，打开双泵串联阀 VA131 其余阀门全部关闭。

（2）调节离心泵Ⅰ P103、离心泵Ⅱ P102 变频器频率为 50Hz（离心泵Ⅰ变频器频率 50Hz，离心泵Ⅱ变频器频率由合成器液位 LIC102 仪表调节，在仪表 SV 窗显示（ṝ XXX），是利用仪表上升和下降键调节）。

先启动离心泵Ⅱ P1025s 后再启动离心泵Ⅰ P103，打开阀 VA125 和阀 VA127，利用仪表启动电动调节阀 VA145 调节流量。流量稳定后打开离心泵Ⅱ P102 入口真空表控制阀 VA133 和泵出口压力表控制阀 VA128。

（3）流体形成从原料罐 V105→阀 VA138→离心泵Ⅱ P102→离心泵 IP103→电动调节阀 VA145→涡轮流量计 F105→阀 VA127→阀 VA125→原料罐 V105 的回路。

（4）离心泵串联操作特性曲线测定：

通过调节电动调节阀 VA145 的不同开度（10 组开度），即调节不同流量，或将涡轮流量计设定到某一数值，待流动稳定后同时读取流量（F105）、泵出口处的压强（PI105）、泵入口处的真空度（PI102）、功率（JI101、JI102）及水温（TI101）的数据。电动阀调节方法：通过面板上流量显示仪表实现。从大流量到小流量依次测取 10～15 组实验数据。

6）项目训练六：离心泵Ⅰ P103 和离心泵Ⅱ P102 并联操作技能训练

操作步骤：

（1）打开离心泵Ⅰ P103 的进水阀 VA137 和离心泵Ⅱ P102 的进水阀 VA138，打开双泵并联阀 VA130，其余阀门全部关闭。

（2）调节离心泵Ⅰ P103、离心泵Ⅱ P102 变频器频率为 50Hz 后（调节同上）启动两台离心泵。

（3）双泵启动后，打开阀 VA127 和阀 VA125，利用仪表启动电动调节阀 VA145 调节流量。流量稳定后打开离心泵Ⅰ P102 入口真空表控制阀 VA132 和离心泵Ⅱ P102 入口真空表控制阀 VA133 及泵出口压力表控制阀 VA128。

（4）流体形成从原料罐 V105→阀 VA137/阀 VA138→离心泵Ⅰ P103/离心泵Ⅱ P102→阀 VA130→电动调节阀 VA145→涡轮流量计 F105→阀 VA127→阀 VA125→原料罐 V105 的回路。

（5）离心泵并联操作特性曲线测定：

通过调节电动调节阀 VA145 的不同开度，即调节不同流量，或将涡轮流量计设定到某一数值，待流动稳定后同时读取流量（F105）、泵出口处的压强（PI105）、泵入口处的真空度（PI106）、功率（JI101、JI102）及水温（TI101）的数据。电动阀调节方法：通过面板上流量显示仪表实现。从大流量到小流量依次测取 10～15 组实验数据，数据记录表如表 3-4 所示。

表 3 - 4   数据记录表

序号	入口压力/ kPa	出口压力/ kPa	电机功率/ kW	流量/ m³/h	压头/ m	泵轴功率/ kW	效率/ %
1							
2							
3							
4							
5							
6							
7							
8							
9							
10							
11							

6. 流体输送岗位计算机远程控制操作技能训练

正确使用现场控制台仪表和计算机远程控制系统 DCS 进行操作和监控。

图 3-5   DCS 操作计算机显示器画面

(1)启动计算机，在桌面文件中找到应用程序，如图 3-5 圆圈，鼠标左键双击进入 DCS 控制系统主界面。

(2)在主控制界面中任意位置点击鼠标左键进入主操作系统。

(3)在主操作系统界面中，可以进行相应的泵启动与关闭，在菜单栏中可以选择相应的实训项目的数据记录和控制界面。流体输送流程图如图 3-6 所示。

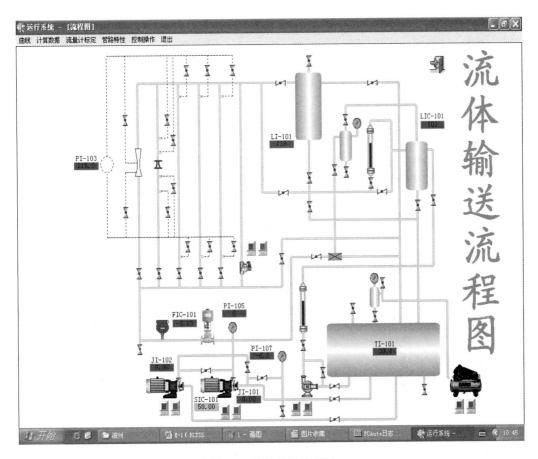

图 3-6 流体输送流程图

7. 离心泵操作常见故障和异常现象的确定和排除训练(表 3-5)

表 3-5 故障分析表

序号	故障	现象	分析原因	排除原因
1	停离心泵 Ⅱ	(1)离心泵并联实验流量降低。 (2)离心泵串联实验突然无流量。 (3)合成器液位控制实验液位下降	(1)总电源断电。 (2)总电源关闭。 (3)离心泵 Ⅱ P102 变频器出故障	(1)查看设备电源指示是否正常工作。 (2)查看设备总电源开关指示是否在开启状态。 (3)离心泵变频器是否正常工作
2	开电磁阀	(1)直管阻力实验时流量突然增大但压差变小。 (2)流量计标定实验时流量突然增大但压差变小。 (3)真空控制实验真空度下降	检查非实验管路阀门是否误开	将非本训练用管路阀门关闭

序号	故障	现象	分析原因	排除原因
3	停旋涡泵	(1)旋涡泵输送流体训练无流体。 (2)流体配比输送训练无流体		
4	离心泵Ⅰ停	(1)离心泵特性训练无流量。 (2)离心泵管路特性训练无流量。 (3)离心泵串,并联训练流量降低。 (4)直管阻力训练无流量。 (5)流量计训练无流量	(1)总电源断电。 (2)总电源关闭。 (3)离心泵IP103变频器出故障	(1)查看设备电源指示是否正常工作。 (2)查看设备总电源开关指示是否在开启状态。 (3)离心泵变频器是否正常工作
5	停总电源	设备仪表及泵停止工作	(1)总电源断电。 (2)总电源关闭	(1)查看设备电源指示是否正常工作。 (2)查看设备总电源开关指示是否在开启状态
6	离心泵Ⅰ启	合成器控制训练流量加大		关闭离心泵Ⅰ

8. 操作注意事项

(1)直流数字表操作方法请仔细阅读说明书,待熟悉其性能和使用方法后再进行使用操作。

(2)启动离心泵之前必须检查流量调节阀是否关闭。

(3)利用压力传感器测量 ΔP 时,应切断关闭平衡阀 VA205 否则将影响测量数值的准确。

(4)在实验过程中每调节一个流量之后应待流量和其它所取的数据稳定以后方可记录数据。

(5)若之前较长时间未做实验,启动离心泵时应先盘轴转动,否则易烧坏电机。

(6)该装置电路采用五线三相制配电,实验设备应良好接地。

(7)水质要清洁,以免影响涡轮流量计运行。

9. 附录及实训数据计算举例

(1)离心泵特性曲线测定(数据见表3-6)。

涡轮流量计流量读数 $Q=23.46\text{m}^3/\text{h}$

泵入口压力 $P_入=0.0089\text{MPa}$,出口压力 $P_出=0.162\text{MPa}$,电机功率$=2.54\text{kW}$

泵进出口管径相同,所以 $u_入=u_出$

$$H = (Z_出 - Z_入) + \frac{P_出 - P_入}{\rho g} + \frac{u_出^2 - u_入^2}{2g} = 0.5 + \frac{(0.0089 + 0.162) \times 10^6}{1000 \times 9.81}$$

$$= 18.07 \qquad (\text{m})$$

$$N = 功率表读数 \times 电机效率 = 2.54 \times 60\% = 1.524 \qquad (\text{kW})$$

$$\eta = \frac{N_e}{N}$$

$$Ne = \frac{HQ\rho}{102} = \frac{18.07 \times (\frac{23.46}{3600}) \times 1000}{102} = 1.15 \qquad (\text{kW})$$

$$\eta = \frac{1.15}{1.524} = 75.2\%$$

表 3 - 6　离心泵单泵特性实验数据表

序号	入口压力 /kPa	出口压力 /kPa	电机功率 /kW	流量 /(m³/h)	压头 /m	泵轴功率 /kW	效率 /%
1	−8.9	162	2.54	23.46	18.07	1524	75.2
2	−7.7	174	2.49	22.27	19.18	1494	77.2
3	−5.6	192	2.4	20.25	20.81	1440	79.1
4	−3	217	2.26	17.5	23.12	1356	80.6
5	−0.7	238	2.06	14.28	25.04	1236	78.2
6	1.5	252	1.82	10.9	26.25	1092	70.8
7	2.8	259	1.58	8.03	26.84	948	61.4
8	3.7	267	1.37	5.68	27.57	822	51.5
9	4.2	274	1.18	3.68	28.24	708	39.7
10	4.4	276	1.04	2.19	28.42	624	27
11	4.6	288	0.84	−0.11	29.64	504	−1.7

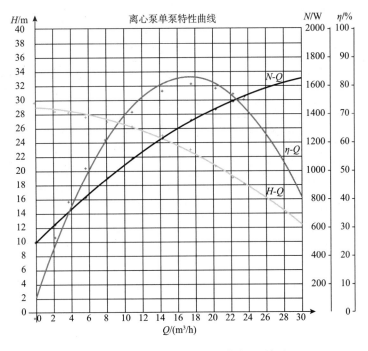

图 3-7　离心泵性能参数测定曲线图(单泵)

表3－7　离心泵性能测定实验数据记录表（双泵串联）

序号	入口压力/kPa	出口压力/kPa	电机功率/kW	流量/(m³/h)	压头/m	泵轴功率/kW	效率/%
1	−16.2	215	5.21	27	24.28	3126	56.6
2	−14.3	238	5.18	26.13	26.45	3108	60.1
3	−11.9	282	5.06	24.26	30.74	3036	66.3
4	−8.7	340	4.88	21.65	36.38	2928	72.6
5	−5.1	410	4.57	18.09	43.21	2742	77
6	−1.7	465	4.15	14.52	48.52	2490	76.4
7	1.1	504	3.59	10.8	52.25	2154	70.7
8	2.7	523	3.05	7.55	54.03	1830	60.2
9	3.7	539	2.58	4.87	55.58	1548	47.2
10	4.2	550	2.2	2.77	56.66	1320	32.1
11	4.6	573	1.67	−0.02	58.99	1002	−0.3

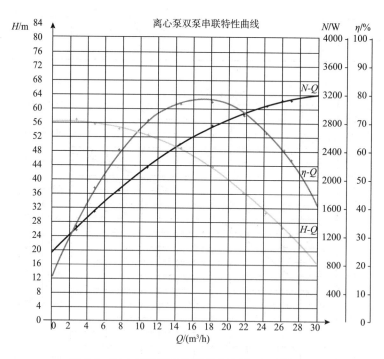

图3-8　离心泵性能参数测定曲线图（双泵串联）

表 3-8 离心泵性能测定实验数据记录表(双泵并联)

序号	入口压力 /kPa	出口压力 /kPa	电机功率 /kW	流量 /(m³/h)	压头 /m	泵轴功率 /kW	效率 /%
1	−1.4	234	4.02	29.18	24.74	2412	80.7
2	−1	237	3.96	28.28	25	2376	80.3
3	−0.6	242	3.88	27.03	25.48	2328	79.8
4	0	244	3.77	25.46	25.62	2262	77.8
5	0.4	247	3.62	23.61	25.89	2172	75.9
6	1	253	3.48	21.72	26.45	2088	74.2
7	1.5	256	3.3	19.54	26.71	1980	71.1
8	2	260	3.13	17.33	27.07	1878	67.4
9	2.6	262	2.95	15.27	27.21	1770	63.3
10	3	266	2.79	13.3	27.58	1674	59.1
11	3.3	268	2.62	11.55	27.76	1572	55
12	3.6	270	2.46	9.73	27.94	1476	49.7
13	3.9	272	2.33	8.27	28.11	1398	44.9
14	4.1	274	2.21	6.88	28.3	1326	39.6
15	4.2	276	2.1	5.72	28.49	1260	34.9
16	4.3	278	2	4.64	28.69	1200	29.9
17	4.4	278	1.89	3.64	28.68	1134	24.8
18	4.4	280	1.84	2.85	28.88	1104	20.1
19	4.5	281	1.81	2.21	28.98	1086	15.9
20	4.5	282	1.8	1.7	29.08	1080	12.3
21	4.7	287	1.62	−0.08	29.58	972	−0.7

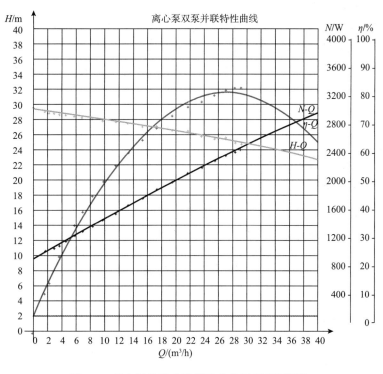

图 3-9 离心泵性能参数测定曲线图(双泵并联)

10. 思考题

(1)简述离心泵的基本结构。

(2)简述离心泵的工作原理。

(3)简述离心泵的气缚现象,原因是什么,该如何处理?

(4)离心泵盖板上平衡孔的作用是什么?

(5)离心泵主要的特性参数有哪些?

(6)离心泵在开启之前要关闭出口阀,为什么?

(7)简述离心泵的汽蚀现象,原因是什么,该如何处理?

(8)离心泵流量调节的方法有哪些?

(9)选择离心泵时,应考虑哪些因素?

(10)简述离心泵的汽蚀余量。

二、流动阻力的测定及流量计的校正

1. 实训目的

(1)理解并掌握流体静力学基本方程、物料平衡方程、伯努利方程及流体在圆形管路内流动阻力的基本理论。

(2)应用流体力学、流体输送机械基本理论分析和解决流体输送过程中所出现的一般问题,测定流动阻力及摩擦系数。

(3)了解喷嘴流量计、文丘里流量计、转子流量计、涡轮流量计的工作原理,测定喷嘴流量计和文丘里流量计的孔流系数,并校正流量计。

(4)了解热电阻温度计、各种常用液位计、压差计等工艺参数测量仪表的结构和测量原理,并掌握使用方法。

2. 实训的基本原理

1)流动阻力的测定

(1)直管段阻力测定的基本原理:

流体在管路中流动时,由于黏性剪应力和涡流的存在,不可避免地会引起流体压力损失。流体在流动时所产生的阻力有直管摩擦阻力和局部阻力。直管阻力测定的基本原理:

流体流过直管时的摩擦系数与阻力损失之间的关系可用下式表示

$$h_f = \lambda \cdot \frac{l}{d} \cdot \frac{u^2}{2}$$

式中 h_f——直管阻力损失,J/kg;

l——直管长度,m;

d——直管内径,m;

u——流体的速度,m/s;

λ——摩擦系数,无因次。

在一定的流速和雷诺数下，测出阻力损失，按下式即可求出摩擦系数 λ。

$$\lambda = h_f \cdot \frac{d}{l} \cdot \frac{2}{u^2}$$

阻力损失 h_f 可通过对两截面间作机械能衡算求出：

$$h_f = (z_1 - z_2)g + \frac{P_1 - P_2}{\rho} + \frac{u_1^2 - u_2^2}{2}$$

对于水平等径直管 $z_1 = z_2$，$u_1 = u_2$，上式可简化为

$$h_f = \frac{P_1 - P_2}{\rho}$$

式中　h_f——两截面的压强差，N/m^2；

ρ——流体的密度，kg/m^3。

只要测出两截面上静压强的差即可算出 h_f。两截面上静压强的差可用 U 形管倒 U 型管压差计测出。流速由流量计测得，在已知 d、u 的情况下只需测出流体的温度 t，查出该温度下流体的 ρ、μ，则可求出雷诺数 Re，从而得出流体流过直管的摩擦系数 λ 与雷诺数 Re 的关系。

(2)局部阻力测定的基本原理：

流体流过阀门、扩大、缩小等管件时，所引起的阻力损失可用下式计算

$$h_f = \zeta\left(\frac{u^2}{2}\right)$$

式中：ζ 为局部阻力系数，ζ 值一般通过实验测定。

计算局部阻力系数时应注意扩大、缩小管件的局部阻力引起的压力降 $\Delta P'_f$。

$$\zeta = \left(\frac{2}{\rho}\right) \cdot \frac{\Delta P'_f}{u^2}$$

式中　ζ——局部阻力系数，无因次；

$\Delta P'_f$——局部阻力引起的压强降，Pa。

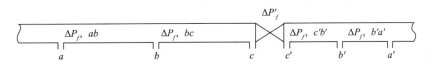

图 3-10　局部阻力测量取压口布置图

局部阻力引起的压强降 $\Delta P'_f$ 可用下面的方法测量：在一条各处直径相等的直管段上，安装待测局部阻力的阀门，在其上、下游开两对测压口 $a\text{-}a'$ 和 $b\text{-}b'$，见图 3-10，使

$$ab = bc; \qquad a'b' = b'c'$$

则

$$\Delta P_{f,ab} = \Delta P_{f,bc}; \Delta P_{f,a'b'} = \Delta P_{f,b'c'}$$

在 $a\text{-}a'$ 之间列伯努利方程式：

$$P_a - P_{a'} = 2\Delta P_{f,ab} + 2\Delta P_{f,a'b'} + \Delta P'_f$$

在 $b\text{-}b'$ 之间列伯努利方程式：

$$P_b - P_{b'} = \Delta P_{f,bc} + \Delta P_{f,b'c'} + \Delta P'_f$$

$$= \Delta P_{f,ab} + \Delta P_{f,a'b'} + \Delta P'_f$$

联立以上两式，则：

$$\Delta P'_f = 2(P_b - P_{b'}) - (P_a - P_{a'})$$

为了实验方便，称 $P_b - P_{b'}$ 为近点压差，称 $P_a - P_{a'}$ 为远点压差。用差压传感器来测量。

2）流量计校正的基本原理

流体流过节流式（孔板、文丘里、喷嘴）流量计时，由于喉部流速大压强小，文氏管前端与喉部产生压差，此差值可用倒 U 型压差计或单管压差计测出，而压强差与流量大小有关。

以文丘里管流量计为例：

$$V_S = C_0 A_0 \sqrt{\frac{2(P_上 - P_下)}{\rho}}$$

式中 C_0——节流式流量计的流量系数，无因次；

V_S——流量，m^3/s；

A_0——吼孔截面积，m^2，其中，$A_0 = \frac{\pi}{4}d_0^2$；

$P_上$、$P_下$——文丘里上下游压力，Pa；

ρ——流体的密度，kg/m^3；

d_0——喉孔直径，m。

根据上式，计算孔流系数 C_0，并反复实验求出其平均值。

3. 实训装置工艺流程、主要设备及仪表控制

1）流动测定及流量计校正实训装置工艺流程（见图 3-11）

2）流动测定及流量计校正实训装置主要设备技术参数（见表 3-9）

表 3-9 流动测定及流量计校正实训装置主要设备技术参数表

序号	位号	名称	规格型号	备注
1	P102	离心泵Ⅰ	GZA50-32-160	
2	V105	原料罐	$\phi 600 \times 1360$	
3	VA145	电动调节阀		
4	F102	文丘里流量计		
5	F103	喷嘴流量计		
6	F105	涡轮流量计	LWY-500～50m^3/h	
7	PI105	泵出口压力表	0～0.6MPa	

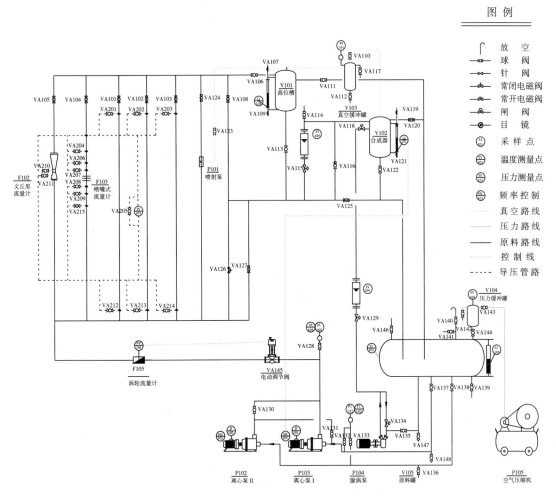

图 3-11 流动测定及流量计校正实训装置工艺流程图

3)离心泵综合实训装置主要阀门名称及作用(见表 3-10)

表 3-10 流动测定及流量计校正实训装置主要阀门名称表

序号	位号	阀门名称及作用	技术参数	备注
1	VA101	DN15 直管控制阀	DN15	
2	VA102	DN25 直管控制阀	DN25	
3	VA103	DN40 直管控制阀	DN40	
4	VA104	喷嘴流量计控制阀	DN50	
5	VA105	文丘里流量计控制阀	DN50	
6	VA108	回流阀	DN50	
7	VA125	回水阀	DN50	
8	VA126	电磁阀	DN50	
9	VA127	回水阀	DN50	

序号	位号	阀门名称及作用	技术参数	备注
10	VA128	泵出口压力表控制阀	$DN15$	
11	VA138	离心泵 $P102$ 进水阀	$DN50$	
12	VA139	放水阀	$DN15$	
13	VA140	原料罐加水放空阀	$DN15$	
14	VA141	原料罐加水阀	$DN15$	
15	VA145	电动调节阀	$DN50$	
16	VA146	原料罐放空阀	$DN15$	
17	VA201	$DN15$ 直管导压管测压阀	$DN8$	
18	VA202	$DN25$ 直管导压管测压阀	$DN8$	
19	VA203	$DN40$ 直管导压管测压阀	$DN8$	
20	VA204	喷嘴流量计远端测压阀	$DN8$	
21	VA205	压差传感器平衡阀	$DN8$	
22	VA206	喷嘴流量计近端测压阀	$DN8$	
23	VA207	喷嘴流量计测压阀	$DN8$	
24	VA208	喷嘴流量计测压阀	$DN8$	
25	VA209	喷嘴流量计近端测压阀	$DN8$	
26	VA210	文丘里流量计测压阀	$DN8$	
27	VA211	文丘里流量计测压阀	$DN8$	
28	VA212	$DN15$ 直管导压管测压阀	$DN8$	
29	VA213	$DN25$ 直管导压管测压阀	$DN8$	
30	VA214	$DN40$ 直管导压管测压阀	$DN8$	
31	VA215	喷嘴流量计远端测压阀	$DN8$	

4)流动测定及流量计校正实训装置流程简述

(1)直管流体阻力测定工艺过程(管径 $DN15$)：

流体由原料罐 V105 经阀门 VA137 经过离心泵 IP103 输送，流经电动调节阀 VA145 →涡轮流量计 F105→阀门 VA101→阀门 VA108→阀门 VA125 后回到原料罐 V105。同时打开相应测压阀 VA201 和 VA213 及平衡阀 VA205，读取数据时关闭平衡阀 VA205。

(2)直管流体阻力测定工艺过程(管径 $DN25$)：

流体由原料罐 V105 经阀门 VA137 经过离心泵 IP103 输送，流经电动调节阀 VA145

→涡轮流量计 F105→阀门 VA102→阀门 VA108→阀门 VA125 后回到原料罐 V105。同时打开相应测压阀 VA202 和 VA212 及平衡阀 VA205，读取数据时关闭平衡阀 VA205。

（3）直管流体阻力测定工艺过程（管径 DN40）：

流体由原料罐 V105 经阀门 VA137 经过离心泵 IP103 输送，流经电动调节阀 VA145 →涡轮流量计 F105→阀门 VA103→阀门 VA108→阀门 VA125 后回到原料罐 V105。同时打开相应测压阀 VA203 和 VA213 及平衡阀 VA205，读取数据时关闭平衡阀 VA205。

（4）文丘里流量计测定工艺过程：

流体由原料罐 V105 经阀门 VA137 经过离心泵 IP103 输送，流经电动调节阀 VA145 →涡轮流量计 F105→文丘里流量计 F102→阀门 VA105→阀门 VA108→阀门 VA125 后回到原料罐 V105。同时打开相应测压阀 VA2010 和 VA211 及平衡阀 VA205，读取数据时关闭平衡阀 VA205。

（5）喷嘴流量计测定工艺过程：

流体由原料罐 V105 经阀门 VA137 经过离心泵 IP103 输送，流经电动调节阀 VA145 →涡轮流量计 F105→喷嘴流量计 F103→阀门 VA104→阀门 VA108→阀门 VA125 后回到原料罐 V105。同时打开相应测压阀 VA207 和 VA208 及平衡阀 VA205，读取数据时关闭平衡阀 VA205。

（6）喷嘴流量计局部阻力测定工艺过程：

流体由原料罐 V105 经阀门 VA137 经过离心泵 IP103 输送，流经电动调节阀 VA145→涡轮流量计 F105→喷嘴流量计 F103→阀门 VA104→阀门 VA108→阀门 VA125 后回到原料罐 V105。同时打开平衡阀 VA205，取数据时再关闭平衡阀 VA205，并分别对应的打开阀门 VA206 和 VA209 测取近端压差，阀门 VA204 和 VA215 测取远端压差。

（7）流量控制的工艺过程：

流体由原料罐 V105 经阀门 VA137，由离心泵 IP103 输送作用下，通过电动调节阀 VA145→涡轮流量计 F105→阀门 VA127→阀门 VA125 后回到原料罐 V105。由涡轮流量计 F105 计量，产生信号传输给流量仪表，流量仪表发出指令调节电动调节阀 VA145 的开度已达到控制流量的目的。

4．训练项目

1）项目训练一：流体在 DN15 直管中流动输送的摩擦系数测量

操作步骤：

（1）打开离心泵 IP103 的进水阀 VA137 和 DN15 直管控制阀 VA101，以及回流阀 VA108 和回水阀 VA125，利用仪表关闭电动调节阀 VA145。

（2）利用变频器 S1 启动离心泵 IP103，利用仪表调节电动调节阀 VA145 至全开，打开压力传感器平衡阀 VA205，分别打开 DN15 直管测压阀 VA201 和阀 VA212。

（3）流体形成从原料罐 V105→阀 VA137→离心泵 IP103→电动调节阀 VA145→涡轮流量计 F105→DN15 直管→阀 VA101→阀 VA108→阀 VA125→原料罐 V105 的回路

2）项目训练二：DN15 直管摩擦阻力系数测定

操作步骤：

（1）通过调节电动调节阀 VA145 的不同开度，即调节不同流量，或将涡轮流量计设定到某一数值，待流动稳定后同时读取流量（F105）、压差计（PI103）及水温（TI101）的数据。开始记录数据时先关闭压力传感器平衡阀 VA205。

（2）电动阀调节方法：通过面板上流量显示仪表实现。从大流量到小流量依次测取 10～15 组实验数据

3）项目训练三：流体在 DN25 直管中流动输送的摩擦系数测量

操作步骤：

（1）打开离心泵 IP103 的进水阀 VA137 和 DN25 直管控制阀 VA102，以及回流阀 VA108 和回水阀 VA125，利用仪表关闭电动调节阀 VA145。

（2）利用变频器 S1 启动离心泵 IP103，利用仪表调节电动调节阀 VA145 至全开，打开压力传感器平衡阀 VA205，分别打开 DN25 直管测压阀 VA202 和阀 VA213。

（3）流体形成从原料罐 V105→阀 VA137→离心泵 IP103→电动调节阀 VA145→涡轮流量计 F105→DN25 直管→阀 VA102→阀 VA108→阀 VA125→原料罐 V105 的回路

4）项目训练四：DN15 直管摩擦阻力系数测定

操作步骤：

（1）通过调节电动调节阀 VA145 的不同开度，即调节不同流量，或将涡轮流量计设定到某一数值，待流动稳定后同时读取流量（F105）、压差计（PI103）及水温（TI101）的数据。开始记录数据时先关闭压力传感器平衡阀 VA205。

（2）电动阀调节方法：通过面板上流量显示仪表实现。从大流量到小流量依次测取 10～15 组实验数据

5）项目训练五：流体在 DN40 直管中流动输送的摩擦系数测量

操作步骤：

（1）打开离心泵 IP103 的进水阀 VA137 和 DN40 直管控制阀 VA103，以及回流阀 VA108 和回水阀 VA125，利用仪表关闭电动调节阀 VA145。

（2）利用变频器 S1 启动离心泵 IP103，利用仪表调节电动调节阀 VA145 至全开，打开压力传感器平衡阀 VA205，分别打开 DN40 直管测压阀 VA203 和阀 VA214。

（3）流体形成从原料罐 V105→阀 VA137→离心泵 IP103→电动调节阀 VA145→涡轮流量计 F105→DN40 直管→阀 VA103→阀 VA108→阀 VA125→原料罐 V105 的回路。

6）项目训练六：DN15 直管摩擦阻力系数测定

操作步骤：

（1）通过调节电动调节阀 VA145 的不同开度，即调节不同流量，或将涡轮流量计设定到某一数值，待流动稳定后同时读取流量（F105）、压差计（PI103）及水温（TI101）的数据。开始记录数据时先关闭压力传感器平衡阀 VA205。

（2）电动阀调节方法：通过面板上流量显示仪表实现。从大流量到小流量依次测取

10～15 组实验数据。

7）项目训练七：文丘里流量计的流量标定

（1）打开离心泵 IP103 的进水阀 VA137 和文丘里流量计控制阀 VA105，以及回流阀 VA108 和回水阀 VA125，利用仪表关闭电动调节阀 VA145。

（2）利用变频器 S1 启动离心泵 IP103，利用仪表调节电动调节阀 VA145 至全开，打开压力传感器平衡阀 VA205，分别打开文丘里流量计测压阀 VA210 和阀 VA211。

（3）流体形成从原料罐 V105→阀 VA137→离心泵 IP103→电动调节阀 VA145→涡轮流量计 F105→文丘里流量计→阀 VA105→阀 VA108→阀 VA125→原料罐 V105 的回路。

8）项目训练八：文丘里流量计的流量标定测定

操作步骤：

（1）通过调节电动调节阀 VA145 的不同开度，即调节不同流量，或将涡轮流量计设定到某一数值，待流动稳定后同时读取流量（F105）、压差计（PI103）及水温（TI101）的数据。开始记录数据时先关闭压力传感器平衡阀 VA205。

（2）电动阀调节方法：通过面板上流量显示仪表实现。从大流量到小流量依次测取10～15 组实验数据。

9）项目训练九：喷嘴流量计的流量标定

操作步骤：

（1）打开离心泵 IP103 的进水阀 VA137 和喷嘴流量计控制阀 VA104，以及回流阀 VA108 和回水阀 VA125，利用仪表关闭电动调节阀 VA145。

（2）利用变频器 S1 启动离心泵 IP103，利用仪表调节电动调节阀 VA145 至全开，打开压力传感器平衡阀 VA205，分别打开喷嘴流量计测压阀 VA210 和阀 VA211。

（3）流体形成从原料罐 V105→阀 VA137→离心泵 IP103→电动调节阀 VA145→涡轮流量计 F105→喷嘴流量计→阀 VA104→阀 VA108→阀 VA125→原料罐 V105 的回路。

10）喷嘴流量计的流量标定测定

操作步骤：

（1）通过调节电动调节阀 VA145 的不同开度，即调节不同流量，或将涡轮流量计设定到某一数值，待流动稳定后同时读取流量（F105）、压差计（PI103）及水温（TI101）的数据。开始记录数据时先关闭压力传感器平衡阀 VA205。

（2）电动阀调节方法：通过面板上流量显示仪表实现。从大流量到小流量依次测取10～15 组实验数据。

11）喷嘴流量计局部阻力的测定

操作步骤：

（1）通过调节电动调节阀 VA145 的不同开度，即调节不同流量，或将涡轮流量计设定到某一数值，待流动稳定后同时打开喷嘴流量计近端测压阀 VA206 和阀 VA209 或同时打开喷嘴流量计远端测压阀 VA204 和阀 VA215，读取流量（F105）、压差计（PI103）的数据。开始记录数据时先关闭压力传感器平衡阀 VA205。

（2）电动阀调节方法：通过面板上流量显示仪表实现。从大流量到小流量依次测取2～3组实验数据。

表 3 - 11　数据记录表

序号	管径：_____(mm)		管长：_____(m)		
	流量/(m³/h)	直管压差/kPa	流速/(m/s)	Re	λ
1					
2					
3					
4					
5					
6					
7					
8					
9					
10					
11					

5．实训数据计算举例

（1）流体阻力测定：

流量 $q=5.39\text{m}^3/\text{h}$，直管压差 $\Delta P=158.5\text{kPa}$

液体温度 $40℃$，液体密度 $\rho=991.95\text{kg/m}^3$，液体黏度 $\mu=0.64\text{mPa}\cdot\text{s}$

$$u=\frac{q}{(\pi d^2/4)}=\frac{5.39}{(\pi\times0.017^2/4)}\times\frac{0.001}{3600}=6.6 \qquad (\text{m/s})$$

$$Re=\frac{du\rho}{\mu}=\frac{0.017\times6.6\times991.95}{0.64\times10^{-3}}=1.78\times10^5$$

$$\lambda=\frac{2d}{L\rho}\frac{\Delta P_f}{u^2}=\frac{2\times0.017}{1.308\times991.95}\frac{158.5\times10^3}{5.39^2}=0.095$$

（2）流量计测定：

以文丘里流量计第一组数据为例计算：

涡轮流量计：$Q=19.91\text{m}^3/\text{h}$　流量计压差：350.9kPa

$$u=\frac{19.91}{3600\times\pi/4\times0.05^2}=2.82(\text{m/s})$$

$$Re=\frac{du\rho}{\mu}=\frac{0.05\times2.82\times991.96}{0.64\times10^{-3}}=2.18\times10^5$$

$$Q=CA_0\sqrt{\frac{2\Delta P}{\rho}}$$

$$C_0=\frac{Q}{A_0\sqrt{\frac{2\Delta P}{\rho}}}=\frac{19.91}{3600\times\left(\frac{\pi}{4}\right)\times0.02^2\times\sqrt{\frac{2\times350.9\times1000}{1000}}}=0.66$$

（3）数据表和曲线图：

表 3 - 12 直管阻力实验数据表

管径/mm：15			管长/m：1.7		
序号	流量/(m³/h)	直管压差/kPa	流速/(m/s)	Re	λ
1	5.39	158.5	6.6	177744	0.095
2	5.33	157.4	6.53	175496	0.097
3	5.26	156.2	6.44	173078	0.099
4	5.15	152.1	6.31	169584	0.1
5	4.94	146.7	6.05	162596	0.105
6	4.55	137.4	5.57	150314	0.116
7	4.28	131.2	5.24	141700	0.125
8	3.95	124	4.84	130883	0.139
9	3.56	115.7	4.36	117903	0.16
10	3.08	106.6	3.77	102158	0.197
11	2.1	90.2	2.57	69498	0.358

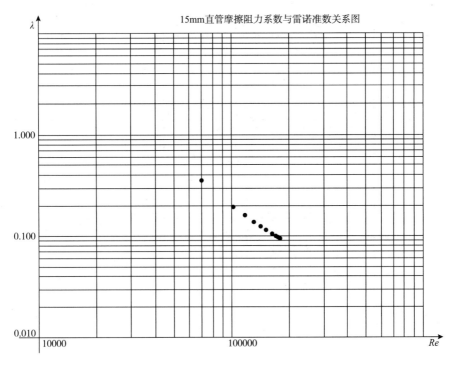

图 3-12 摩擦阻力系数与雷诺数的关系图

表 3 - 13 直管阻力实验数据表

管径/mm：25			管长/m：1.7		
序号	流量/(m³/h)	直管压差/kPa	流速/(m/s)	Re	λ
1	12.77	95.4	5.76	251817	0.124
2	12.13	93.5	5.47	240135	0.134
3	11.39	91.9	5.14	226117	0.15
4	10.3	88.4	4.65	204985	0.176
5	8.82	85.5	3.98	174724	0.233
6	7.94	83.7	3.58	157816	0.281
7	7.12	81.7	3.21	141506	0.341
8	6.27	80.4	2.83	125013	0.433
9	5.41	79.1	2.44	108008	0.572
10	4.58	77.8	2.07	91629	0.785
11	3.72	76.6	1.68	74519	1.171
12	2.28	75	1.03	45593	3.053

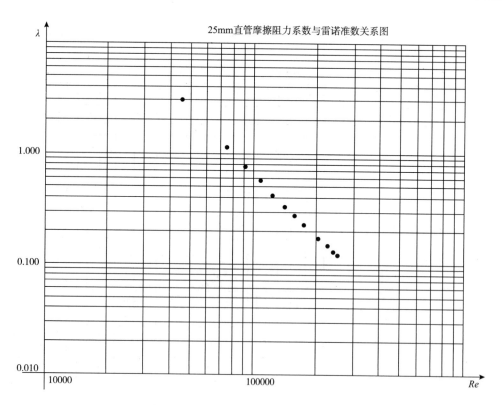

图 3-13 摩擦阻力系数与雷诺数的关系图

表 3-14 直管阻力实验数据表

管径/mm：40			管长/m：1.7		
序号	流量/(m³/h)	直管压差/kPa	流速/(m/s)	Re	λ
1	21.09	89.4	4.23	271635	0.324
2	18.56	86.2	3.72	239895	0.403
3	16.39	83.5	3.29	212612	0.501
4	14.26	80.7	2.86	185213	0.64
5	10.62	78.8	2.13	138808	1.127
6	9.21	77.6	1.85	120057	1.475
7	7.95	77.1	1.59	103834	1.967
8	6.87	76.5	1.38	89932	2.614
9	5.75	75.9	1.15	75414	3.702
10	4.78	75.8	0.96	62954	5.35
11	3.89	75.4	0.78	51150	8.036
12	2.31	74.8	0.46	30166	22.607

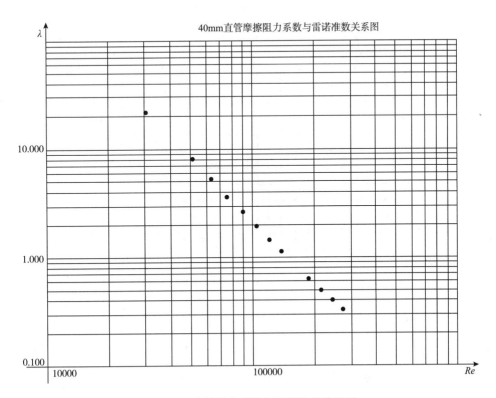

图 3-14 摩擦阻力系数与雷诺数的关系图

表 3 – 15　文丘里流量计标定实验数据表

管径/mm：50			喉径/mm：20		
序号	涡轮流量计/(m³/h)	文丘里流量计压差/kPa	流速/(m/s)	Re	C_0
1	19.91	350.9	2.82	218395.30	0.66
2	18.42	304.5	2.61	202051.30	0.66
3	16.67	247	2.36	182855.33	0.66
4	13.95	196.1	1.97	153019.31	0.62
5	10.83	147.4	1.53	118795.63	0.56
6	7.93	110.6	1.12	86985.17	0.47
7	5.71	88.8	0.81	62633.71	0.38
8	3.77	75.2	0.53	41353.60	0.27
9	2.33	68	0.33	25558.06	0.18

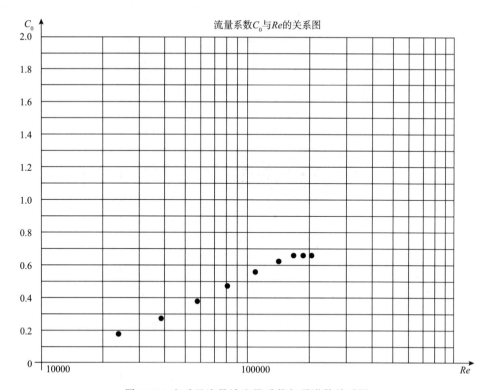

图 3-15　文丘里流量计流量系数与雷诺数关系图

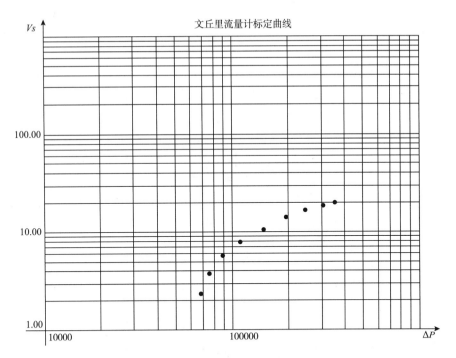

图 3-16　文丘里流量计标定曲线图

表 3－16　喷嘴流量计标定实验数据表

管径/mm：50			孔径/mm：20		
序号	涡轮流量计/(m³/h)	喷嘴流量计压差/kPa	流速/(m/s)	Re	C_0
1	17.48	147.8	3.87	248510	1.24
2	16.14	127.4	3.57	229459	1.23
3	14.66	106.5	3.24	208418	1.22
4	12.62	80.1	2.79	179416	1.22
5	10.16	54	2.25	144443	1.19
6	8.8	42.8	1.95	125108	1.16
7	8.04	35.2	1.78	114303	1.17
8	6.69	28.2	1.48	95499	1.09
9	5.66	22.3	1.25	80467	1.03
10	4.71	17.6	1.04	67098	0.97
11	3.83	13.6	0.85	54561	0.9
12	2.67	8.5	0.59	37959	0.79

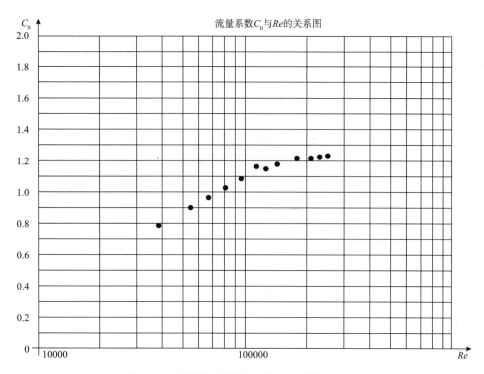

图 3-17　喷嘴流量计流量系数与雷诺数关系图

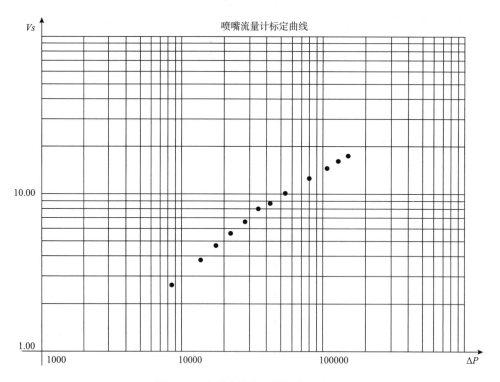

图 3-18　喷嘴流量计流量标定曲线图

6．思考题：

(1)在滞流情况下，如管路系统不变，流量增大1倍，直管阻力有什么变化？

(2)在流量一定的情况，管径是否越小越好，为什么？

(3)雷诺准数受到哪些因素的影响？

(4)转子流量计能否水平安装，为什么？

(5)简述孔板流量计的工作原理。

(6)流体流动阻力产生的根本原因是什么？

(7)摩擦系数的单位是什么，影响它的因素有哪些？

(8)局部阻力计算的方法有哪些？

(9)影响流体流动阻力的因素有哪些？

(10)简述选择管子的步骤。

三、其他输送机械与液位控制

1．实训目的

(1)了解旋涡泵的结构、工作原理及其流量调节方法。

(2)了解压缩机的工作原理、主要性能参数及输送液体的方法。

(3)了解水喷射真空泵的工作原理、主要性能参数及控制压力的方法。

(4)根据工艺要求正确操作流体输送设备完成流体输送任务。

(5)应用流体力学、流体输送机械基本理论分析和解决流体输送过程中所出现的一般问题。

2．实训的原理

1)旋涡泵的结构与工作原理

(1)旋涡泵的结构。

旋涡泵(也称涡流泵)是一种叶片泵，主要由叶轮、泵体和泵盖组成。叶轮是一个圆盘，圆周上的叶片呈放射状均匀排列。泵体和叶轮间形成环形流道，吸入口和排出口均在叶轮的外圆周处。吸入口与排出口之间有隔板，由此将吸入口和排出口隔离开。旋涡泵结构如图3-19所示。

(2)旋涡泵的工作原理。

旋涡泵就是靠旋转叶轮对液体的作用力，在液体运动方向上给液体以冲量来传递动能以实现输送液体。旋涡泵是一种高压泵、清水泵、旋涡泵的叶轮为一等厚圆盘，在它外缘的两侧有很多径向小叶片。在与叶片相应部位的泵壳上有一等截面的环形流道，整个流道被一个隔舌分成为吸、排两方，分别与泵的吸、排管路相联。泵内液体随叶轮一起回转时产生一定的离心力，向外甩入泵壳中的环形流道，并在流道形状的限制下被迫回流，重新自叶片根部进入后面的另一叶道。因此，液体在叶片与环形流道之间的运动迹线，对静止的泵壳来说是一种前进的螺旋线；而对于转动的叶轮来说则是一种后退的螺旋线。旋涡泵即因液体的这种旋涡运动而得名。液体能连续多次进入叶片之间获取能量，直到最后从排出口排出。旋涡泵的工作有些像多级离心泵，但旋涡泵没有像离心泵蜗壳或导叶那样的能量转换装置。旋涡泵主要是通过多次连续作功的方式把能量传递给液体，所以能产生较高的压力。

（3）旋涡泵的适用场合。

旋涡泵只适用于要求小流量（1～40m³/h）、较高扬程（可达 250m）的场合，如消防泵、飞机加油车上的汽油泵、小锅炉给水泵等。旋涡泵可以输送高挥发性和含有气体的液体，但不应用来输送较稠液体和含有固体颗粒的不洁净液体。

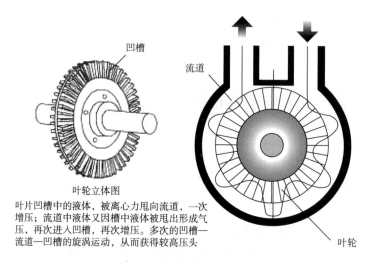

图 3-19　旋涡泵结构示意图

2）水喷射真空泵的结构与工作原理

（1）水喷射真空泵的结构：

水喷射真空泵是一种具有抽真空、冷凝、排水等三种有效能的机械装置。它由泵体、喷嘴、导向盖盘、扩散管、止逆阀等部件构成。其结构示意图和流程图见图 3-20。

（2）水喷射真空泵的工作原理。

水喷射真空泵是利用一定压力的水流通过对称均布成一定侧斜度的喷出。聚合在一个焦点上，由于喷射水流速度较高，于是周围形成负压使器室内产生真空，另外由于二次蒸汽与喷射水流直接接触，进行热交换，绝大部分的蒸汽凝结成水，少量未被冷凝的蒸汽与不凝结的气体亦由于与高速喷射的水流互相摩擦，混合与挤压，通过扩压管被排除，使器室内形成更高的真空。

（3）适用的场合。

水喷射真空泵应用极为广泛，主要用于真空与蒸发系统，进行真空抽水、真空蒸发、真空过滤、真空结晶、干燥、脱臭等工艺，是制糖、制药、化工、食品、制盐、味精、牛奶、发酵以及一些轻工、国防部门广泛需求的设备。

3）空气压缩机的结构与工作原理

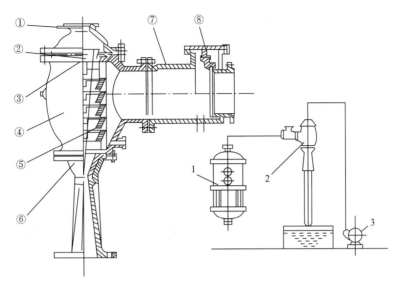

图 3-20　水喷射真空泵结构示意图与流程图

1—真空缓冲罐；2 水喷射泵；3 离心水泵

①—器盖；②—喷嘴座板；③—喷嘴；④—泵体；⑤—导向盖板；⑥—扩散管；⑦—止逆阀；⑧—阀板

空气压缩机是提供气源动力，是气动系统的核心设备，它是将原动(通常是电动机或柴油机)的机械能转换成气体压力能的装置。空气压缩机主要分为两类：容积型和速度型，往复式压缩机和离心式压缩机是其典型代表。往复式压缩机主要由气缸、活塞、活门等部件构成，它是通过活塞的往复式运动对气体做功，达到增大气体压力的目的。离心式压缩机又称透平机，是由叶轮、主轴、扩压器等部件构成，它是利用叶轮告诉旋转产生离心力，通过离心力对气体做功，使气体压力升高。作为高压动力设备，安全、正确、按规程操作压缩机非常必要。

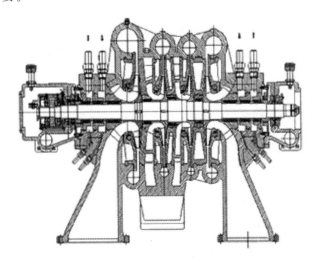

图 3-21　离心式压缩机结构示意图

压缩机的操作规程主要有以下几条：

（1）在空压机操作前，应该注意的事项：

①保持油池中润滑油在标尺范围内，空压机操作前应检查注油器内的油量不应低于刻度线值。

②检查各运动部位是否灵活，各联接部位是否紧固，润滑系统是否正常，电机及电气控制设备是否安全可靠。

③空压机操作前应检查防护装置及安全附件是否完好齐全。

④检查排气管路是否畅通。

⑤接通水源，打开各进水阀，使冷却水畅通。

（2）空压机操作时应注意长期停用后首次启动前，必须盘车检查，注意有无撞击、卡住或响声异常等现象。

（3）机械必须在无载荷状态下启动，待空载运转情况正常后，再逐步使空气压缩机进入负荷运转。

（4）空压机操作时，正常运转后，应经常注意各种仪表读数，并随时予以调整。

（5）空压机操作中，还应检查下列情况：

①电动机温度是否正常，各电表读数是否在规定的范围内。

②各机件运行声音是否正常。

③吸气阀盖是否发热，阀的声音是否正常。

④空压机各种安全防护设备是否可靠。

（6）空压机操作中发现下列情况时，应立即停机，查明原因，并予以排除。

①润滑油终断或冷却水终断。

②水温突然升高或下降。

③排气压力突然升高，安全阀失灵。

4）液位控制原理

实训要求将物料由原料罐输送至合成器，并保持合成器的液位稳定，有 3 种输送方案分别为：①离心泵输送；②压缩机压缩；③真空泵抽送。以上 3 个方案均遵循伯努利方程。

$$z_1 + \frac{u_1^2}{2g} + \frac{P_1}{\rho g} + H_e = z_2 + \frac{u_2^2}{2g} + \frac{P_2}{\rho g} + \Sigma H_f$$

式中　　z_1——原料罐液面处的高度，m；

$\quad\quad u_1$——原料罐液面处的液体流速，m/s；

$\quad\quad P_1$——原料罐液面处的压力，Pa；

$\quad\quad H_e$——离心泵的扬程，m；

$\quad\quad z_2$——合成器液面处的高度，m；

$\quad\quad u_2$——合成器液面处液体的流速，m/s；

$\quad\quad P_2$——合成器液面处的压力，Pa；

$\quad\quad \Sigma H_f$——压头损失，m；

$\quad\quad \rho$——操作温度下水的密度，kg/m³。

(1)方案 1 离心泵输送。

输送起点和输送终点均与大气连通，即 $P_1 = P_2$，且 $u_1 \approx 0$，$u_2 \approx 0$，故伯努利方程化简为：

$H_e = (z_1 - z_1) + \Sigma H_f$，所以需要调节离心泵流量使其扬程满足上式。离心泵流量调节可以调节离心泵出口阀开度，也可以通过调节泵的转速来实现。由于合成器液位要求稳定，所以 z_2 应保持恒定。为保证液位稳定，需要将合成器的出口阀门打开，并调节至一定开度，使合成器实现物料平衡。

(2)方案 2 压缩机压送。

合成器与大气连通，维持常压稳定。通过空气压缩机将输送起点，即原料罐压力提升至一定值，使得原料罐压力大于合成器压力。由于稳定时原料罐液位与合成器液位均保持不变，$u_1 \approx 0$，$u_2 \approx 0$，$P_2 = 0$，$\Sigma H_f = 0$，$H_e = 0$，伯努利方程化简为：$P_1 = (z_2 - z_1)\rho g$，所以需要调节压缩缓冲罐的泄压阀门开度，使原料罐压力满足上式。

(3)方案 3 真空泵抽送。

原料罐与大气连通，维持常压稳定。通过水喷射真空泵将输送终点，即合成器压力降低至负压，使得原料罐压力大于合成器压力。由于稳定时原料罐液位与合成器液位均保持不变，$u_1 \approx 0$，$u_2 \approx 0$，$P_1 = 0$，$\Sigma H_f = 0$，$H_e = 0$，伯努利方程化简为：$P_2 = (z_1 - z_2)\rho g$（负压），所以需要调节真空缓冲罐的调节阀开度，使合成器压力满足上式。

3. 实训装置工艺流程、主要设备及仪表控制

1)其他输送机械与液位控制实训装置工艺流程图（见图 3-22）

2)其他输送机械与液位控制实训装置主要设备技术参数（见表 3-17）

表 3-17　其他输送机械与液位控制实训装置主要设备技术参数表

序号	位号	名称	规格型号	备注
1	P101	喷射泵	RPP-25-20	
2	P102	离心泵Ⅰ	GZA50-32-160	
3	P104	旋涡泵	25W-25	
4	P105	压缩机	YL90SZ	
5	V101	高位槽	$\phi 360 \times 700$	
6	V102	合成器	$\phi 300 \times 530$	
7	V103	真空缓冲罐	$\phi 210 \times 350$	
8	V104	压力缓冲罐	$\phi 100 \times 310$	
9	V105	原料罐	$\phi 600 \times 1360$	
10	VA145	电动调节阀		
11	F104	转子流量计	100～1000L/h	
12	PI101	真空缓冲罐真空表	$-0.1 \sim 0$MPa	
13	PI104	压力缓冲罐压力表	0～0.6MPa	

3)其他输送机械与液位控制实训装置主要阀门名称及作用(见表3-18)

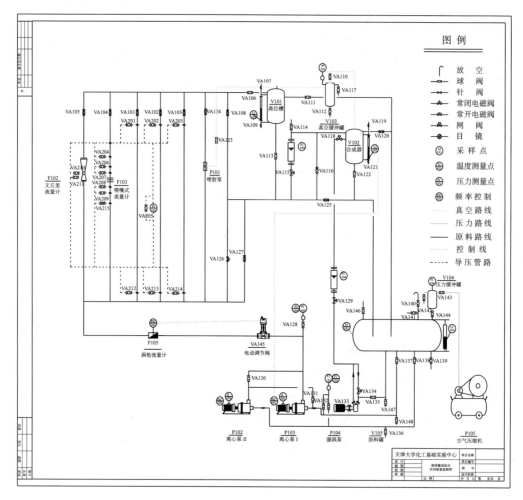

图 3-22　流体输送实训装置工艺流程图

表 3-18　流体输送综合实训装置主要阀门名称表

序号	位号	阀门名称及作用	技术参数	备注
1	VA106	高位槽进水阀	DN50	
2	VA107	高位槽液位放空阀	DN8	
3	VA108	回流阀	DN50	
4	VA109	高位槽液位排水阀	DN8	
5	VA110	真空缓冲罐与合成器联通阀	DN25	
6	VA111	高位槽液溢流阀	DN50	
7	VA112	真空缓冲罐排水阀	DN25	
8	VA113	高位槽液回水阀	DN25	
9	VA114	放空阀	DN25	

序号	位号	阀门名称及作用	技术参数	备注
10	VA115	转子流量计 FI105 调节阀	DN25	
11	VA116	合成器上水阀	DN25	
12	VA117	真空缓冲罐调节阀	DN25	
13	VA118	合成器上水阀	DN25	
14	VA119	合成器液位放空阀	DN8	
15	VA120	合成器溢流阀	DN50	
16	VA121	合成器液位排水阀	DN8	
17	VA122	合成器回水阀	DN25	
18	VA123	真空控制阀	DN25	
19	VA124	喷射泵控制阀	DN50	
20	VA125	回水阀	DN50	
21	VA129	转子流量计 FI104 调节阀	DN25	
22	VA134	旋涡泵循环阀	DN25	
23	VA135	旋涡泵进水阀	DN25	
24	VA136	放水阀	DN15	
25	VA137	离心泵 P103 进水阀	DN50	
26	VA138	离心泵 P102 进水阀	DN50	
27	VA142	压力缓冲罐压力调节阀	DN15	
28	VA143	压缩机出口阀	DN15	
29	VA144	压力缓冲罐与原料罐联通阀	DN15	
30	VA145	电动调节阀	DN50	

4）其他输送机械与液位控制实训装置流程简述

（1）旋涡泵向合成器输送流体的工艺过程。

流体由原料罐 V105 经阀门 VA135 经过旋涡泵 P104 输送，通过阀 VA134 循环经阀门 VA129 调流量→转子流量计 F104→VA118 进入合成器，最后经阀门 VA120 回到原料罐。

（2）真空机组向合成器输送流体的工艺过程。

流体由原料罐 V105 经阀门 VA137 经过离心泵 IP104 输送，流经电动调节阀 VA145→涡轮流量计 F105→喷射泵 P101→阀门 VA124→阀门 VA108→阀门 VA125 后回到原料罐 V105。同时通过阀门 VA123→真空缓冲罐 V103→阀门 VA110 使合成器 V102 中产生真空。

流体由原料罐 V105 经阀门 VA135→阀门 VA134→阀门 VA129→转子流量计 F104→阀门 VA118 进入合成器。

（3）压缩机向合成器输送流体时的工艺过程。

空气压缩机 P105 产生压力由阀门 VA143 进入压力缓冲罐 V104 中由压力表 PI104 显示，由阀门 VA147 调节压力后经阀门 VA144 进入原料罐 V105 中。

流体由原料罐 V105 经阀门 VA135→阀门 VA134→阀门 VA129→转子流量计 F104→阀门 VA118 进入合成器 V102，再经 VA120 回到原料罐。

(4)向高位槽输送流体时的工艺过程。

流体由原料罐 V105 经阀门 VA137，在离心泵 IP103 输送作用下，通过电动调节阀 VA145→涡轮流量计 F105→阀门 VA101 或（阀门 VA102、阀门 VA03、阀门 VA104、阀门 VA105）→阀门 VA106 进入高位槽 V101→阀门 VA113→阀门 VA125 后回到原料罐。

(5)由高位槽向合成器输送流体的工艺过程。

流体由原料罐 V105 经阀门 VA137，在离心泵 IP103 输送作用下，通过电动调节阀 VA145→涡轮流量计 F105→VA101 或（阀门 VA102、阀门 VA03、阀门 VA104、阀门 VA105）→阀门 VA106 进入高位槽→阀门 VA113→阀门 VA115 调流量→转子流量计 FI105 或（由阀门 VA116 直接）进入合成器 V102→阀门 VA120 回到原料罐 V105 中。

(6)流量控制的工艺过程。

流体由原料罐 V105 经阀门 VA137，由离心泵 IP103 输送作用下，通过电动调节阀 VA145→涡轮流量计 F105→阀门 VA127→阀门 VA125 后回到原料罐 V105。由涡轮流量计 F105 计量，产生信号传输给流量仪表，流量仪表发出指令调节电动调节阀 VA145 的开度已达到控制流量的目的。

(7)液位控制的工艺过程。

流体由原料罐 V105 经阀门 VA138，由离心泵 II P102 输送作用下，通过电动调节阀 VA145→涡轮流量计 F105→阀门 VA127→阀门 VA116→进入合成器 V102→阀门 VA122 回到原料罐 V105 中。

合成器 V102 的液位传感器 LI102 根据液位调整离心泵 II P102 的频率，已达到液位控制的目的。

5)其他输送机械与液位控制过程工艺参数测量和控制技术

(1)液体流量控制。

液体流量由涡轮流量计测量，测量值在仪表 AI519 上 PV 显示窗显示，测量值与规定的数值（仪表 AI519 上 SV 显示窗显示）进行比较，计算出偏差大小，然后由仪表 AI519 发出调节命令，电动调节阀接收调节命令后通过改变阀门开度，使流量回到规定值，从而完成流量的自动调节。系统中安装这样一个控制回路，将随时监控流量变化，通过反复的测量、调节，使系统的流量值始终控制在规定范围之内，从而保证了生产的正常进行。自动控制过程如图 3-23 所示。

(2)合成器液位控制。

合成器液位由压差传感器测量，液位测量值在仪表 AI519 上 PV 显示窗显示，测量值与规定的数值（仪表 AI519 上 SV 显示窗显示）进行比较，计算出偏差大小，然后由仪表 AI519 发出调节命令，变频器接收调节命令后改变离心泵电机转数，使液位回到给定值，从而完成测量和调节任务。这样形成的一个回路，通过即时反复的测量和调节，使系统液位始终保持在规定范围内工作。

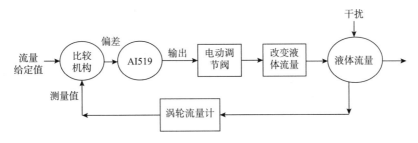

图 3-23 流量自动调节系统示意图

自动控制过程如图 3-24 所示。

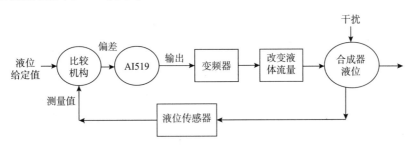

图 3-24 合成罐液位自动调节系统示意图

(3)输送流体物料配比比值控制。

要求二股流体按一定比例向合成器输送,其中一股流体由旋涡泵输送并固定流量,另一股流体由离心泵输送,要求按照其配比要求计算配比比值,再由配比比值计算出离心泵流量,并按照计算出的流量值对离心泵进行调节控制,使送出的两股流体的配比符合工艺要求,如图 3-25 所示。

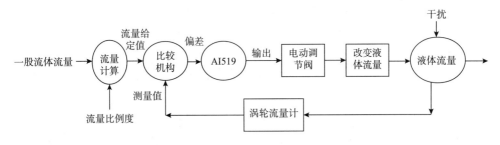

图 3-25 流量比值自动调节系统示意图

(4)真空度控制。

通过阀门 VA146 控制系统真空度,图 3-26 真空度开式控制框图。

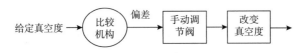

图 3-26 真空度开式控制框图

(5)压力控制。

通过阀门 VA138 控制系统压力,图 3-27 是压力开式控制框图。

图 3-27　压力开式控制框图

4.训练项目

1)项目训练一:旋涡泵 P104 输送流体操作技能训练

(1)打开合成器上水阀 VA118、合成器回水阀 VA122、旋涡泵 P104 循环阀 VA134、旋涡泵 P104 进水阀 VA135 其余阀门全部关闭。

(2)启动旋涡泵 P104 后检查电机和泵的旋转方向是否一致,然后逐渐打开流量计 FI104 调节阀 VA129,运转中需要经常检查电机、泵是否有杂音、是否异常振动、是否有泄漏,通过调节旁路回流阀门 VA134 的方法调节流量。

(3)流体形成从原料罐 V105 → 阀 VA135 → 旋涡泵 P104 → 阀 VA129 → 转子流量计 FI104 → 阀 VA118 → 阀 VA108 → 合成器 → 阀 VA122 → 原料罐 V105 的回路。

2)项目训练二:压缩机输送流体岗位操作技能训练

压缩机操作规程:

(1)开车前先检查一切防护装置和安全附件是否完好,确认完好方可开车。

(2)检查各处的润滑油液面是否合乎标准。

(3)压力表每年校验一次,储气罐、导管接头外部检查每年一次,内部检查和水压强度试验三年一次,并要作好详细记录。

(4)机器在运转中或设备有压力的情况下,不得进行任何修理工作。

(5)经常注意压力表指针的变化,禁止超过规定的压力。

(6)在运转中若发生不正常的声响、气味、振动或故障,应立即停车检修。

(7)工作完毕将贮气罐内余气放出。

实训任务:正确操作压缩机将原料罐 V105 内液体输送到合成器中并达到指定液位(400mm)。

空压机开车前按照上述操作规程进行检查,无误后关闭所有阀门,打开阀门 VA143、VA144、VA142、VA135、VA129、VA118、VA120。接通电源启动空压机 P105。空压机开始工作后注意观察缓冲罐压力表 PI104 指示值,通过调节阀门 VA142 的开度调节罐中压力维持在 0.1MPa,调节阀门 VA129 开度来调节输送流体的流量,由转子流量计 FI104 计量。当合成器液位达到指定位置时,关闭压缩机出口阀门 VA143,切断压缩机电源,打开原料罐放空阀 VA146 放出罐内余气放出。

3)项目训练三:利用真空系统输送流体操作技能训练

实训任务:正确操作真空机组。

(1)打开离心泵 IP103 的进水阀 VA137 和喷射泵控制阀 VA1124,以及回流阀 VA108 和回水阀 VA125,利用仪表关闭电动调节阀 VA145。

利用变频器 S1 启动离心泵 IP103，利用仪表调节电动调节阀 VA145 至全开，使流体由原料罐 V105→阀 VA137→离心泵 IP103→电动调节阀 VA145→涡轮流量计 F105→喷射泵 P101→阀 VA124→阀 VA108→阀 VA125→原料罐 V105 形成回路，流体流动通过喷射泵 P101 时形成真空，通过阀 VA123 到真空缓冲罐 V103，利用真空缓冲罐 V103 调节阀 V117 调节真空度，由真空表 PI101 就地显示。

（2）利用真空机组将原料罐内液体输送到合成器中并达到指定液位（400mm）。打开阀门 VA135、VA134、VA129、VA118。真空机组启动后，通过调节真空缓冲罐调节阀 VA117 的开度调节真空缓冲罐 V103 中真空度维持在 0.06MPa，调节阀门 VA129 开度来调节输送流体的流量，由转子流量计 F104 计量。

（3）当合成器液位达到指定位置时，利用流量仪表关闭电动调节阀 VA145，关闭离心泵 I P103，打开缓冲罐调节阀 VA117 放空真空。

4）项目训练四：利用高位槽输送流体操作技能训练

实训任务：正确使用高位槽输送流体到合成器中并达到指定液位（400mm）。

（1）打开离心泵 I P103 进水阀 VA137，利用流量仪表关闭电动调节阀 VA145，打开阀 VA126、VA108、VA106、VA111，其余阀门全部关闭。

（2）流体由原料罐 V105→阀 VA137→离心泵 IP103→电动调节阀 VA145→涡轮流量计 F105→阀 VA126→阀 VA108→阀 VA111→原料罐 V105 形成回路。

（3）利用变频器 S1 启动离心泵 I P103，通过电动调节阀 VA145 调节流量，向高位槽 V101 中注入液体，待高位槽溢流管内有液体流出时调小进入高位槽的流量。

（4）然后打开阀 VA113、阀 VA115，半开阀 VA122，流体在重力作用下从高位槽 V101 流向合成器 V102，通过调节阀 VA115 开度调节流量，转子流量计 F105 记录流量，控制合成器液位保持恒定。

5）项目训练五：合成器液位自动控制操作技能训练

实训任务：应用离心泵 II P102 电机频率调节将原料罐流体输送到合成器中并保持到指定液位（400mm）。

（1）打开离心泵 II P102 进水阀 VA138，利用流量仪表关闭电动调节阀 VA145，打开阀 VA127、VA116、VA120、VA122，其余阀门全部关闭。

（2）流体由原料罐 V105→阀 VA138→离心泵 II P102→电动调节阀 VA145→涡轮量计 F105→阀 VA127→阀 VA116→阀 VA122→原料罐 V105 形成回路。

利用合成器液位 LIC102 控制仪表根据合成器液位控制调节离心泵 II P102 变频器 S2 的频率，以改变电机转数，实现控制合成器液位的目的。所以将合成器液位 LIC102 控制仪表调成自动状态并设置好相应的液位后，启动离心泵 II 变频器开关。

6）项目训练六：自动控制流体流量操作技能训练

实训任务：正确使用电动调节阀调节流体流量（4～12m³/h）。

（1）打开离心泵 I P103 进水阀 VA137，利用流量仪表关闭电动调节阀 VA145，打开阀 VA127、VA125，其余阀门全部关闭。

(2)流体由原料罐 V105→阀 VA137→离心泵Ⅰ P103→电动调节阀 VA145→涡轮流量计 F105→阀 VA127→阀 VA125→原料罐 V105 形成回路。

将流体流量控制仪表调到自动位置并设置好相应的流量，开启离心泵Ⅰ变频器开关，流量控制仪表根据实际流量按照控制规律调节电动调节阀 VA145 开度，达到控制流体流量的目的。

7)项目训练七：两种物料配比输送操作技能训练

实训任务：根据工艺要求将两种流体按一定比例输送到合成器中。

一种流体由旋涡泵输送并固定流量为某一定值，另一种流体由离心泵输送，要求会根据工艺要求计算混合比例，再根据混合比例计算出离心泵输送液体的流量，并按照泵送流量进行离心泵操作控制。

(1)首先打开旋涡泵 P104 的进水阀 VA135、旋涡泵循环阀 VA134、阀 VA118、阀 VA122、阀 VA120，其余阀门全部关闭，启动旋涡泵 P104，利用阀 VA129 调节转子流量计 FI104 流量，将流量控制在 $0.5m^3/h$。

(2)然后打开离心泵Ⅰ P103 进水阀 VA137，利用流量仪表关闭电动调节阀 VA145，打开阀 VA127、阀 VA116，其余阀门全部关闭。

(3)将合成器液位 LIC101 控制仪表 AI519 调到自动位置，按设定比例计算出另一种流体流量并在仪表上设置好后。启动离心泵Ⅰ变频器 S1 开关，流量控制仪表根据实际流量按照控制规律调节电动调节阀 VA145 开度，达到控制两种流体配比的目的。

思考题

(1)简述旋涡泵的结构。

(2)压缩机主要的特性参数有哪些？

(3)列举几种抽真空设备。

(4)空气压缩机在操作时，应注意哪些事项？

(5)简述齿轮泵的结构和工作原理。

(6)简述往复式压缩机的结构和工作原理。

(7)什么是全风压？

(8)简述压缩机的喘震现象、产生的原因及处理方法。

(9)旋涡泵主要适用于什么场合？

(10)简述旋涡泵流量调节的方法。

实训二　传热综合实训

1. 实训目的

(1)掌握传热过程的基本原理和流程。

(2)通过传热过程的操作，了解操作参数对传热的影响，学会处理传热过程的不正常情况。

（3）了解不同种类换热器的构造，并以空气和水蒸气为传热介质，测定不同种类换热器的总传热系数 K 及其测定方法。

（4）熟练使用孔板流量计、液位计、流量计、压力表、温度计等仪表，掌握化工仪表和自动化在传热过程中的应用。

（5）通过测试，选择适宜的空气流量和操作方式，采取正确的操作方法，完成实训指标。即：控制空气以一定流量通过不同的换热器（普通套管式换热器、强化套管式换热器、列管式换热器、螺旋板式换热器）后温度不低于规定值。

2. 实训的基本原理

1）换热器的主要设备

（1）普通套管换热器。

简单归纳，即用管件将两种尺寸不同的标准管连接成同心圆套管，构成套管换热器。结构简单、能耐高压，是其主要特点。

（2）强化套管换热器。

在套管内部放置一根蛇形强化管。蛇形强化管由直径 6mm 不锈钢管按一定节距绕成，插入管内并固定。流体由于螺旋管的作用发生旋转，同时还周期性受到螺旋管的扰动，使传热效果强化。

（3）列管式换热器。

本实验采用固定管板式列管换热器，主要由壳体、管束、管箱、管板、折流挡板、联接管件等部分组成。其结构特点是，两块管板分别焊于壳体的两端，管束两端固定在管板上。整个换热器分为两部分：换热管内的通道及与其两端相贯通处称为管程；换热管外的通道及与其相贯通处称为壳程。它具有结构简单和造价低廉的优点。

（4）螺旋板式换热器。

由两张间隔一定的平行薄金属板卷制而成。两张薄金属板形成两个同心的螺旋型通道，两板之间焊有定距柱以维持通道间距，在螺旋板两侧焊有盖板。冷热流体分别通过两条通道，通过薄板进行换热。

2）实训的理论原理

传热是指由于温度差引起的能量转移，又称热传递。由热力学第二定律可知，当有温差存在时，热量必然从高温处传递到低温处，传热是自然界和工程技术领域中极普遍的一种传递现象。在能源、宇航、化工、动力、冶金、机械、建筑等工业部门以及农业、环境保护等部门中都涉及到许多有关传热的问题。

总传热系数 K 是评价换热器性能的一个重要参数，也是对换热器进行传热计算的依据。对于已有的换热器，可以通过测定有关数据，如设备尺寸、流体的流量和温度等，通过传热速率方程式计算 K 值。

传热速率方程式是换热器传热计算的基本关系。该方程式中，冷、热流体温度差 ΔT 是传热过程的推动力，它随着传热过程冷热流体的温度变化而改变。

传热速率方程式：

$$Q = K \times S \times \Delta T_{\mathrm{m}}$$

热量衡算式：

$$Q = C_p \times W \times (T_2 - T_1)$$

总传热系数：

$$K = C_p \times W \times (T_2 - T_1) / (S \times \Delta T_{\mathrm{m}})$$

式中　　Q——热量，W；

　　　　S——传热面积，m^2；

　　ΔT_{m}——冷热流体的平均温差，℃；

　　　　K——总传热系数，$W/(m^2 \cdot ℃)$；

　　　　C_p——比热容，$J/(kg \cdot ℃)$；

　　　　W——空气质量流量，kg/s；

　$T_2 - T_1$——空气进出口温差，℃。

3. 实训装置工艺流程、主要设备及仪表控制

1）传热综合实训工艺流程图

传热过程岗位实训工艺流程图，见图 3-28。

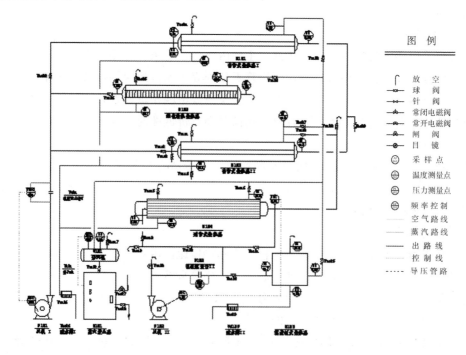

图 3-28　传热过程工艺流程图

2）离心泵综合实训装置主要设备技术参数

传热过程岗位实训主要技术参数，见表 3-19。

表 3-19 传热过程主要设备技术参数

序号	代码	设备名称	主要技术参数	备注
1	VA126	疏水阀 I	CS19H-16K	
2	VA129	疏水阀 II	CS19H-16K	
3	E101	套管式换热器 I	$S=0.24m^2$	
4	E102	强化套管式换热器	$S=0.24m^2$	
5	E103	套管式换热器 II	$S=0.24m^2$	
6	E104	列管式换热器	$S=1.5m^2$	
7	E105	螺旋板式换热器	$S=1m^2$	
8	F101	孔板流量计 I	$\phi70\sim\phi17$	
9	F102	孔板流量计 II	$\phi70\sim\phi17$	
10	P101	风机 I	YS-7112,550W	
11	P102	风机 II	YS-7112,550W	
12	R101	蒸汽发生器	LDR12-0.45-Z	
13	V101	分汽包	$\phi160\cdot450$	
14	PI101	套管换热器 I 压力	$0\sim500kPa$	
15	PI102	孔板流量计 II 压差	$0\sim20kPa$	
16	PIC101	孔板流量计 I 压差	$0\sim20kPa$	

3)传热过程岗位实训主要阀门名称及作用

传热过程岗位实训主要阀门名称及作用,见表 3-20。

表 3-20 传热过程主要阀门一览表

序号	代码	阀门名称及作用	技术参数	备注
1	VA101	套管式换热器 I E101 放空阀	$DN15$ 球阀	
2	VA102	套管式换热器 I E101 冷空气进口阀	$DN40$ 球阀	
3	VA103	套管式换热器 I E101 热蒸汽进口阀	$DN25$ 球阀	
4	VA104	强化管换热器 E102 热蒸汽进口阀	$DN25$ 球阀	
5	VA105	强化管换热器 E102 放空阀	$DN15$ 球阀	
6	VA106	强化管换热器 E102 冷空气进口阀	$DN40$ 球阀	
7	VA107	套管式换热器 II E103 热蒸汽进口阀	$DN25$ 球阀	
8	VA108	列管式换热器 E104 冷空气出口阀	$DN40$ 球阀	
9	VA109	套管式换热器 I E101 冷空气出口阀	$DN40$ 球阀	
10	VA110		$DN25$ 球阀	
11	VA111	套管式换热器 II E103 放空阀	$DN15$ 球阀	
12	VA112	套管式换热器 II E103 冷空气进口阀	$DN40$ 球阀	
13	VA113	套管式换热器 II E103 冷空气出口阀	$DN40$ 球阀	
14	VA114	换热器 E101、E102、E103 放水阀	$DN25$ 球阀	

序号	代码	阀门名称及作用	技术参数	备注
15	VA115	列管式换热器 E104 放空阀	DN15 球阀	
16	VA116	列管式换热器 E104 热蒸汽入口阀	DN25 球阀	
17	VA117	分汽包 V101 放空阀	DN15 球阀	
18	VA118	列管式换热器 E104 冷空气入口阀	DN40 球阀	
19	VA119	列管式换热器 E104 冷空气出口阀	DN40 球阀	
20	VA120	列管式换热器 E104 冷空气入口阀	DN40 球阀	
21	VA121	列管式换热器 E104 冷空气出口阀	DN40 球阀	
22	VA122	蒸汽发生器 R101 出汽阀	DN25 球阀	
23	VA123	风机 P102 旁路调节阀	DN40 闸阀	
24	VA124	螺旋板式换热器 E105 冷空气进口阀	DN40 球阀	
25	VA125	螺旋板式换热器 E105 热蒸汽进口阀	DN25 球阀	
26	VA126	疏水阀 I 作用排水	DN25 疏水阀	
27	VA127	蒸汽发生器 R101 进水阀	DN15 球阀	
28	VA128	蒸汽发生器 R101 排水阀	DN15 球阀	
29	VA129	疏水阀 II 作用排水	DN25 疏水阀	

4)离心泵综合实训装置流程简述

(1)普通套管式换热器 I E101 流程：

①冷流体流向　冷空气由风机 P101 产生经过孔板流量计 I F101 计量，经过阀门 VA102 进入套管式换热器 I E101 的管内，在套管内与管外热蒸汽进行热传递后，经阀门 VA109 排出。

②热流体流向　自来水经阀门 VA127 进入蒸汽发生器 R101 内，经过加热产生蒸汽，经过阀门 VA122 进入分汽包 V101，由 PIC104 控制一定压力经过阀门 VA103 进入套管式换热器 I E101 的壳程，与管内的冷空气进行热传递，通过疏水阀 VA126 排出。

(2)强化套管式换热器 E102 流程：

①冷流体流向　冷空气由风机 P101 产生经过孔板流量计 I F101 计量，经过阀门 VA106 进入强化管换热器 E102 的管内，在套管内与管外热蒸汽进行热传递后排出。

②热流体流向　自来水经阀门 VA127 进入蒸汽发生器 R101 内，经过加热产生蒸汽，经过阀门 VA122 进入分汽包 V101，由 PIC104 控制一定压力经过阀门 VA104 进入强化管换热器 E102 的壳程，与管内的冷空气进行热传递，通过疏水阀 VA126 排出。

(3)列管式换热器 E104 逆流流程：

①冷流体流向　冷空气由风机 P102 产生经过孔板流量计Ⅱ F102 计量，经过阀门 VA120、VA118 进入列管换热器 E104 的管内，在套管内与管外热蒸汽进行热传递后经阀门 VA108 排出。

②热流体流向　自来水经阀门 VA127 进入蒸汽发生器 R101 内经过加热产生蒸汽，经过阀门 VA122 进入分汽包 V101，由 PIC104 控制一定压力经过阀门 VA116 进入列管换热器 E104 的壳程与管内的冷空气进行热传递，通过疏水阀 VA126 排出。

（4）列管式换热器 E104 并流流程：

①冷流体流向　冷空气由风机 P102 产生经过孔板流量计Ⅱ F102 计量，经过阀门 VA121 进入列管换热器 E104 的管内，在套管内与管外热蒸汽进行热传递后经 VA118、VA119 排出。

②热流体流向　自来水经阀门 VA127 进入蒸汽发生器 R101 内经过加热产生蒸汽，经过阀门 VA122 进入分汽包 V101，由 PIC104 控制一定压力经过阀门 VA116 进入列管换热器 E104 的壳程与管内的冷空气进行热传递，通过疏水阀 VA126 排出。

（5）螺旋板式换热器 E105 流程：

①冷流体流向　冷空气由风机 P102 产生经过孔板流量计Ⅱ F102 计量，经过阀门 VA124 进入螺旋板式换热器 E105，与板外热蒸汽进行热传递后排出。

②热流体流向　自来水经阀门 VA127 进入蒸汽发生器 R101 内经过加热产生蒸汽，经过阀门 VA122 进入分汽包 V101，由 PIC104 控制一定压力经过阀门 VA125 进入螺旋板式换热器 E105 内与板外冷空气进行热传递，通过疏水阀 VA129 排出。

（6）套管换热器 E101 与套管换热器 E103 串联流程：

①冷流体流向　冷空气由风机 P101 产生经过孔板流量计Ⅰ F101 计量，经过阀门 VA102 进入套管换热器 E101、套管换热器 E103 的管内，在套管内与管外热蒸汽进行热传递后经阀门 VA113 排出。

②热流体流向　自来水经阀门 VA127 进入蒸汽发生器 R101 内经过加热产生蒸汽，经过阀门 VA122 进入分汽包 V101，由 PIC104 控制一定压力经过阀门 VA103、VA107 分别进入套管换热器 E101、套管换热器 E103 的壳程与管内的冷空气进行热传递，通过疏水阀 VA126 排出。

（7）套管换热器 E101 与套管换热器 E103 串联流程：

①冷流体流向　冷空气由风机 P102 产生经过孔板流量计Ⅰ F101 计量，经过阀门 VA102、VA112 分别进入套管换热器 E101、套管换热器 E103 的管内，在套管内与管外热蒸汽进行热传递后经阀门 VA109 排出。

②热流体流向　自来水经阀门 VA127 进入蒸汽发生器 R101 内经过加热产生蒸汽，经过阀门 VA122 进入分汽包 V101，由 PIC104 控制一定压力经过阀门 VA103、VA107 分别进入套管换热器 E101、套管换热器 E103 的壳程与管内的冷空气进行热传递，通过疏水阀 VA126 排出。

4．训练项目

1）项目训练一：识图技能训练

(1)识读传热过程岗位实训工艺流程图，并对照实物熟悉流程，能详述流程。

(2)识读传热过程岗位实训仪表面板图，对照实物熟悉仪表面板的位置，会仪表的调控操作及参数控制。

2）项目训练二：开车前的动、静设备检查训练

开车前首先检查管路、各种换热器、管件、仪表、流体输送设备、蒸汽发生器是否完好，检查阀门、分析测量点是否灵活好用。

检测方法如下：检查阀门能否开关。打开设备总电源开关，仪表全亮并且数字无任何闪动表示仪表正常。任意打开一种换热器的空气进出口阀门启动相应的漩涡气泵，如果出口有风冒出则说明气泵运转正常。打开水的总阀开关和进蒸汽发生器水阀 VA127 开关，打开蒸汽发生器电源开关(蒸汽发生器面板上)后，检查蒸汽发生器侧面液位计里面液体的位置，如果液位计液面较低，会听见水泵进水的声音。打开阀门 VA122、VA104，打开蒸汽发生器加热开关，过一段时间后发现 VA126 疏水阀下方有蒸汽冒出，这说明蒸汽发生器可以正常工作(如果蒸汽发生器液面过低，也没有听见水泵进水的声音，有可能是进水泵发生汽蚀，请打开蒸汽发生器侧门，打开水泵的放空螺栓放掉水泵的气体直到有水冒出)。

3）项目训练三：制定开停车步骤、岗位操作规程、制定操作记录表格的训练

传热过程岗位实训开车步骤：动静态检查完毕后，首先打开任意一种换热器的蒸汽进出口阀，打开阀门 VA122，开蒸汽发生器的开关，打开蒸汽发生器的加热开关(两个开关一起开是 12kW)，待管路蒸汽出口的疏水阀下方有蒸汽冒出，打开风机出口阀门，启动风机开关，等数据稳定后记录数据，改变压差等数据稳定后在记录数据。

传热过程岗位实训停车步骤：先停止蒸汽发生器的加热开关，打开蒸汽发生器上分压包的放空阀门 VA117，放掉蒸汽发生器内的压力(避免蒸汽管路残存饱和蒸汽压经过冷却后产生负压，从而把蒸汽发生器水箱内水抽到分压包内，等蒸汽发生器内的压力降到零以后，停止风机开关，关闭阀门，最后关闭总电源开关。

岗位操作规程：由于本实验是气—汽传热实验，用的是 0.05～0.1MPa 压力下的蒸汽，因此本实验应禁止触摸涉及到蒸汽进出口的管路和换热器以免被烫伤。需要做哪种换热器的实验必须要打开冷空气的出口阀再打开风机开关，以免风机被烧坏。本实验的电压涉及到 380V 高压电，禁止打开仪表柜后备箱和触摸风机以免触电。

4）项目训练四：普通套管式换热器、强化套管换热器、列管式换热器、螺旋板式换热器操作技能训练

(1)套管换热器 E101 操作技能训练：

打开阀门 VA127、VA102、VA109、VA122、VA103，打开总电源开关、打开蒸汽发生器电源开关、打开蒸汽发生器加热开关，待疏水阀 VA126 下方有蒸汽冒出，即可打开风机 P101 开关。慢慢旋开阀门 VA101 放出一点蒸汽(注：见到蒸汽即可，小心烫伤)，调节管路空气流量有两种：一种是通过仪表控制，一种是通过电脑程序调节。在仪表或电

脑程序界面上输入一定的压差(一般压差从小到大调节,压差是通过压差传感器 PIC101 测量的),等稳定六七分钟以后记录 TI101、TI102、TI103、TI104 和 PDIC101 的读数,然后改变风机的压差,稳定后分别记录数据。

(2)强化套管换热器 E102 操作技能训练:

打开阀门 VA127、VA106、VA104、VA122,打开总电源开关、打开蒸汽发生器电源开关、打开蒸汽发生器加热开关,待疏水阀 VA126 下方有蒸汽冒出,打开风机 P101 开关。慢慢旋开阀门 VA105 放出一点蒸汽(注:见到蒸汽即可,小心被烫伤)调节管路空气流量有两种:一种是通过仪表控制,一种是通过电脑程序调节。调节一定压差,等稳定六七分钟以后记录 TI105、TI106、TI107、TI108 和 PDIC101 的读数,然后改变风机的压差,稳定后分别记录数据。

(3)列管换热器 E104 逆流操作技能训练:

全开阀门 VA123,打开阀门 VA118、VA120、VA127、VA108、VA107。打开总电源开关、打开蒸汽发生器电源开关、打开蒸汽发生器加热开关,待疏水阀 VA126 下方有蒸汽冒出,打开风机 P102 开关。慢慢旋开阀门 VA115,放出一点蒸汽(注:见到蒸汽即可,小心烫伤),改变阀门 VA123 的开度调节压差,等稳定六七分钟以后记录 PDI102、TI113、TI114、TI115 和 TIC101 的读数。然后改变风机的压差,稳定后分别记录数据。

(4)列管换热器 E104 并流操作技能训练:

列管换热器 E104 并流:打开阀门 VA127、VA122、VA1119、VA1118、VA121、VA123。接通总电源、接通蒸汽发生器电源、打开蒸汽发生器加热开关,待疏水阀下方有蒸汽冒出,开风机 P102。慢慢打开阀门 VA1115(见到蒸汽即可小心烫伤),调节阀门 VA123 开度调节压差,稳定六七分钟后记录 TI113、PDI102、TI114、TI115、和 TIC101 的读数。改变风机的压差,稳定后分别记录数据。

(5)螺旋板式换热器 E105 操作技能训练:

全开阀门 VA123,打开阀门 VA122、VA124、VA125、VA127。接通总电源、接通蒸汽发生器电源、打开蒸汽发生器加热开关,待疏水阀下方有蒸汽冒出,开风机 P102。调节阀门 VA123 开度调节压差,稳定六七分钟后记录 PDI102、TI117、TI118、TI119、TI120 的读数。然后改变压差,稳定后分别记录数据。

(6)套管式换热器 E101 和 E103 串联、并联及换热器切换操作技能训练:

换热器 E101、E103 之间的串联操作:打开阀门 VA127、VA102、VA103、VA113、VA122、VA107,打开总电源开关、打开蒸汽发生器电源开关、打开蒸汽发生器加热开关,待疏水阀 VA126 下方有蒸汽冒出,打开风机 P101 开关。慢慢打开阀门 VA101、VA111(放出一点蒸汽,小心烫伤)。调节管路压差,等稳定六七分钟,待数据稳定后记录 TI101、TI102、TI103、TI104、TI109、TI110、TI111、TI112 和 PDIC101 的读数,改变风机的压差,稳定后分别记录数据。

换热器 E101、E103 之间的并联操作训练举例:首先把所有阀门关闭。打开阀门 VA127、VA102、VA107、VA112、VA122、VA103、VA109,打开总电源开关、打开蒸汽发生器电源开关、打开蒸汽发生器加热开关，待疏水阀 VA126 下方有蒸汽冒出，打开风机 P101 开关。慢慢打开阀门 VA101、VA111（见到蒸汽即可，小心烫伤），通过仪表调节或电脑程序调节一定的压差，等稳定六七分钟以后记录 TI101、TI102、TI103、TI104、TI109、TI110、TI111、TI112 和 PDIC101 的读数，改变风机的压差，稳定后分别记录数据。

5. 传热过程岗位实训异常现象排除

通过远程遥控制造异常现象，产生原因及处理思路如表 3-21。

表 3-21　传热过程异常现象处置一览表

序号	故障现象	产生原因分析	处理思路	解决办法	备注
1	管路压差逐渐变小、换热器冷空气入口温度变大	泵、管路堵塞温度计损坏	检查管路、泵、温度计		
2	疏水阀无蒸汽喷出或分汽包内压力降低	蒸汽发生器不加热、仪表控制参数有改动	检查仪表、检查蒸汽发生器		
3	空气流量变大	泵出问题、流量控制仪表参数改动	检查泵和仪表		
4	设备突然停止仪表柜断电	停电或设备有漏电地方	检查仪表柜电路		

6. 传热过程岗位实训注意事项

（1）开始加热前要打开进水阀 VA127 使蒸汽发生器 R101 的水箱充满水，避免干烧。如果蒸汽发生器 R101 进水泵一直处于开启状态（汽蚀），要打开进水泵的放气阀放掉气体，使其自动停止。实验结束后要先关加热开关在打开放空阀 VA117，卸掉管路压力。

（2）旋涡气泵要正确开停车，即必须保持一通路，避免气泵被烧坏。

（3）通过放空阀排放换热器不凝气的时候，要缓慢打开阀门见到蒸汽冒出即可，避免被烫伤。

（4）本实训设备的热流体为带有一定压力的蒸汽，所走管路均为红色保温带包裹，不要用手触摸红色区域，避免烫伤，最好带防护手套操作蒸汽管路。

（5）实验结束后要停水停电。

（6）本实训设备为 380V 高压电，切勿私自打开仪表柜后盖。

7. 附录数据计算举例（仅供参考以实际数据为准）

普通套管式换热器 E101 数据表，见表 3-22。

表 3-22　普通套管式换热器 E101 数据表

压差	空气进口温度/℃	空气出口温度/℃	蒸汽进口温度/℃	蒸汽出口温度/℃
0.8	20	59.2	111.8	111.8
1.6	19.6	60	111.7	111.6

续表

压差	空气进口温度/℃	空气出口温度/℃	蒸汽进口温度/℃	蒸汽出口温度/℃
2.2	19.8	61.1	1116	111.7
2.9	20.3	61.1	111.5	111.6
3.51	21.0	62.1	111.4	111.5
4.1	21.8	62.6	111.4	111.6
4.7	23.0	63.3	111.3	111.5
5.23	23.9	63.9	111.5	111.6

传热速率方程式： $Q = K \times S \times \Delta T_m$

根据热量衡算式： $Q = Cp \times W \times (T_2 - T_1)$

换热器的换热面积： $S_i = \pi d_i L_i$

式中 d_i——内管管内径，m；

L_i——传热管测量段的实际长度，m。

$$W_m = \frac{V_m \rho_m}{3600}$$

压差由孔板流量计测量： $V_{t1} = c_0 \times A_0 \times \sqrt{\dfrac{2 \times \Delta P}{\rho_{t1}}}$

式中 c_0——孔板流量计孔流系数，$c_0 = 0.7$；

A_0——孔的面积，m^2；

d_0——孔板孔径，$d_0 = 0.017m$；

ΔP——孔板两端压差，kPa。

由于换热器内温度的变化，传热管内的体积流量需进行校正：

$$V_m = V_{t1} \times \frac{273 + t_m}{273 + t_1}$$

式中 ρ_{t1}——空气入口温度（即流量计处温度）下密度，kg/m^3；

V_m——传热管内平均体积流量，m^3/h；

t_m——传热管内平均温度，℃。

以第一组数据计算为例：

压差为 0.8kPa，空气进口温度 20℃，空气出口温度 59.2℃。

蒸汽进口温度 111.8℃，蒸汽出口温度 111.8℃。

换热器内换热面积： $S_i = \pi d_i L_i$　　$d = 0.05m$　　$L = 1.5m$

$$S = 3.14 \times 0.05 \times 1.5 = 0.24 \quad (m^2)$$

体积流量： $$V_{t1} = c_0 \times A_0 \times \sqrt{\frac{2 \times \Delta P}{\rho_{t1}}}$$

$c_0 = 0.7$　　$d_0 = 0.017m$　　查表得密度 $\rho = 1.20 kg/m^3$

$$V_{t1} = 0.7 \times 3.14 \times 0.017^2 / 4 \times (2 \times 0.8 \times 1000 / 1.20)^{0.5}$$

$$=20.9(m^3/h)$$

校正后得：

$$V_m = V_{t1} \times \frac{273 + t_m}{273 + t_1} \qquad t_m = (t_1 + t_2)/2$$

$$= 20.9 \times (273 + (20 + 59.2)/2)/(273 + 20)$$

$$= 22.30(m^3/h)$$

在 t_m 下查表得密度 $\rho = 1.13 kg/m^3$

所以 $\qquad W_m = \dfrac{V_m \rho_m}{3600} = 1.13 \times 22.30/3600 = 0.0070(kg/h)$

根据热量衡算式： $\qquad Q = C_p \times W \times (T_2 - T_1) \qquad$ 查表得 $C_p = 1005J/kg$ 代入；

$Q = 0.0070 \times 1005 \times (59.2 - 20) = 275.76(W)$

$\Delta t_1 = 111.8 - 59.2 = 52.6℃ \qquad \Delta t_2 = 118.8 - 20 = 91.8℃$

$\Delta t_m = (\Delta t_2 - \Delta t_1)/Ln(\Delta t_2/\Delta t_1)$

$\qquad = (91.8 - 52.6)/Ln(91.8/52.6)$

$\qquad = 70.39(℃)$

由传热速率方程式知： $\qquad Q = K \times S \times \Delta T_m$ 所以： $\qquad K = Q/(S \times \Delta T_m)$

总传热系数 $\qquad K = 197.43/0.24/70.39 = 16.63[W/(m^2 \cdot ℃)]$

思考题

(1)什么叫并流？什么叫逆流？

(2)热交换器设计计算的主要内容有哪些？

(3)传热基本公式中各量的物理意义是什么？

(4)流体在热交换器内流动，以平行流为例分析其温度变化特征？

(5)热交换器中流体在有横向混合、无横向混合、一次错流时的简化表示？

实训三　精馏综合实训

1. 实训目的

(1)了解精馏装置、生产流程及操作方法；

(2)学习精馏塔全塔效率的测定方法；

(3)理解回流比对精馏操作的影响；

(4)观察塔的气液两相流动状态；

(5)测定不同回流比时的总板效率，研究回流比对精馏操作的影响。

2. 基本原理

1)概述

蒸馏是利用混合物中组分间挥发度的不同来分离组分的一类单元操作过程。经多次平衡分离过程的蒸馏称为精馏。由于精馏单元操作流程简单、设备制作容易、操作稳定、易于控制，其设计理论较为完善与成熟，从而在化工企业中，尤其在石油化工、有机化工、煤化工、精细化工、生物化工等企业中被广泛采用。常见的精馏单元过程由精馏塔、冷凝器、再沸器、加料系统、回流系统、产品贮槽、料液贮槽及测量仪表等组成。精馏塔本身又分为板式塔和填料塔。实训设备为不锈钢制作的板式精馏塔，可进行连续或间歇精馏操作，回流比可任意调节，也可以进行全回流操作。

2）理论原理

（1）在板式精馏塔中，混合液的蒸汽逐板上升，回流液逐板下降，气液两相在塔板上接触，实现传质、传热过程而达到分离的目的。如果在每层塔板上，上升的蒸汽与下降的液体处于平衡状态，则该塔板称之为理论塔板。然而在实际操做过程中由于接触时间有限，气液两相不可能达到平衡，即实际塔板的分离效果达不到一块理论塔板的作用。因此，完成一定的分离任务，精馏塔所需的实际塔板数总是比理论塔板数多。

对于双组分混合液的蒸馏，若已知气液平衡数据，测得塔顶流出液组成 X_d、釜残液组成 X_w，液料组成 X_f 及回流比 R 和进料状态，就可用图解法在 $y-x$ 图上，或用其他方法求出理论塔板数 N_T。精馏塔的全塔效率 E_T 为理论塔板数与实际塔板数 N 之比，即：

$$E_T = \frac{N_T}{N} \times 100\%$$

影响塔板效率的因素很多，大致可归结为：流体的物理性质（如黏度、密度、相对挥发度和表面张力等）、塔板结构以及塔的操作条件等。由于影响塔板效率的因素相当复杂，目前塔板效率仍以实验测定给出。

（2）精馏塔的单板效率 E_m 可以根据气相（或液相）通过测定塔板的浓度变化进行计算。

若以液相浓度变化计算，则为：

$$E_{ml} = \frac{(x_{n-1} - x_n)}{(x_{n-1} - x_n x_n^*)} \times 100\%$$

若以气相浓度变化计算，则为：

$$E_{mv} = \frac{(y_n - y_{n+1})}{(y_n^* - y_{n+1})} \times 100\%$$

式中　x_{n-1}——第 $n-1$ 块板下降的液体组成，摩尔分数；

x_n——第 n 块板下降的液体组成，摩尔分数；

x_n^*——第 n 块板上与升蒸汽 x_n 相平衡的液相组成，摩尔分数；

y_{n+1}——第 $n+1$ 块板上升蒸汽组成，摩尔分数；

y_n——第 n 块板上升蒸汽组成，摩尔分数；

y_n^*——第 n 块板上与下降液体 x_n 相平衡的气相组成，摩尔分数。

在实验过程中，只要测得相邻两块板的液相（或气相）组成，依据相平衡关系，按上述两式即可求得单板效率 E_m。

3. 实训装置工艺流程、主要设备及仪表控制

1）精馏综合实训工艺流程图

精馏过程工艺流程图如图 3-29 所示。

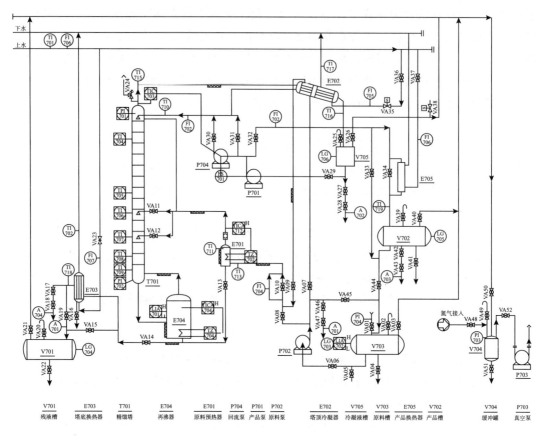

图 3-29　精馏过程工艺流程图

2) 精馏实训装置主要设备技术参数(见表 3-23)

表 3-23　精馏过程主要设备参数

编号	名称	规格型号	数量
1	塔底产品槽	不锈钢(牌号 SUS304，下同)，$\phi 529 \times 1160$mm，$V = 200$L	1
2	塔顶产品槽	不锈钢，$\phi 377 \times 900$mm，$V = 90$L	1
3	原料槽	不锈钢，$\phi 630 \times 1200$mm，$V = 340$L	1
4	真空缓冲罐	不锈钢，$\phi 400 \times 800$mm，$V = 90$L	1
5	冷凝液槽	不锈钢，$\phi 200 \times 450$mm，$V = 16$L	1
6	原料加热器	不锈钢，$\phi 426 \times 640$mm，$V = 46$L，$P = 9$kW	1
7	塔顶冷凝器	不锈钢，$\phi 370 \times 1100$mm，$F = 2.2$m^2	1
8	再沸器	不锈钢，$\phi 528 \times 1100$mm，$P = 21$kW	1
9	塔底换热器	不锈钢，$\phi 260 \times 750$mm，$F = 1.0$m^2	1
10	精馏塔	主体不锈钢 $DN200$；共 14 块塔板	1
11	产品换热器	不锈钢，$\phi 108 \times 860$mm，$F = 0.1$m^2	1

3)精馏实训装置流程简述

原料槽 V703 内约 20％的水-乙醇混合液，经原料泵 P702 输送至原料加热器 E701，预热后，由精馏塔中部进入精馏塔 T701，进行分离，气相由塔顶馏出，经冷凝器 E702 冷却后，进入冷凝液槽 V705，经产品泵 P701，一部分送至精馏塔上部第一块塔板作回流用；一部分送至塔顶产品槽 V702 作产品采出。塔釜残液经塔底换热器 E703 冷却后送到残液槽 V701，也可不经换热，直接到残液 V701。

4．训练项目

1)项目训练一：识图技能训练

(1)识读精馏过程工艺流程图，并对照实物熟悉流程，能详述流程。

(2)识读精馏过程仪表面板图，对照实物熟悉仪表面板的位置，会仪表的调控操作及参数控制。

2)项目训练二：开车前的动、静设备检查训练

开车前首先检查管路、管件、仪表、流体输送设备，检查阀门、分析测量点是否灵活好用。

检测方法如下：检查工艺流程中各阀门状态(见阀门状态表)，调整至准备开车状态并挂牌标识。记录电表初始值，记录原料罐液位(mm)，填入工艺记录卡。检查并清空回流罐、产品罐中积液。查有无供水，并记录水表初始值，填入工艺记录卡。

3)项目训练三：进料操作

规范操作进料泵(离心泵)，将原料通过塔板加入再沸器至合适液位；依次点击评分表中的"确认"、"清零"、"复位"键并至"复位"键变成绿色后，切换至 DCS 控制界面并点击"考核开始"。

4)项目训练四：开车

(1)规范启动精馏塔再沸器和预热器加热系统，升温。

(2)开启冷却水上水总阀及精馏塔顶冷凝器冷却水进口阀，调节冷却水流量。

(3)规范操作产品泵(齿轮泵)，通过转子流量计进行全回流操作。

(4)适时规范地打开回流泵(齿轮泵)以适当的流量进行回流。

(5)选择合适的进料位置，以流量≤60L/h 进料操作。

5)项目训练五：停车

(1)精馏操作完毕，停进料泵(离心泵)，关闭相应管线上阀门。

(2)规范停止预热器电加热及再沸器电加热。

(3)规范停回流泵(齿轮泵)。

(4)将塔顶馏出液送入产品槽，停产品泵(齿轮泵)。

(5)停止塔釜残液采出。

(6)关塔顶冷凝器冷却水，关上水总阀、回水总阀，记录水表、电表读数。

(7)各阀门恢复初始开车前的状态。

6)项目训练六：精馏塔总板效率测定

(1)打开冷却水阀和塔顶放空阀,从塔顶取样口放空塔顶冷凝器中残液,并检查馏出液槽的进口阀是否已经关闭(必须关闭);

(2)打开电源及电加热器开关,并将电流逐步调大。

(3)待从玻璃塔节处看到塔板已完全鼓泡后,将电流调小,以控制塔板上的泡沫层不超过塔节高度的1/3,防止过多的雾沫夹带。

(4)稳定操作20~30min后,可开始从取样口同时取样分析。

(5)连续2次(时间间隔应在10min以上)的分析结果的误差若不超过5%,即认为已达到实验要求。否则,需再次取样分析,直至达到要求。

5. 精馏过程异常现象排除

漏液、雾沫夹带与液泛是精馏塔常见的非正常操作现象。板式塔的正常操作工况有三种,即鼓泡工况、泡沫工况和喷射工况。大多数精馏塔均在前两种工况下操作。因此,正常操作时板上的液层高度应控制在板间距的1/4以内,最多不超过1/3。否则会影响塔板的分离效率,严重时会导致干板或淹塔,使塔无法正常操作。操作时,塔内的两相负荷量可以通过调节塔釜的加热负荷与塔顶的冷却水量来控制。

6. 传热过程岗位实训注意事项

(1)开车前应预先按工艺要求检查(或配制)料液的组成与数量。

(2)开车前,必须认真检查塔釜的液位,看是否有足够的料液(最低控制液位应在液位计的中间位置)。

(3)预热开始后,要及时开启冷却水阀和塔顶放空阀,利用上升蒸汽将不凝气排出塔外;当釜液加热至沸腾后,需严格控制加热量。

(4)开车时必须在全回流下操作,稳定后再转入部分回流,以减少开车时间。

(5)进入部分回流操作时,要预先选择好回流比和加料口位置。注意必须在全回流操作状况完全稳定以后,才能转入部分回流操作。

(6)操作中应保证物料的基本平衡,塔釜内的液面应维持基本不变。

(7)严格控制塔釜电加热器的输入功率,必须确保塔釜内的料液液面不低于液位计的2/3(塔釜加热管以上),以免烧坏电加热器。

7. 附录数据计算举例(仅供参考以实际数据为准)

表3-24 数据计算举例

序号	回流比	进料流量/(L/h)	原料液浓度/%	塔顶产品浓度/%	塔底溶液浓度/%	塔底温度/℃	塔顶温度/℃	进料板温度/℃
1								
2								
3								
4								

续表

序号	回流比	进料流量/(L/h)	原料液浓度/%	塔顶产品浓度/%	塔底溶液浓度/%	塔底温度/℃	塔顶温度/℃	进料板温度/℃
5								
6								
7								
8								

思考题

(1)如何确定精馏塔操作的适宜回流比?

(2)精馏体系为乙醇—正丙醇时,选用的回流比为4,如果现在改为苯—甲苯、正庚烷—甲基环己烷体系,为达同样的分离要求,回流比仍为4,行不行?为什么?

(3)斜孔多溢液塔板的降液管设计要注意什么?

(4)塔体一定要保温吗?为什么?

(5)板式塔气液接触的特点是什么?试与填料塔比较。

(6)随着塔釜加热功率的增大,精馏塔顶的轻组分浓度将如何变化?解释原因。

(7)什么是全回流,全回流时的操作特征是什么?如何测定全回流时的总板效率?

实训四　吸收解吸实训

1. 实训目的

(1)了解吸收解吸操作基本原理和基本工艺流程,了解填料塔等主要设备的结构特点、工作原理和性能参数,了解液位、流量、压力、温度等工艺参数的测量原理和操作方法。

(2)能够根据工艺要求进行吸收、解吸生产装置的间歇或连续操作;能够在操作进行中熟练调控仪表参数,保证生产维持在工艺条件下正常进行;能实现手动和自动无扰切换操作。能熟练操控 DCS 控制系统。

(3)能根据异常现象分析判断故障种类、产生原因并排除处理。

(4)能够完成吸收过程和解吸过程的性能测定。

2. 基本原理

1)吸收解吸的基本理论

(1)吸收是利用混合气体中各组分对于某一溶剂溶解度不同,而分离气体混合物的单元操作。吸收过程是溶质由气相转移到液相的相际传质过程。解吸是将溶液中的溶质气体释放,由液相转移到气相的传质过程。吸收与解吸互为逆操作。一个工业吸收过程一般包括吸收和解吸两个部分。设置解吸的目的一方面是分离溶液中溶质气体,另一方面使吸收剂获得再生并循环利用。

由于二氧化碳气体无味、无毒、廉价，所以选择二氧化碳作为溶质组分，本实训装置采用水吸收二氧化碳组分。二氧化碳在水中溶解度很小，一般预先将一定的二氧化碳通入空气中混合，以提高空气中二氧化碳浓度，但水中的二氧化碳含量依然很低，所以吸收的计算方法按低浓度处理，此体系吸收过程属液膜控制。

(2)吸收操作在化工生产中的主要用途如下：

①净化或精制气体　例如，用水或碱液脱除合成氨原料气中的二氧化碳，用丙酮脱除石油裂解气中的乙炔等。

②制备某种气体的溶液　例如，用水吸收二氧化氮制造硝酸，用水吸收氯化氢制取盐酸，用水吸收甲醛制备福尔马林溶液。

③回收混合气体中的有用组分　例如，用硫酸处理焦炉气以回收其中的氨，用洗油处理焦炉气以回收其中的苯、二甲苯等，用液态烃处理石油裂解气以回收其中的乙烯、丙烯等。

④废气治理，保护环境　工业废气中含有 SO_2、NO、NO_2、H_2S 等有害气体，直接排入大气，对环境危害很大，可通过吸收操作使之净化，变废为宝，综合利用。

2)填料吸收塔的结构

(1)填料塔的结构　填料塔由塔体、填料、液体分布装置、填料压紧装置、填料支承装置等构成。填料塔操作时，液体自塔上部进入，通过液体分布器均匀喷洒在塔截面上并沿填料表面呈膜状下流。当塔较高时，由于液体有向塔壁面偏流的倾向，使液体分布逐渐变得不均匀，因此经过一定高度的填料层以后，需要液体再分布装置，将液体重新均匀分布到下段填料层的截面上，最后液体经填料支承装置从塔下部排出。气体自塔下部经气体分布装置送入，通过填料支承装置在填料缝隙中的自由空间上升并与下降的液体接触，最后从塔顶排出。为了除去排出气体中夹带的少量雾状液滴，在气体出口处常装有除沫器。本实训装置所用塔壳为玻璃制成，下方有支撑板，内装 $\Phi16*16$ 的不锈钢鲍尔环填料。

(2)填料的特性参数　填料是填料塔的核心部分，它提供了气液两相接触传质的界面，是决定填料塔性能的主要因素。对操作影响较大的填料特性有比表面积、空隙率、填料因子。

①比表面积　单位体积填料层所具有的表面积称为填料的比表面积，以 δ 表示，其单位为 m^2/m^3。显然，填料应具有较大的比表面积，以增大塔内传质面积。

②空隙率　单位体积填料层所具有的空隙体积，称为填料的空隙率，以 ε 表示，其单位为 m^3/m^3。填料的空隙率大，气液通过能力大且气体流动阻力小。

③填料因子　将 δ 与 ε 组合成 δ/ε^3 的形式称为干填料因子，单位为 m^{-1}。填料因子表示填料的流体力学性能。当填料被喷淋的液体润湿后，填料表面覆盖了一层液膜，δ 与 ε 均发生相应的变化，此时 δ/ε^3 称为湿填料因子，以 ϕ 表示。ϕ 值小则填料层阻力小，发生液泛时的气速提高，亦即流体力学性能好。

(3)填料的种类　填料的种类很多，大致可分为散装填料和整砌填料两大类。

散装填料是一粒粒具有一定几何形状和尺寸的颗粒体，一般以散装方式堆积在塔内。

根据结构特点的不同，散装填料分为环形填料、鞍形填料、环鞍形填料及球形填料等。整砌填料是一种在塔内整齐的有规则排列的填料，根据其几何结构可以分为格栅填料、波纹填料、脉冲填料等。

本实训装置所用填料是鲍尔环(见图3-30)。鲍尔环填料是一种新型填料，是针对拉西环的一些主要缺点加以改进而出现的，是在普通拉西环的壁上开八层长方形小窗，小窗叶片在环中心相搭，上下面层窗位置相互交搭而成。它与拉西环填料的主要区别是在于在侧壁上开有长方形窗孔，窗孔的窗叶弯入环心，由于环壁开孔使得气、液体的分布性能较拉西环得到较大的改善，尤其是环的内表面积能够得以充分利用，鲍尔环填料具有通量大、阻力小、分离效率高及操作弹性大等优点，在相同的降压下，处理量可较拉西环大50％以上。在同样处理量时，降压可降低一半，传质效率可提高20％左右。与拉西环比较，这种填料具有生产能力大、阻力小、操作弹性大等特点。

(4)气体通过填料层的压强降。

图3-30 鲍尔环实物图

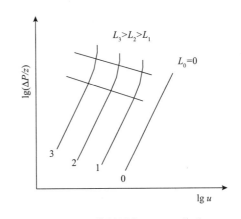

图3-31 填料层的 ΔP—u 关系

在逆流操作的填料塔中，液膜与填料表面的摩擦及液膜与上升气体的摩擦构成了液膜流动的阻力，形成了填料层的压降。实践证明，填料层的压降与液体喷淋量及空塔气速有关，在一定的空塔气速下，液体喷淋量愈大，压降愈大；在一定的液体喷淋量下，空塔气速愈大，压降也愈大。将不同喷淋量下的单位高度填料层的压力降 $\dfrac{\Delta P}{z}$ 与空塔气速 u 的对应关系标绘在对数坐标纸上，如图3-31所示。

图3-31中，直线0表示无液体喷淋即喷淋量 $L_0=0$ 时干填料层的 $\lg\dfrac{\Delta P}{z}$ 与 $\lg u$ 呈直线关系，称为干填料压降线；曲线1、2、3表示不同液体喷淋量下填料层的 $\lg\dfrac{\Delta P}{z}$—$\lg u$ 的关系，称为填料操作压降线。从图中可看出，填料操作压降线成折线，并存在两个转折点，下转折点称为"载点"，上转折点称为"泛点"。这两个转折点将 $\lg\dfrac{\Delta P}{z}$—$\lg u$ 的关系线分为三个区段：

①恒持液量区　当气速较小时，液膜受气体流动的曳力很小，液体在填料层内向下流动几乎与气速无关。在恒定的喷淋量下，填料表面上覆盖的液膜厚度基本不变，因而填料层的持液量不变(填料层的持液量是指在一定的操作条件下，在单位体积填料内所积存的液体体积)，所以该区域称为恒持液量区。此区域的 $\lg\dfrac{\Delta P}{z}$—$\lg u$ 关系线为一直线，位于干填料压降线的左侧，且基本上与干填料压降线平行，斜率为 $1.8\sim2.0$。

②载液区　随着气速逐渐增大，下降液膜受向上流动气体的曳力增大，开始阻碍液体的顺利下流，使液膜增厚，填料层的持液量开始随气速的增加而增大，此种现象称为拦液现象。开始发生拦液现象的空塔气速称为载点气速。超过载点气速后，$\lg\dfrac{\Delta P}{z}$—$\lg u$ 关系线的斜率大于 2。

③液泛区　如果气速非常大，液体不能顺利下流，使填料层的持液量不断增加，填料层内几乎充满液体。气速增加很小便会引起压降的急剧升高，出现液泛现象。达到泛点时的空塔气速称为液泛气速或泛点气速。

从载点到泛点的区域称为载液区，泛点以上的区域称为液泛区。液泛区的 $\lg\dfrac{\Delta P}{z}$—$\lg u$ 关系线的斜率可达 10 以上。

在同样的气液负荷下，不同填料的 $\lg\dfrac{\Delta P}{z}$—$\lg u$ 关系线有所差异，但基本形状相近。对于某些填料，载点和泛点并不明显，所以上述三个区域间并无截然的界限。

(5)液泛　当操作气速超过泛点气速时，持液量的增大使液相由分散相变为连续相，液体充满填料层的空隙；而气相则由连续相变为分散相，气体只能以气泡形式通过液层。此时，气流出现脉动，液体被气流大量带出塔顶，填料塔的操作极不稳定，甚至会被破坏，这种情况称为液泛。

实践表明，当空塔气速在载点气速和泛点气速之间时，气、液相的湍动加剧，气、液相接触良好，传质效果提高。泛点气速是填料塔操作的最大极限气速，填料塔的适宜操作气速通常依据泛点气速来确定，可取泛点气速的 $60\%\sim80\%$。因此正确求取泛点气速对填料塔的设计和操作都是非常重要的。

(6)传质性能：

吸收系数是决定吸收过程速率高低的重要参数，实验测定是获取吸收系数的根本途径。对于相同的物系及一定的设备(填料类型与尺寸)，吸收系数随着操作条件及气液接触状况的不同而变化。

吸收率是测定吸收操作好坏的一个主要指标，它表示已被吸收的容质量与气相中与原有的容质量的比，吸收率越大吸收越完全，气体的净化度越高。

计算公式为：$\eta=(Y_1-Y_2)/Y_1$

式中　Y_1——入塔气体中可吸收组分(CO_2)的摩尔分数；

　　　Y_2——出塔气体中可吸收组分(CO_2)的摩尔分数。

3. 实训装置的工艺流程、主要设备及仪表控制

1)吸收与解吸实训装置工艺流程图(见图 3-32)

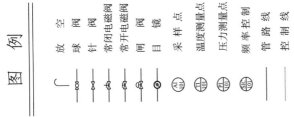

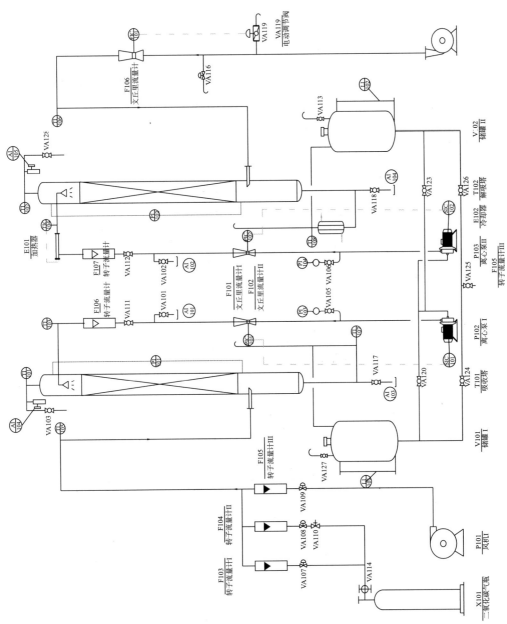

图3-32　吸收-解吸实训装置流程图

(1)吸收操作流程简述：

进塔空气(载体)由空气气泵 P101 提供，进塔二氧化碳(溶质)由钢瓶 X101 提供。二氧化碳气体经转子流量计 F103 计量，与经转子流量计 F105 计量的空气混合后，经 π 形管进入吸收塔的底部并向上流动通过填料层，与下降的吸收剂(解吸液)在塔内逆流接触，二氧化碳被水吸收，吸收后的尾气排空。吸收剂(解吸液)由储罐 V102 通过离心泵 P102→文丘里流量计 F101→转子流量计 F106→从吸收塔 T101 塔顶进入塔内，并向下流动经过填料层，吸收溶质后的(二氧化碳)吸收液从吸收塔底部进入储槽 V101。

(2)解吸操作流程简述：

空气(解吸惰性气体)由风机 P104 提供，经文丘里流量计 F106 计量后经 π 形管进入解吸塔的底部并向上流动通过解吸塔，与下降的吸收液逆流接触进行解吸，解吸尾气排空；吸收液储存于储罐 V101 通过离心泵 P103→文丘里流量计 F102→转子流量计 F107→从解吸塔 T102 塔顶进入塔内并向下流动经过解吸塔，与上升的气体逆流接触解吸其中的溶质(二氧化碳)，解吸液从解吸塔底部进入储槽 V102。

2)吸收与解吸实训装置面板图(图 3-33)

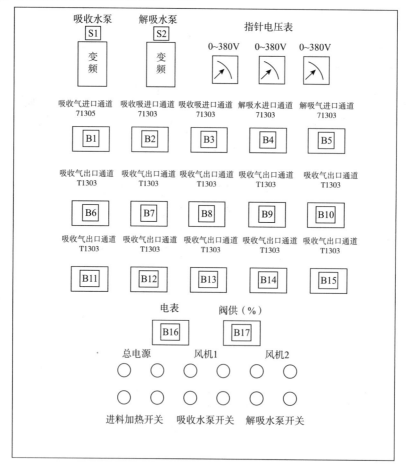

图 3-33　吸收与解吸实训装置面板图

3)吸收与解吸实训装置主要设备技术参数(表3-25)

表3-25 吸收与解吸实训装置主要设备技术参数

位号	名称	规格、型号和材质	备注
P101	风机 I	220V;450W,450L/min	
P102	离心泵 I	380V 0.25kW,Q:1.2~4.8m³/h H:10.5~7m	
P103	离心泵 II	380V 0.25kW,Q:1.2~4.8m³/h H:10.5~7m	
P104	风机 II	380V,550W 最大压力:14kPa;最大流量:100m³/h	
T101*	吸收塔	填料塔材质玻璃塔 φ100×2000 内装不锈钢鲍尔环填料 填料高度1750m	
T102*	解吸塔	填料塔材质玻璃塔 φ100×2000 内装不锈钢鲍尔环填料 填料高度1750m	
V101	气瓶	GB 5099—1994	
V102	储罐 I	不锈钢材质:φ400×700	
V104	储罐 II	不锈钢材质:φ400×700	
F101	文丘里流量计 I	喉径:5mm	
F102	文丘里流量计 II	喉径:5mm	
F103	玻璃转子流量计	LZB-6;0.06~0.6m³/h	
F104	玻璃转子流量计	LZB-6;0.06~0.6m³/h	
F105	玻璃转子流量计	LZB-6;0.16~1.6m³/h	
F106	文丘里流量计	喉径:12mm	
F107	玻璃转子流量计	LZB-25,40~400L/h	
F108	玻璃转子流量计	LZB-25,40~400L/h	
E101	加热器	不锈钢;功率2.5kW	
PI103	压力表	Y100,0~0.25MPa	
PI104	压力表	Y100,0~0.25MPa	
AI101	吸收原料液取样口		
AI102	解吸原料液取样口		
AI103	吸收液取样口		
AI104	解吸液取样口		
AI104	CO_2 传感器	6000mL/m³ 浓度范围4~20mA 信号输出	
AI105	CO_2 传感器	20%浓度范围4~20mA 信号输出	
PI101	差压传感器	量程:0~20kPa	
PI102	差压传感器	量程:0~20kPa	

4)吸收与解吸实训装置主要阀门名称及其作用(表 3-26)

表 3 - 26 吸收-解吸实训装置主要阀门名称及其作用

序号	位号	阀门名称及作用	技术参数	备注
1	VA101	解吸液取样阀		
2	VA102	吸收液取样阀		
3	VA103	吸收塔尾气放空阀	DN15 球阀	
4	VA105	吸收泵出口压力表阀	DN15 球阀	
5	VA106	解吸泵出口压力表阀	DN15 球阀	
6	VA107	二氧化碳转子流量计阀		
7	VA108	二氧化碳转子流量计阀		
8	VA109	空气转子流量计阀		
9	VA110	电磁阀	常闭	
10	VA111	吸收液流量控制阀	DN15 闸阀	
11	VA112	解吸液流量控制阀	DN15 闸阀	
12	VA113	解吸液罐放空阀	DN15 球阀	
13	VA114	二氧化碳钢瓶减压阀	DN15 球阀	
14	VA116	解吸气旁路手动调节阀	DN40 闸阀	
15	VA117	吸收塔底取样阀	DN15 球阀	
16	VA118	解吸塔底取样阀	DN15 球阀	
17	VA119	解吸气旁路电动调节阀		
18	VA120	解吸泵入口阀	DN25 球阀	
19	VA123	吸收泵入口阀	DN25 球阀	
20	VA124	吸收、解吸液罐连通阀	DN25 球阀	
21	VA125	放水阀	DN15 球阀	
22	VA126	吸收、解吸液罐连通阀	DN25 球阀	
23	VA127	解吸液罐放空阀	DN15 球阀	
24	VA128	解吸塔尾气放空阀	DN15 球阀	

5)吸收与解吸实训装置主要检控参数(表 3-27)

表 3 - 27 吸收-解吸实训装置主要检控参数

序号	测量参数	仪表位号	检测仪表	显示仪表	表号	执行机构
1	解吸泵出口压力	PI103	压力表(0~0.25MPa)	就地		
2	吸收泵出口压力	PI104	压力表(0~0.25MPa)	就地		
3	吸收塔塔压降	PI101	压力传感器(0~20kPa)	AI501FV24S	B3	

续表

序号	测量参数	仪表位号	检测仪表	显示仪表	表号	执行机构
4	解吸塔塔压降	PI102	压力传感器(0～20kPa)	AI501FV24L1S	B8	
5	解吸塔空气流量	FIC101	压力传感器(0～20kPa)	AI519V24X3S4	B12	电动阀
6	吸收液流量	F106	转子流量计 LZB-15，40～400L/h	就地	B11	变频器 S1
		PIC101	压力传感器(0～20kPa)	AI519V24X3S4		
7	解吸液流量	F107	转子流量计 LZB-15，40～400L/h	就地	B13	变频器 S2
		PIC102	压力传感器(0～20kPa)	AI519V24X3S4		
8	吸收塔尾气浓度	AI101	二氧化碳浓度传感器(0～20%)	AI501FS	B14	
9	解吸塔尾气浓度	AI102	二氧化碳浓度传感器 (0～6000mL/m³)	AI501FS	B15	
10	解吸水进口温度	TIC104	热电阻温度计(0～100℃)	AI519FL1X3S4	B4	不锈钢加热器
11	吸收罐液位	LI101	玻璃液位计	就地		
12	解吸罐液位	LI102	玻璃液位计	就地		
13	吸收气进口温度	TI105	热电阻温度计(0～100℃)	AI501FS	B1	
14	吸收液进口温度	TI103	热电阻温度计(0～100℃)	AI501FS	B2	
15	解吸气进口温度	TI106	热电阻温度计(0～100℃)	AI501FS	B5	
16	吸收气出口温度	TI101	热电阻温度计(0～100℃)	AI501FS	B6	
17	吸收液出口温度	TI107	热电阻温度计(0～100℃)	AI501FS	B7	
18	解吸液出口温度	TI108	热电阻温度计(0～0℃)	AI501FS	B19	
19	解吸气出口温度	TI102	温度传感器(0～100℃)	AI501FS	B10	

6)吸收与解吸生产过程工艺参数测量和控制技术

吸收液(解吸液)文丘里流量调节系统方块图见图 3-34。

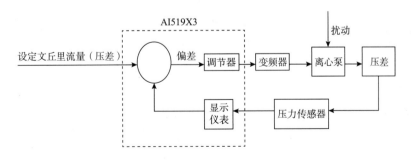

图 3-34　吸收液(解吸液)文丘里流量调节系统方块图

解吸气文丘里流量调节系统方块图见图 3-35。

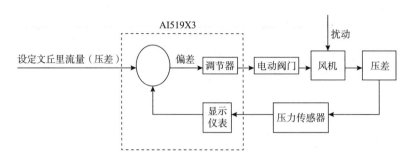

图 3-35 解吸气文丘里流量调节系统方块图

解吸液温度调节系统方块图见图 3-36。

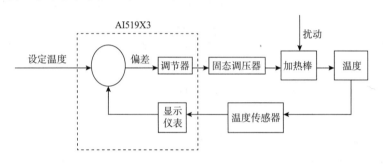

图 3-36 解吸液温度调节系统方块图

4. 吸收与解吸实训装置开停车实训内容与操作规程

工艺文件准备：能识记吸收、解吸生产过程工艺文件，能识读吸收岗位的工艺流程图、实训设备示意图、实训设备的平面和立面布置图，能绘制工艺配管简图，能识读仪表联锁图。熟悉吸收塔、解吸塔、填料及附属设备的结构和布置。

1）开车前动、静设备检查训练

（1）开车前检查 T101 吸收塔、T102 解吸塔的玻璃段完好情况有无破损；

（2）开车前检查各个管件有无破损；

（3）开车前检查仪表，检查办法：打开吸收与解吸实训装置的控制柜上总电源开关，仪表全亮并无异常现象（如不断闪烁为异常现象），说明仪表能正常工作；

（4）检查离心泵 P102、P103 的叶轮是否能转动自如；

（5）检查漩涡气泵 P104 的叶轮能否转动自如；

（6）检查所有阀门能否开关，保证灵活好用；

（7）检查测量点、分析取样点能否正常取样分析。

2）检查原料液、原料气、水、电等公用工程供应情况的训练

开车前首先检查原料液的供应情况：即观察原料液储罐 V101、储罐 V102 的液位计里的液位是否达到开车要求，通过进水总阀控制罐内液位，检查二氧化碳钢瓶储量是否满足实训使用。检查水、电供应情况。设备上电，检查流程中各设备、仪表是否处于正常开车状态，准备启动设备试车。

3)制定开车步骤、编好岗位操作规程、制定操作记录表格(表 3-28)

表 3-28　吸收与解吸实训数据记录表

采集时间/min					
吸收气进塔温度/℃					
吸收气出塔温度/℃					
解吸气进塔温度/℃					
解吸气出塔温度/℃					
吸收液进塔温度/℃					
吸收液出塔温度/℃					
解吸液进塔温度/℃					
解吸液出塔温度/℃					
吸收塔内压差/kPa					
解吸塔内压差/kPa					
吸收液泵频率/Hz					
解吸液泵频率/Hz					
吸收液流量/(L/h)					
解吸收液流量/(L/h)					
吸收气流量/(L/h)					
解吸收气流量/(m³/h)					
填表人：				填表日期：	

4)二氧化碳气瓶安全性检测

(1)使用高压钢瓶的主要危险是钢瓶可能爆炸和漏气。若钢瓶受日光直晒或靠近热源,瓶内气体受热膨胀,以致压力超过钢瓶的耐压强度时,容易引起钢瓶爆炸。

(2)搬运钢瓶时,钢瓶上要有钢瓶帽和橡胶安全圈,并严防钢瓶摔倒或受到撞击,以免发生意外爆炸事故。使用钢瓶时,必须牢靠地固定在架子上、墙上或实训台旁。

(3)绝不可把油或其它易燃性有机物粘附在钢瓶上(特别是出口和气压表处);也不可用麻、棉等物堵漏,以防燃烧引起事故。

(4)使用钢瓶时,一定要用气压表,而且各种气压表一般不能混用。气体的钢瓶气门螺纹是正扣的。

(5)使用钢瓶时必须连接减压阀或高压调节阀,不经这些部件让系统直接与钢瓶连接是十分危险的。

(6)开启钢瓶阀门及调压时,人不要站在气体出口的前方,头不要在瓶口之上,而应在瓶之侧面,以防钢瓶的总阀门或气压表被冲出伤人。

(7)当钢瓶使用到瓶内压力为 0.5MPa 时,应停止使用。压力过低会给充气带来不安全因素,当钢瓶内压力与外界压力相同时,会造成空气的进入。

5)样品分析仪器的准备、化学药品的配制技能训练检查样品分析所用化学分析仪和药品的准备情况，0.1M 的 $Ba(OH)_2$ 标准液 500mL，0.1M 的盐酸 500mL、甲酚红指示剂 50mL、酸式滴定管 10mL、5mL 移液管各 2 支，150mL 锥型瓶及其配套塞子各 4 个。

6）吸收、解吸塔开、停车技能训练

（1）正常开车操作：

①确认阀门 VA111 处于关闭状态，启动离心泵 P102，逐渐打开阀门 VA111，吸收剂通过文丘里流量计 F101 从顶部进入吸收塔。

②将吸收剂流量设定为规定值，观测流量计 F101 显示和解吸液出口压力 PI103 显示。

③启动气泵 P101，通过阀门 VA109 将空气流量调节到指定值。

④启动旋涡气泵 P104，将空气流量设定为规定值（$4.0 \sim 10 m^3/h$），调节空气流量 FIC101。

⑤观测吸收液储槽的液位 LI01，待其大于规定液位高度（1/3）后，确认阀门 VA112 处于关闭状态，启动离心泵 P103，逐渐打开阀门 VA112，吸收液通过文丘里流量计 F102 从顶部进入解吸塔。

⑥打开二氧化碳钢瓶阀门，调节二氧化碳流量到规定值。

⑦二氧化碳和空气混合后制成实训用混合气从塔底进入吸收塔。

⑧注意观察二氧化碳流量变化情况，及时调整到规定值。

⑨观测气体、液体流量和温度稳定后开车成功。

（2）正常停车操作：

①关闭二氧化碳钢瓶总阀门，关闭二氧化碳减压阀。

②关闭气泵 P101 电源。

③关闭阀门 VA111、VA112，然后关闭离心泵 P102、P103 的开关。

④关闭涡气泵 P104 电源。

⑤关闭总电源。

7）离心泵、风机等设备的开停车技能训练

（1）离心泵 P102 开车　首先检查流程中各阀门是否处于正常开车状态：阀门 VA124、VA125、VA126、VA111、VA112、VA105、VA106、VA117、VA118、VA109 关闭，阀门 VA120、VA123、VA113、VA116 全开。确认阀门 VA111 处于关闭状态，然后启动离心泵 P102，打开阀门 VA111，吸收剂（解吸液）通过文丘里流量计 F101 从顶部进入吸收塔 T101。

（2）离心泵停车　首先关闭离心泵出口阀门 VA111，在关闭离心泵 P102 的开关。

（3）解吸塔 T102 漩涡气泵 P104 的操作：

①漩涡气泵 P104 开车　全开阀门 VA116，启动风机 P104，逐渐调节阀门 VA116，观察空气流量 FIC101 的示值，解吸气由底部进入解吸塔，记录解吸塔压降，空气入口温度。

②漩涡气泵 P104 停车　首先调节阀门 VA116 到最大位置，然后关闭漩涡气泵 P104

的开关。

8）液体流量及气体流量的调节技能训练

控制离心泵 P102 流量有两种方法一个是手动调节仪表控制流量；一种是电脑程序操作。首先把阀门 VA111 关闭。打开阀门 VA123，打开总电源开关，在 PIC101 仪表上手动调节，按仪表的向左键调节向上向下键调到所需要的流量（或直接打开电脑吸收程序在界面上找到 PIC101 点击在界面上输入所需要的流量），启动离心泵 P102 开关稳定一段时间就可以自动控制到所需要的流量了。

9）吸收与解吸塔液体流量的标定（解吸塔气体流量的标定与此相同）

以吸收塔为例：确认阀门 VA111 处于关闭状态，启动离心泵 P102，改变阀门 VA111 的开度，分别记录不同流量下的压差（见表 3-29）。

表 3-29　吸收与解吸塔液体流量的标定

吸收塔			
序号	温度/℃	文丘里流量计读数	转子流量计读数
1			
2			
3			
4			
5			
6			
7			
8			
9			
10			

10）解吸塔压降测量技能训练

（1）干填料塔性能测定

将电动阀门 VA119 通过其控制仪表调节至全关，将阀门 VA116 调节至全开，启动风机 P104，通过改变阀门 VA116 的开度，即可分别测得在不同空气流量下的全塔压降（如表 3-30 所示）。根据以上数据绘制 $\triangle P/z \sim u$ 关系曲线。

表 3-30　解吸塔干填料时 $\triangle P/z \sim u$ 关系测定

填料层高度 $z=$　m		塔内径 $D=$　m		
序号	空气文丘里流量计读数/kPa	填料层压强降/kPa	温度/℃	空气流量/（m³/h）	空塔气速/（m/s）
1					
2					
3					

填料层高度 $z=$　　m		塔内径 $D=$　　m		
序号	空气文丘里流量计读数/kPa	填料层压强降/kPa	温度/℃	空气流量/（m³/h）	空塔气速/（m/s）
4					
5					
6					
7					
8					
9					
10					
11					
12					

（2）湿填料塔性能测定

先将 V102 罐中的液体利用离心泵 P102 输送到罐 V101 中后关闭离心泵 P102，打开离心泵 P103，设定一定的液体流量，电动调节阀 VA119 开度调成 0，全开阀门 VA116，启动风机 P104 开关，在涡轮流量计 F106 量程范围内，通过改变阀门 VA116 开度，分别测得在不同空气流量下塔压降，注意液泛点，即出了液泛后风机流量不再调大，记录好数据后立即关闭风机 P104，防止长时间液泛积液过多（如表 3-31 所示）。根据以上数据绘制 $\Delta P/z\sim u$ 关系曲线。

表 3-31　湿填料时 $\Delta P/z\sim u$ 关系测定

填料层高度 $z=$　　m		塔径 $D=$　　m		喷淋液流量=　　m³/h	
序号	空气文丘里流量计读数/kPa	填料层压强降/kPa	温度/℃	空气流量/（m³/h）	空塔气速/（m/s）	操作现象
1						
2						
3						
4						
5						
6						
7						
8						
9						
10						

11）原料气体浓度的配制技能训练

关闭阀门 VA107、VA108、VA109，打开钢瓶 X101 上出口阀，打开减压阀 VA114，通过调节阀门 VA107 开度调节二氧化碳流量，由转子流量计 F103 读出流量。

启动风机 P101，通过调节阀门 VA109 开度调节空气流量，由转子流量计 F105 读出流量。二氧化碳流量和空气流量比 1：3 到 1：2 之间，即混合气体中二氧化碳体积分数 25% 到 30% 之间。

12）吸收塔吸收液浓度测量技能训练

（1）操作达到稳定状态之后，测量塔底的水温，同时取样，用三角瓶从阀门 VA101、VA117 分别取 20mL 样品，测定塔顶、塔底溶液中二氧化碳的含量。

（2）二氧化碳含量的测定：用移液管吸取 0.1mol/L 的 $Ba(OH)_2$ 溶液 10mL，放入三角瓶中，从塔底溶液 10mL，用胶塞塞好，并振荡。溶液中加入 2～3 滴酚酞指示剂，最后用 0.1mol/L 的盐酸滴定到粉红色消失的瞬间为终点。记录好滴定所用盐酸的体积。按下式计算得出溶液中二氧化碳的浓度：

$$C_{CO_2} = \frac{2C_{Ba(OH)_2}V_{Ba(OH)_2} - C_{HCl}V_{HCl}}{2V_{溶液}} (mol/L)$$

13）吸收系数测量计算技能训练

稳定操作后在 AI101、AI102、AI103 取样口取样分析，记录数据（如表 3-32 所示）。

表 3-32　填料吸收塔传质实验数据表

序号	被吸收的气体：CO_2；　吸收剂：水；　塔内径：100mm	
1	塔类型	吸收塔
2	填料种类	
3	填料尺寸/m	
4	填料层高度/m	
5	CO_2 转子流量计读数/(m³/h)	
6	气体进塔温度/℃	
7	流量计处 CO_2 的体积流量/(m³/h)	
8	空气转子流量计读数/(m³/h)	
9	吸收剂文丘里流量计读数/kPa	
10	中和 CO_2 用 $Ba(OH)_2$ 的浓度/(mol/L)	
11	中和 CO_2 用 $Ba(OH)_3$ 的体积/mL	
12	滴定用盐酸的浓度/(mol/L)	
13	滴定塔底吸收液用盐酸的体积/mL	
14	滴定空白液用盐酸的体积/mL	
15	样品的体积/mL	
16	塔底液相的温度/℃	
17	亨利常数 $E/10^8 Pa$	
18	y_1	
19	y_2	
20	吸收率	

14)吸收解吸实训装置连续操作训练

(1)首先检查流程中各阀门是否处于正常开车状态：阀门 VA101、VA102、VA105、VA106、VA107、VA108、VA109/VA111、VA112、VA117、VA118、VA124、VA125、VA126 关闭，阀门 VA120、VA123、VA113、VA127 全开。确认阀门 VA111、VA112 处于关闭状态，然后启动离心泵 P102、P101，缓慢打开阀门 VA111、VA112 调节至转子流量计 F106、F107 流量为 250L/h，吸收剂(解吸液)、吸收液通过文丘里流量计 F101、F102 从顶部进入吸收塔 T101、解吸塔 T102，喷淋 5～10 分钟；

(2)打开二氧化碳钢瓶 X101 上出口阀 VA114，通过调节阀门 VA107 开度调节二氧化碳流量至 0.2m³/h；启动风机 P101 通过调节阀门 VA109 开度调节空气流量至 0.8m³/h，达到实验所需流量；

(3)操作达到稳定状态之后，测量吸收塔底、解吸塔底的水温，同时取样，用三角瓶从阀门 VA101、VA102、VA117、VA118 分别取 50mL 样品，测定吸收塔顶、解吸塔塔顶、吸收塔塔底、解吸塔塔底溶液中二氧化碳的含量。

(4)取样操作结束后，关闭二氧化碳钢瓶 X101 总阀门，关闭二氧化碳钢瓶 X101 减压阀 VA114，关闭气泵 P101，，关闭阀门 VA111、VA112，然后关闭离心泵 P102、P103，关闭风机 P104，最后关闭总电源。

5．吸收解吸实训装置远程控制操作技能训练

1)利用现场控制台仪表和计算机对实训装置进行开停车操作、数据采集、参数控制

(1)打开计算机找到应用程序双击(如图 3-37 所示)：

图 3-37　计算机界面

(2)点击界面任意位置(如图 3-38 所示)：

(3)在此操作界面，可以按泵下面的绿色键开风机或泵，按红色键将其关闭(如图 3-39 所示)：

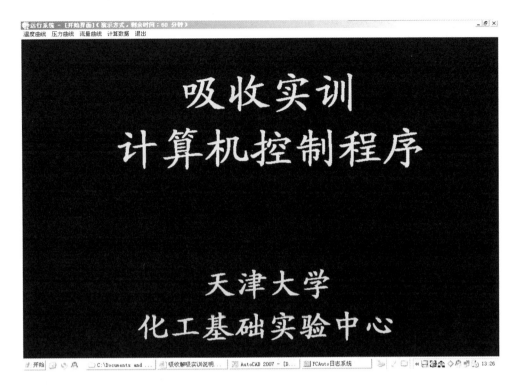

图 3-38　主界面

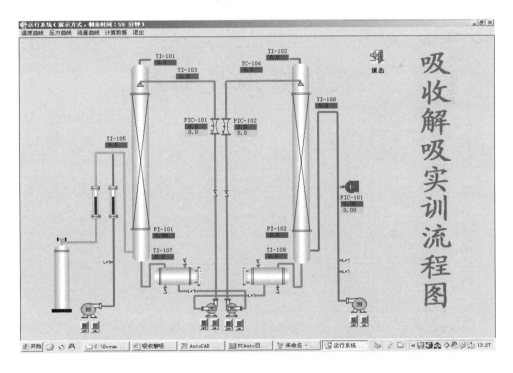

图 3-39　流程图 1

（4）在操作界面里可以查看温度曲线、压力曲线、流量曲线、计算数据并可退出程序，如图 3-40、图 3-41 所示：

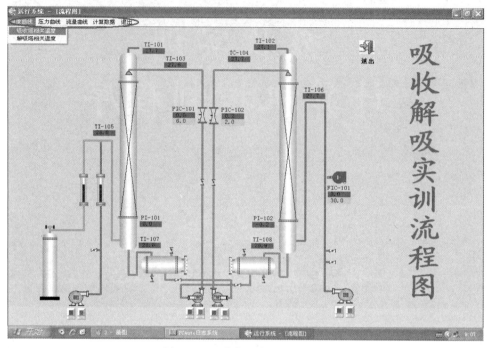

图 3-40　吸收解吸实训流程图 2

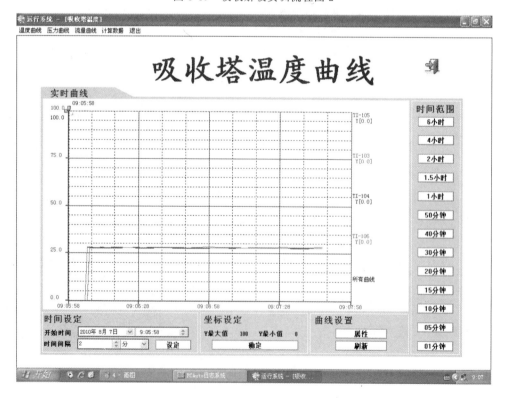

图 3-41　吸收塔温度曲线

（5）在界面的计算数据栏中选择。空塔气速测定，如图 3-42 所示：

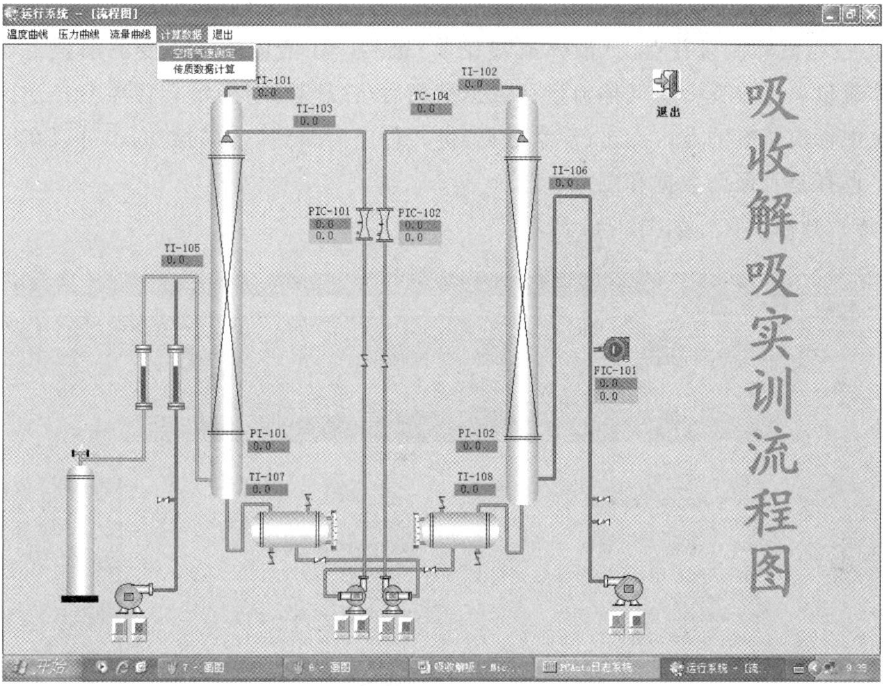

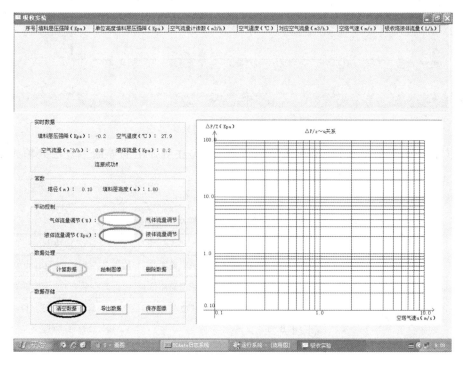

图 3-42　流程图-空塔气速测定

（6）在此界面中可以设定气体流量调节（％）、液体流量调节（kPa），如图 3-43 所示。

图 3-43　计算机程序数据采集界面

做干填料特性实验时，先在(3)操作中启动风机 P104，每次只改变气体流量调节(％)的数值(100～0)。做湿填料特性实验时，需要在(3)操作中分别启动风机 P104 和启动离心泵 P103，设定液体流量并点击(液体流量调节)键后，在液体流量不变的前提下，每次只改变气体流量，每改变一次气体流量待数据稍稳后按(计算数据)键，程序会自动记录数据并在图象中标出相应的点。点击(清空数据)键，可以清除到以前的数据，可以在所弹出的对话窗中选择是否保留数据和图象。

(7)传质数据计算，如图 3-44 所示：

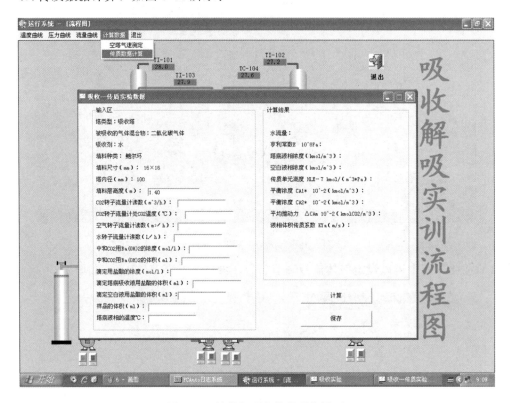

图 3-44　计算机程序数据采集界面

可以在界面的(计算数据)中选择(传质数据计算)在所弹出的界面中空白处输入相应的数值后，点击计算，程序即可计算出所需的结果。

2)异常现象排除实训任务(见表 3-33、表 3-34)

表 3-33　吸收解吸实训装置故障分析与解决方式

序号	故障内容	产生原因	解决办法
1	无吸收剂流量	离心泵 P102 出故障或管路阻塞	检查离心泵 P102 及其相关管路
2	解吸塔无喷淋	离心泵 P103 出故障或管路阻塞	检查离心泵 P103 及其相关管路
3	原料气浓度异常	转子流量计出问题或气瓶无压力	检查钢瓶减压阀、检查流量计 VA108 是否有流量

序号	故障内容	产生原因	解决办法
4	解吸塔压降下降	风机 P104 出故障或管路阻塞	检查风机 P104 及其相关管路，检查传感器 PI102 是否正常
5	设备突然断电	实验室断电、实训装置线路故障	检查实训装置线路、实验室线路
6	吸收塔压降下降	气泵 P101 出故障或管路阻塞	检查风机 P101 及其相关管路，检查传感器 PI101 是否正常

表 3 - 34　遥控器故障设计

遥控器按键名称	事故制造内容
A	停离心泵 P102
B	开电磁阀
C	停离心泵 P101
D	停漩涡气泵 P104
E	停总电源
F	关闭风机 P101

6. 吸收解吸实训装置注意事项

(1)开解吸液进料预热器加热前必须开启解吸液泵，保证加热器内有水。

(2)开启二氧化碳总阀前，要先关闭二氧化碳自动减压阀和二氧化碳流量调节阀。开启时开度不宜过大。

(3)分析 CO_2 浓度操作时动作要迅速，以免 CO_2 从液体中溢出导致结果不准确，滴定水中二氧化碳时，要求滴定的同时不停振荡。

(4)温度的调节　吸收操作温度对吸收速率有很大影响。温度越低，气体溶解度越大，传质推动力越大，吸收速率越高，吸收率越高；反之，温度越高，吸收率下降，将不利于吸收操作。

吸收操作温度主要由吸收剂的入塔温度来调节控制，吸收剂的入塔温度对吸收过程影响甚大，是控制和调节吸收操作的一个重要因素。由于气体吸收大多数是放热过程，当热效应较大时，吸收剂在塔内由塔顶流到塔底的过程中，温度会有较大的升高。所以必须控制吸收剂的入塔温度，尤其当吸收剂循环使用时，再次进入吸收塔之前，必须经过冷却器用冷却剂(如冷却水或冷冻盐水等)将其冷却，吸收剂的温度可通过调节冷却剂的流量来调节。

虽然降低吸收剂温度，有利于提高吸收率，但是吸收剂的温度也不能过低，因为温度过低就要过多地消耗冷却剂用量，使操作费用增加。另一方面，液体温度过低，会使黏度增大，造成阻力损失增大，并且液体在塔内流动不畅，会影响传质。所以吸收剂温度的调节要综合考虑。

(5)压力的调节　对于比较难溶的气体(如 CO_2),提高操作压力有利于吸收的进行。加压一方面可以增加吸收推动力,提高气体吸收率;另一方面能增加溶液的吸收能力,减少吸收剂的用量。但加压吸收需要配置压缩机和耐压设备,设备费和操作费都比较高。所以对于一般的吸收系统,是否采用加压,要全面考虑。多数情况下,塔的压力很少是可调的,一般在操作中主要是维持塔压,使之不要降低。

(6)塔内气体流速的调节　气体流速会直接影响吸收过程,气体流速很低时,会使填料层持液量太少,两相传质主要靠分子扩散传质,吸收速率很低,分离效果差。气体流速大,增大了气液两相的湍动程度,使气、液膜变薄,减少了气体向液体扩散的阻力,有利于气体的吸收,也提高了吸收塔的生产能力。但气体流速过大时,液体不能顺畅向下流动,造成气液接触不良、雾沫夹带,甚至造成液泛现象,分离效果下降。因此,要选择一个最佳的气体流速,保证吸收操作高效、稳定地进行。稳定操作流速,是吸收高效、平稳操作的可靠保证。

(7)吸收剂流量的调节　吸收剂流量对吸收率的影响很大,改变吸收剂流量是吸收过程进行调节的最常用方法。如果吸收剂流量过小,填料表面润湿不充分,造成气液两相接触不良,尾气浓度会明显增大,吸收率下降。增大吸收剂流量,吸收速率增大,溶质吸收量增加,气体的出口浓度减小,吸收率增大,即增大吸收剂流量对吸收分离是有利的。当在操作中发现吸收塔中尾气的浓度增大,或进气量增大,应增大吸收剂流量,但绝不能误认为吸收剂流量越大越好,因为增大吸收剂量就增大了操作费用,并且当塔底液体作为产品时还会影响产品浓度,而且吸收剂用量的增大有时要受到吸收塔内流体力学性能的制约(如流量过大会引起压降增大,甚至造成液泛等)。因此需要全面地权衡相应的指标。

(8)吸收剂进口浓度的调节　吸收剂进口浓度是控制和调节吸收操作的又一个重要因素。降低吸收剂进口浓度,液相进口处的推动力增大,全塔平均推动力也随之增大,而有利于气体出口浓度的降低和吸收率的提高。本实验采用清水为吸收剂,溶质浓度为0,有利于吸收操作。

7. 附录数据处理

1)填料塔流体力学性能测定(以干填料数据为例数据表见表 3-35)

塔压降 $\Delta P = 0.4 kPa$　$P = \rho g h$　$h = p/\rho g$

$\Delta P/z = 0.4/1.75 = 0.23$　　(kPa/m)

由 $V_{t1} = c_0 \times A_0 \times \sqrt{\dfrac{2 \times \Delta P}{\rho_{t1}}}$

式中　c_0——文丘里流量计系数,$c_0 = 0.65$;

　　A_0——文丘里流量计喉径处截面积,m^2;

　　d_0——喉径,$d_0 = 0.020m$;

　　ΔP——文丘里流量计压差,kPa;

　　ρ_{t1}——空气入口温度(即流量计处温度)下密度,kg/m^3。

经测得文丘里流量计压差为 0.58kPa，则：

$$V = 3600 \times 0.65 \times 3.14 \times 0.02 \times 0.02/4 \times \sqrt{\frac{2 \times 0.58 \times 1000}{1.14}} = 23.95 \quad (\text{m}^3/\text{h})$$

空塔气速：$u = \dfrac{V}{3600 \times (\pi/4)D^2} = \dfrac{23.95}{3600 \times (\pi/4) \times (0.09)^2} = 0.85 \quad (\text{m/s})$

在对数坐标纸上以 u 为横标，$\Delta P/z$ 为纵标作图，标绘 $\Delta P/z$—u 关系曲线（见图 3-45）。

表 3-35　填料塔流体力学性能测定(干塔)数据表

解吸塔：填料高度：1.75m　　　塔内径 0.09m　　　水流量：L=0

序号	填料层压强降 /kPa	单位高度填料层压强降/kPa	空气流量计读数/(m³/h)	空气温度 /℃	对应空气流量 /(m³/h)	空塔气速 /(m/s)
1	0.4	0.23	23.4	34.1	23.9564	0.8472
2	0.6	0.34	26.3	34.1	26.9254	0.9522
3	0.8	0.46	29.3	34.2	30.0016	1.061
5	1.1	0.63	34.4	34.1	35.218	1.2454
6	1.2	0.69	35.5	34.1	36.3441	1.2852
7	1.5	0.86	39.2	34.1	40.1321	1.4192
8	1.8	1.03	43	34.2	44.0297	1.557
9	1.9	1.09	44.3	34.1	45.3534	1.6038

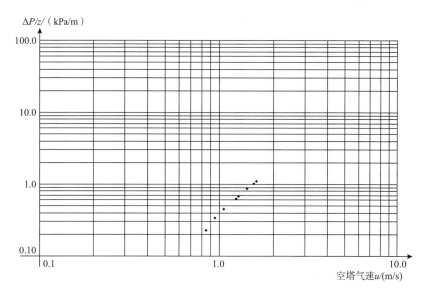

图 3-45　填料塔流体力学性能测定(干塔)$\Delta P/z$—u 关系曲线图

表 3-36 填料塔流体力学性能测定(湿塔)数据表

解吸塔　　填料高度:1.75m　　塔内径0.09m　　水流量:$L=200$L/h

序号	填料层压强降/kPa	单位高度填料层压强降/kPa	空气流量计读数/(m³/h)	空气温度/℃	对应空气流量/(m³/h)	空塔气速/(m/s)	操作现象
1	0.6	0.34	21.4	33.6	21.891	0.7741	正常
2	0.7	0.4	22.4	33.6	22.914	0.8103	正常
3	0.8	0.46	23.8	33.6	24.3461	0.861	正常
4	1	0.57	25.4	33.5	25.9786	0.9187	正常
5	1.1	0.63	26.4	33.6	27.0057	0.955	正常
6	1.3	0.74	27.6	33.6	28.2333	0.9984	正常
7	1.5	0.86	29.4	33.6	30.0746	1.0635	正常
8	1.8	1.03	31.4	33.6	32.1205	1.1359	正常
9	2.2	1.26	32.9	33.5	33.6494	1.1899	正常
10	2.6	1.49	33.4	33.6	34.1664	1.2082	积水
11	3.1	1.77	35.4	33.5	36.2063	1.2804	积水
12	3.4	1.94	36.2	33.5	37.0246	1.3093	液泛
13	3.7	2.11	36.4	33.5	37.2291	1.3165	液泛

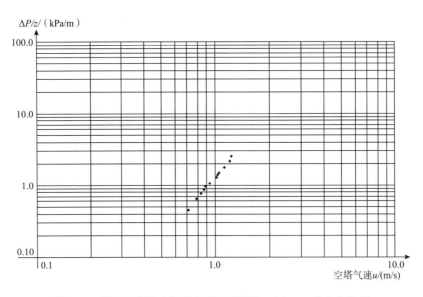

图 3-46 填料塔流体力学性能测定(湿塔)$\Delta P/z$—u 关系曲线图

2)传质实验

吸收液消耗盐酸体积 $V_1=13.2$mL,则吸收液浓度为:

$$C_{A1}=\frac{2C_{Ba(OH)_2}V_{Ba(OH)_2}-C_{HCl}V_{HCl}}{2V_{溶液}}$$

$$= \frac{2 \times 0.0972 \times 10 - 0.108 \times 13.2}{2 \times 20}$$

$$= 0.013 \quad (\text{mol/L})$$

因纯水中含有少量的二氧化碳，所以纯水滴定消耗盐酸体积 $V = 18.7\text{mL}$，则塔顶水中 CO_2 浓度为：

$$C_{A2} = \frac{2C_{Ba(OH)_2} V_{Ba(OH)_2} - C_{HCl} V_{HCl}}{2V_{溶液}}$$

$$= \frac{2 \times 0.0972 \times 10 - 0.108 \times 15.4}{2 \times 20}$$

$$= 0.007 \quad (\text{mol/L})$$

塔底液温度 $t = 35℃$，由化工原理下册吸收这一章可查得 CO_2 亨利系数 $E = 2.12 \times 10^5 \text{kPa}$

则 CO_2 的溶解度常数为：

$$H = \frac{\rho_w}{M_w} \times \frac{1}{E} = \frac{1000}{18} \times \frac{1}{2.12 \times 10^8} = 2.62 \times 10^{-7} \quad (\text{kmol/m}^3 \cdot \text{Pa})$$

塔底的平衡浓度为 $C_{A1}^* = H \times P_{A1} = H \times y_1 \times p_0 = 2.62 \times 10^{-7} \times 0.26 \times 101325$
$$= 0.68 \quad (\text{mol/L})$$

塔底混和气中二氧化碳含量：$y_1 = 0.242/(0.242 + 0.7) = 0.26$

由物料平衡得塔顶二氧化碳含量 $L(x_2 - x_1) = V(y_1 - y_2)$

$y_2 = y_1 - L(x_2 - x_1)/V = 0.279 - 40 \times 10^{-3} \times (0.00688 - 0.00202) \times 22.4/1.5 = 0.17$

或者由塔顶二氧化碳传感器数据可知：$y_2 = 0.18$

吸收率：$\eta = (y_1 - y_2)/y_1 = 0.31$ 则吸收率为：31%

表 3-37　二氧化碳在水中的亨利系数　　　　　　　　　　　　$E \times 10^{-5}$，kPa

气体	温度/℃											
	0	5	10	15	20	25	30	35	40	45	50	60
CO$_2$	0.738	0.888	1.05	1.24	1.44	1.66	1.88	2.12	2.36	2.60	2.87	3.46

表 3-38　第一套实训装置解吸塔文丘里流量标定表

液体温度：34.5℃　　液体密度 $\rho = 993.81\text{kg/m}$ 液体黏度 $\mu = 0.72\text{mPa} \cdot \text{s}$ 文丘里孔径：0.005m

序号	转子流量计读数/(L/h)	文丘里流量计/kPa	文丘里流量计/Pa	转子流量计读数/(m³/h)	流速 u/(m/s)	Re	Co
1	40.00	0.3	300	0.04	0.566	3907	0.731
2	50.00	0.5	500	0.05	0.708	4884	0.708
3	70.00	1.1	1100	0.07	0.991	6838	0.668
4	90.00	1.8	1800	0.09	1.274	8792	0.671
5	110.00	2.4	2400	0.11	1.557	10745	0.711
6	130.00	3.4	3400	0.13	1.840	12699	0.706

续表

液体温度：34.5℃　液体密度 $\rho=993.81\text{kg/m}$ 液体黏度 $\mu=0.72\text{mPa·s}$ 文丘里孔径：0.005m

序号	转子流量计读数/(L/h)	文丘里流量计/kPa	文丘里流量计/Pa	转子流量计读数/(m³/h)	流速 u/(m/s)	Re	Co
7	150.00	4.6	4600	0.15	2.123	14653	0.700
8	170.00	5.9	5900	0.17	2.406	16606	0.700
9	190.00	7.6	7600	0.19	2.689	18560	0.690
10	210.00	9.8	9800	0.21	2.972	20514	0.671
11	230.00	11.7	11700	0.23	3.255	22468	0.673
12	250.00	14.0	14000	0.25	3.539	24421	0.669
13	270.00	16.1	16100	0.27	3.822	26375	0.673
14	290.00	18.6	18600	0.29	4.105	28329	0.673

表 3-39　第一套实训装置吸收塔文丘里流量标定表

液体温度：32.2℃　液体密度 $\rho=994.52\text{kg/m}$ 液体黏度 $\mu=0.76\text{mPa·s}$ 文丘里孔径：0.005m

序号	转子流量计读数/(L/h)	文丘里流量计/kPa	文丘里流量计/Pa	转子流量计读数/(m³/h)	流速 u/(m/s)	Re	Co
1	40.00	0.4	400	0.04	0.566	3704	0.633
2	50.00	0.6	600	0.05	0.708	4630	0.646
3	70.00	1.0	1000	0.07	0.991	6483	0.701
4	90.00	1.6	1600	0.09	1.274	8335	0.712
5	110.00	1.9	1900	0.11	1.557	10187	0.799
6	130.00	2.4	2400	0.13	1.840	12039	0.840
7	150.00	3.0	3000	0.15	2.123	13891	0.867
8	170.00	3.6	3600	0.17	2.406	15744	0.897
9	190.00	4.4	4400	0.19	2.689	17596	0.907
10	210.00	5.4	5400	0.21	2.972	19448	0.904
11	230.00	6.4	6400	0.23	3.255	21300	0.910
12	250.00	7.2	7200	0.25	3.539	23152	0.932
13	270.00	8.4	8400	0.27	3.822	25005	0.932
14	290.00	9.3	9300	0.29	4.105	26857	0.952
15	300.00	10	10000	0.30	4.246	27783	0.949
16	320.00	11	11000	0.32	4.529	29635	0.966
17	340.00	12.6	12600	0.34	4.812	31487	0.959
18	360.00	14	14000	0.36	5.096	33340	0.963
19	380.00	15.5	15500	0.38	5.379	35192	0.966
20	400.00	16.9	16900	0.40	5.662	37044	0.974

表 3 - 40　第二套实训装置解吸塔文丘里流量标定表

液体温度：32.2℃　　液体密度 ρ＝994.52kg/m 液体黏度 μ＝0.76mPa·s 文丘里孔径：0.005m

序号	转子流量计读数/(L/h)	文丘里流量计/kPa	文丘里流量计/Pa	转子流量计读数/(m³/h)	流速 u/(m/s)	Re	Co
1	40.00	0.3	300	0.04	0.566	3704	0.731
2	50.00	0.4	400	0.05	0.708	4630	0.791
3	70.00	0.6	600	0.07	0.991	6483	0.904
4	90.00	0.9	900	0.09	1.274	8335	0.949
5	110.00	1.5	1500	0.11	1.557	10187	0.899
6	130.00	2.1	2100	0.13	1.840	12039	0.898
7	150.00	2.8	2800	0.15	2.123	13891	0.897
8	170.00	3.7	3700	0.17	2.406	15744	0.885
9	190.00	4.8	4800	0.19	2.689	17596	0.868
10	210.00	5.7	5700	0.21	2.972	19448	0.880
11	230.00	7.0	7000	0.23	3.255	21300	0.870
12	250.00	8.0	8000	0.25	3.539	23152	0.885
13	270.00	9.3	9300	0.27	3.822	25005	0.886
14	290.00	10.7	10700	0.29	4.105	26857	0.887
15	310.00	11.7	11700	0.31	4.388	28709	0.907
16	330.00	13.4	13400	0.33	4.671	30561	0.902
17	350.00	14.8	14800	0.35	4.954	32413	0.911
18	370.00	16.6	16600	0.37	5.237	34266	0.909
19	390.00	18.1	18100	0.39	5.520	36118	0.917
20	400.00	19.2	19200	0.40	5.662	37044	0.914

表 3 - 41　第二套实训装置吸收塔文丘里流量标定表

液体温度：32.2℃　　液体密度 ρ＝994.52kg/m 液体黏度 μ＝0.76mPa·s 文丘里孔径：0.005m

序号	转子流量计读数/(L/h)	文丘里流量计/kPa	文丘里流量计/Pa	转子流量计读数/(m³/h)	流速 u/(m/s)	Re	Co
1	40.00	0.4	400	0.04	0.566	3704	0.633
2	50.00	0.5	500	0.05	0.708	4630	0.708
3	70.00	0.8	800	0.07	0.991	6483	0.783
4	90.00	1.1	1100	0.09	1.274	8335	0.859
5	110.00	1.6	1600	0.11	1.557	10187	0.870
6	130.00	2.0	2000	0.13	1.840	12039	0.920
7	150.00	2.6	2600	0.15	2.123	13891	0.931
8	170.00	3.3	3300	0.17	2.406	15744	0.937

续表

液体温度：32.2℃　液体密度 $\rho=994.52kg/m$　液体黏度 $\mu=0.76mPa\cdot s$ 文丘里孔径：0.005m

序号	转子流量计读数/(L/h)	文丘里流量计/kPa	文丘里流量计/Pa	转子流量计读数/(m³/h)	流速 u/(m/s)	Re	Co
9	190.00	4.0	4000	0.19	2.689	17596	0.951
10	210.00	4.8	4800	0.21	2.972	19448	0.959
11	230.00	5.9	5900	0.23	3.255	21300	0.948
12	250.00	6.7	6700	0.25	3.539	23152	0.967
13	270.00	7.8	7800	0.27	3.822	25005	0.968
14	290.00	8.7	8700	0.29	4.105	26857	0.984
15	310.00	10	10000	0.31	4.388	28709	0.981
16	330.00	11.4	11400	0.33	4.671	30561	0.978
17	350.00	12.8	12800	0.35	4.954	32413	0.979
18	370.00	14.2	14200	0.37	5.237	34266	0.983
19	390.00	15.6	15600	0.39	5.520	36118	0.988
20	400.00	16.3	16300	0.40	5.662	37044	0.992

思考题

(1)简述气体吸收在化工生产中的应用。

(2)简述吸收的原理。

(3)填料主要的性能参数有哪些？

(4)什么是液泛，产生的原因是什么，如何处理？

(5)吸收操作中应注意哪些事项？

(6)选择吸收剂应考虑哪些因素？

(7)吸收剂用量对吸收操作有怎样的影响？

(8)操作温度和操作压力对吸收操作有怎样的影响？

(9)影响填料层压力降的因素有哪些？

(10)解吸的主要作用是什么？

(11)吸收塔开启时应先通入吸收剂，还是先通入吸收气体，为什么？

(12)如果发现吸收塔的尾气不合格，可能产生的原因有哪些？

(13)简述传质单元高度、传质单元数的意义。

(14)简述填料塔的主要结构。

(15)填料的作用是什么？

第四章　化工原理实验操作

实验一　流体流动类型与雷诺准数的测定

一、实验目的

(1)观察流体在管内流动的两种不同流动类型；

(2)测定临界雷诺准数；

(3)观察流体在管内层流流动时的速度分布；

(4)熟悉雷诺准数与流动类型的关系；

(5)了解溢流装置的结构和作用，熟悉转子流量计的流量校正方法。

二、基本原理

流体有两种不同的流动类型，层流(又称滞流)和湍流(又称紊流)。层流流动时，流体质点作平行于管轴线方向的直线运动。湍流流动时，流体质点除沿管轴线方向作主体流动外，还在各个方向上作剧烈的随机运动。雷诺准数可以判断流动类型，若流体在圆管内流动，则雷诺准数 Re 可用下式表示：

$$Re = \frac{du\rho}{\mu}$$

一般认为 $Re < 2000$ 时，流动为层流，$Re > 4000$ 时，流动为湍流，Re 在两者之间时，有时为层流，有时为湍流，和环境有关。

对于一定温度的某液体(ρ 和 μ 一定)，在特定的圆管内(d 一定)流动时，雷诺准数仅是流速的函数。当流速较小时(雷诺准数也较小)，染色液在管内沿轴线方向成一条清晰的细直线，为层流流动。随流速增大，染色细线呈现波浪形，有较清晰的轮廓。当流速增至某一值以后，染色液体一进入玻璃管内即与水完全混合，为湍流流动。据此可以观察流体在管内流动的两种不同流动类型，测定临界雷诺准数。

三、实验装置及流程

实训装置由高位槽(槽内有溢流和稳流装置)、圆形玻璃管、转子流量计、染色液系统和调节阀等组成。实验介质为水，染色液为墨水。实验时水由高位槽流入垂直玻璃管，经流量调节阀和转子流量计后，排入下水道，水量由流量调节阀控制。墨水由墨水瓶经墨水调节阀和墨水排出针头流入玻璃管，用墨水调节阀调节墨水量。实训时应避免一切震动影响，才能获得满意的实训结果。

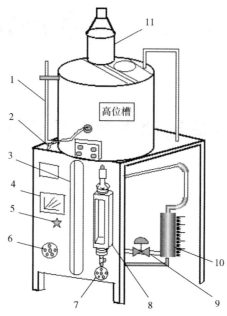

图 4-1　雷诺实验装置图

1—液位计；2—墨水流出针头；3—玻璃管；4—流量雷诺准数对照图；
5—墨水调节阀；6—上水阀门；7—流量调节阀；8—转子流量计；
9—排放阀；10—计量筒；11—墨水瓶

四、实验步骤

（1）打开上水阀，为高位槽注水并保持有溢流；

（2）检查转子流量计是否正常；

（3）慢慢打开流量调节阀，使水缓缓流过玻璃管。（开始时流量宜小）；

（4）打开墨水调节阀，调节墨水流速与水的流速基本一致。如果墨水不成一条细直线，用流量调节阀调节流量，使墨水成一条细直线。观察流动状况，记录观察到的现象和转子流量计的读数；

（5）缓慢增加水的流量，分别记录当细直线微动、细直线开始呈波浪形前进、细直线螺旋前进、细直线断裂产生旋涡并混合、墨水与主流混合均匀（墨水线的轮廓消失）时所观察到的现象和转子流量计的读数；

（6）逐渐关小流量调节阀，重复以上步骤，分别记录观察到的现象和转子流量计的读数；

（7）关闭流量调节阀，打开墨水调节阀，向玻璃管中静止的水里注入墨水，使玻璃管上部的水染上颜色。慢慢打开流量调节阀，控制流量，使水作层流流动，观察层流时流体在管道横截面上各点的速度变化（速度分布）；

（8）测量并记录玻璃管的内直径和水的温度，根据水温查出水的密度和黏度。

五、数据记录与结果处理

玻璃管的内直径：_____ mm；　　　　水温：_____ ℃；

水的密度：_____ kg/m³；　　　　水的黏度：_____ Pa·s。

表 4 - 1　雷诺试验数据表

序号	流量计读数	流量 $V/$ (m³/s)	流速 $u/$ (m/s)	雷诺准数 Re	现象观察记录	由 Re 判断的 流动类型
1						
2						
3						
4						
5						
6						
7						
8						
9						
10						
11						
12						

层流时雷诺准数上临界值＝_____；湍流时雷诺准数下临界值＝_____。

结果分析：_____。

思考题

(1)不同的流动类型对流体流动与输送过程、传热过程和传质过程有何影响？研究流动类型对设计管路有何意义？

(2)能否只用流速的大小判断流动类型？为什么？影响流动类型的因素有哪些？

(3)雷诺准数为什么能判断流动类型？如何判断？

(4)流量由大到小操作过程中，稳定细直线刚刚恢复时的 Re 与流量由小到大操作过程中的细直线微动前的 Re 相同吗？如偏差较大，试分析其原因。

实验二　流体机械能的变化

一、实验目的

(1)加深对流体的各种机械能相互转化概念的理解；

(2)观察流体流经非等径、非水平管路时，各截面上静压头之变化；

(3)测定管路某截面的最大流速；

(4)了解流体静止的条件；

(5)理解流体流动阻力的表现(理解沿程阻力)。

二、基本原理

(1)液体在管路中作稳定流动时，由于流通截面积的变化致使各截面上的流速不同，而引起相应的静压头之变化，其关系可由伯努利方程式描述，即：

$$\frac{P_1}{\rho g} + Z_1 + \frac{u_1^2}{2g} + He = \frac{P_2}{\rho g} + Z_2 + \frac{u_2^2}{2g} + H_f$$

对于水平非等径无泵玻璃管路，当管段较短时，阻力很小，可以忽略，则上式变为：

$$\frac{P_1}{\rho g} + \frac{u_1^2}{2g} = \frac{P_2}{\rho g} + \frac{u_2^2}{2g}$$

因此，由于流通截面积的变化引起流速的变化，致使部分静压头转换为动压头或部分动压头转换为静压头，它的变化可由测压管中液柱高度表示出来。对于等径不水平玻璃管路，当管段较短时，阻力很小，可以忽略，则上式变为：

$$\frac{P_1}{\rho g} + Z_1 = \frac{P_2}{\rho g} + Z_2$$

因此，由于位置高度的变化引起位压头的变化，致使部分位压头转换为静压头，它的变化也可由测压管中液柱高度表示出来。

(2)当流体静止时，流速为零，则伯努利方程变为：

$$\frac{P_1}{\rho g} + Z_1 = \frac{P_2}{\rho g} + Z_2$$

即静止流体内部各截面的静压头与位压头之和为常数，是流体静止的条件。

(3)当流量一定时，某截面的活动测压头的测压孔方向变化，会引起测压管内液柱高度的变化。当测压孔的开孔方向与流动方向垂直时，测压管内液柱高度即为测压孔处液体的静压头，测压孔开孔方向转为正对流体流动方向时，测压管内液位上升，此时，测压管内液柱高度表示测压孔处液体的静压头和动压头之和(即冲压头)，液位升高值就是测压孔处的动压头，即：

$$\Delta H = \frac{u^2}{2g}; \quad 则 \quad u = \sqrt{2g\Delta H} \quad （注意 \Delta H 的单位）$$

据此可以测定测压孔处流速或最大流速。

(4)实际流体有黏性，流动时会产生内摩擦力，将机械能转变为热能，使水平等径直管内流体的静压头不断下降。

三、实验装置及流程

实训装置由高位槽(有稳流和溢流装置)、玻璃管路、测压管、活动测压头、水槽、流量调节阀和循环水泵等组成。实训介质为水。活动测压头的小管底端封闭，侧身开有小孔，小孔中心在管子轴线上。转动测压头可分别测定静压头或冲压头。玻璃管路安装四根测压管，水槽中的水由循环水泵打入高位槽，流入玻璃管，用流量调节阀调节流量。

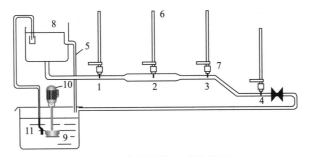

图 4-2　能量转换实验装置图

1、2、3、4—玻璃管测压点；5—溢流管；6—测压管；7—活动测压头；

8—高位槽；9—水槽；10—马达；11—循环水泵

四、实验步骤

(1)为高位槽注水。

关闭流量调节阀，启动循环水泵，排除管路和测压管中的气泡，调节上水阀的开度使高位槽液面稳定且有溢流；

(2)在流量调节阀关闭时(管中流体静止)，观察并记录各测压管中的液柱高度 H，旋转活动测压头，观察各测压管中的液柱高度有无变化；

(3)打开流量调节阀并保持较小流量，旋转活动测压头，使测压孔正对水流方向，观察并记录各测压管中的液柱高度 H'；

(4)保证测压孔正对流动方向，开大流量调节阀，观察各测压管中的液柱高度的变化，记录各测压管中的液柱高度 H''；

(5)保持流量调节阀的开度[流量与步骤(4)相同]，旋转活动测压头，使测压孔与水流方向垂直，观察各测压管中的液柱高度的变化，记录各测压管中的液柱高度 H'''；

(6)用量筒和秒表，测量步骤(4)和步骤(5)的流量(流量相同)，可测量两次取平均值。

五、数据记录与结果处理

1. 压头测量

$d_1 = $ ＿＿＿＿＿＿ mm；　　$d_2 = $ ＿＿＿＿＿＿ mm；$d_3 = $ ＿＿＿＿＿＿ mm；

$d_4 = $ ＿＿＿＿＿＿ mm；　　水温：＿＿＿＿℃

表 4 - 2　压头测量数据表

序号	液柱高代号	压头测量值/mm				备　注
		测压点 1	测压点 2	测压点 3	测压点 4	阀 A 状态与测压孔方向
1	H					阀关、先垂直后旋转
2	H'					阀开、正对水流
3	H''					阀再开大、正对水流
4	H'''					阀不变、与水流垂直

2. 流量、流速的测量与计算

表 4 - 3　流量、流速的测量与计算结果表

序号	秒表读数/s	量筒体积/mm³	平均体积流量/(m³/s)	测量点	平均流速(1)/(m/s)	点速度/(m/s)	平均流速(2)/(m/s)
1				点 2			
1				点 2			
1				点 2			
1				点 2			
2				点 3			
2				点 3			
2				点 3			
2				点 3			

　　注：平均流速(1)按体积平均流量计算；

　　　　点速度按测量出的动压头计算；

　　　　平均流速(2)根据点速度计算。

　　结果分析：_____。

思考题

　　(1)阀 A 全关时，各测压管中液位是否在同一水平面上？为什么？液位高度与测压孔的方向有无关系？为什么点 4 的液柱高度比点 3 的大一些？

　　(2)阀 A 打开后，流体开始流动，什么地方供给能量？

　　(3)为什么 $H > H'$？为什么距高位槽越远，$H - H'$ 的差值越大？这一差值的物理意义是什么？

　　(4)为什么随流速增大，测压管中液位下降？

　　(5)2 点与 1、3、4 点所测得的是否一致？为什么？

实验三　流体流动阻力的测定

一、实验目的

　　(1)熟悉流体流经直管和管件、阀件时的阻力损失的测定方法；

　　(2)掌握摩擦系数(摩擦因数)和阻力系数的测定方法，了解摩擦系数与雷诺准数和相对粗糙度关系图(Moody 图)的绘制方法；

　　(3)学会压差计和流量计的使用方法；

　　(4)认识管路中各个管件、阀件并了解其作用。

二、基本原理

流体在管路中流动时，由于黏性剪应力和涡流的存在，不可避免地要消耗一些机械能。流体在直管中流动而损失的机械能称直管阻力，流体流经管件、阀件等局部障碍造成流动方向和流通面积的突变而损失的机械能称局部阻力。根据伯努利方程式

$$H_f = Z_1 - Z_2 + \frac{P_1 - P_2}{\rho g} + \frac{u_1^2 - u_2^2}{2g}$$

当流体在等径水平直管作定常流动时，由截面 1 流到截面 2 时的阻力损失表现在压强的降低，即

$$H_f = \frac{P_1 - P_2}{\rho g}$$

只要测出两截面的压强差 $(P_1 - P_2)$，就可确定直管阻力。

根据直管阻力计算公式

$$H_f = \lambda \frac{L}{d} \cdot \frac{u^2}{2g}$$

于是

$$\lambda = \frac{2g\,\mathrm{d}H_f}{Lu^2}$$

从上式得之，只要测得流体在一定长度、一定管径、一定流速下流动时的直管阻力，即可确定摩擦系数。

摩擦系数仅是雷诺准数和相对粗糙度的函数，确定它们的关系只要用水作物系，在实验装置中进行有限量的实验即可得到。本实训测定光滑管的摩擦系数与雷诺准数的关系并画出关系曲线。

根据局部阻力的计算公式

$$H_f' = \xi \frac{u^2}{2g}$$

只要测定出流速和流体流经管件或阀件产生的压强降，即可确定阻力系数。

三、实验装置及流程

实验装置由塑料管、螺纹管、细铜管、弯头、阀门、流量计、压差计、水槽和循环水泵组成。实验介质为水。

本装置可以测定直管内滞流和湍流的直管阻力损失、摩擦系数及摩擦系数与雷诺准数的关系，螺纹管阻力损失、摩擦系数及摩擦系数与雷诺准数的关系，管件和阀件的局部阻力损失和阻力系数及阻力系数的平均值。还可以进行流量计的校正实验。

塑料直管两端的压强差用 U 形管压差计测量，指示液为水银。弯头两端的压强差用倒 U 形管压差计测量，细铜管两端压强差用水位计式测压计测量。

实验前，应根据测定目标确定相应流程，即打开某些阀门或关闭某些阀门，组成特定

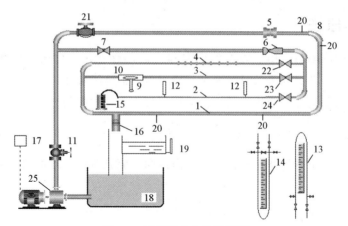

图 4-3   流体阻力实验装置图

1—DN40 塑料管；2—DN6 细铜管；3—DN25 塑料管；4—ϕ18 螺纹管；

5—孔板流量计；6—文氏流量计；7—截止阀；8—弯头；9—皮托管；

10—突然扩大；11—调节阀；12—水位式测压计；13—倒 U 形管；14—U 形管；

15—量筒；16—活动摆头；17—电气盒；18—水槽；19—计量槽水位计；

20—测压点；21、22、23—闸阀；24—针行阀；25—水泵

的测试回路，找好测试点安排专人记录。注意排除管路和压差计中的气体，排气时要严防
U 形管中水银被冲走。操作中应缓慢改变调节阀开度，保证管内流体流量缓慢变化。流量
调节后须经一定时间的稳定方可测取各有关参数的数据。

四、实验步骤

1. 湍流区摩擦系数的测定

(1)打开闸阀 21，关闭截止阀 7，组成如图 4-4 所示的测试回路；

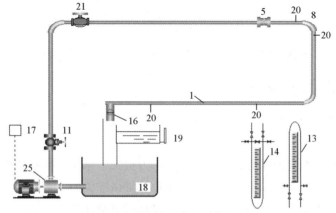

图 4-4   湍流摩擦系数的测定流程图

1—DN40 塑料管；5—孔板流量计；8—弯头；11—调节阀；13—倒 U 形管；

14—U 形管；16—活动摆头；17—电气盒；18—水槽；19—计量槽水位计；

20—测压点；21—闸阀；25—水泵

（2）排除管路和 U 形管压差计中的气泡；

（3）利用秒表、摆头和计量槽测流量，记录流量数据（也可以读取连接在孔板流量计处的压差计读数），同时读取和记录连接在塑料管两截面的 U 形管压差计的读数；

（4）调节流量，记录在不同流量下的流量数据和 U 形管压差计的读数。

2. 弯头阻力系数的测定

在测定摩擦系数的同时，可以测定弯头的阻力系数。在记录流量数据、U 形管压差计读数的同时记录连接在弯头两端的倒 U 形管压差计的读数。

3. 滞流区摩擦系数的测定

（1）关闭闸阀 21，打开截止阀 7，组成如图 4-5 所示的测试回路。

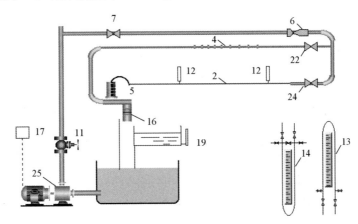

图 4-5　滞流区摩擦系数的测定流程图

2—DN6 细铜管；4—ϕ18 螺纹管；5—量筒；6—文氏流量计；7—截止阀；

11—调节阀；12—水位式测压计；13—倒 U 形管；14—U 形管；16—活动摆头；

17—电气盒；19—计量槽水位计；22—闸阀；24—针行阀；25—水泵

为使阀门调节性能良好和稳定，须控制阀前压力，方法是使阀 22 半开（例如全程阀门手轮转 7 圈，半开为 3.5 圈）。针形阀 24 全开，然后调节调节阀 11，使细铜管的流量达最大（即水位计水位达最高点），此时阀前压力适当，整个实验过程中，调节阀 11 的开度不变，靠阀 22 和针形阀 24 调节细铜管中水的流量；

（2）排除管路和水位计中的气泡；

（3）关闭针形阀 24，两水位计液面在同一水平面上，调整标尺使两水位计标尺有相同的指示值；

（4）打开针形阀 24，调节不同的流量，分别记录两水位计的读数，同时秒表和量筒测量流量，记录流量和有关参数值；

（5）实验时须保证细铜管内的水是层流流动，改变流量时应慢慢调节针形阀，使流量缓慢变化，减轻因流体对管路冲击而产生的振动，保证层流流动状态和实验结果的准确性。

4. 换粗管、细管、闸阀、螺纹管重复以上步骤

五、数据记录与结果处理

表 4－4　湍流区摩擦系数测定数据记录整理表

$L=$ _____ m；　　　　$d=$ _____ mm；　　　1 格 = _____ L

序号	压差计读数/mmHg			流量记录				水温/℃	流量/(m³/s)	雷诺准数 Re	摩擦系数 λ
	左	右	差值 R	时间/s	始格	终格	体积/L				
1											
2											
3											
4											
5											
6											
7											
8											
9											
10											
11											
12											

表 4－5　弯头阻力系数测定数据记录整理表

$d=$ _____ mm

序号	压差计读数/mmH₂O			水温/℃	流量/(m³/s)	雷诺准数 Re	摩擦系数 λ
	左	右	差值 R				
1							
2							
3							
4							
5							
6							
7							
8							
9							
10							
11							
12							

表 4 - 6   滞流区摩擦系数测定数据记录整理表

序号	水位计读数/mmH₂O			流量记录/(m³/s)			水温/℃	雷诺准数 Re	摩擦系数 λ
	进口	出口	差值 R	体积/mL	时间/秒	流量			
1									
2									
3									
4									
5									
6									
7									
8									
9									
10									
11									
12									

表 4 - 7   粗管——湍流区摩擦系数测定数据记录整理表

序号	压差计读数/mmHg			流量记录				水温/℃	流量/(m³/s)	Re	摩擦系数 λ
	左	右	差值	时间/s	始格	终格	体积/L				
1											
2											
3											
4											
5											
6											
7											
8											
9											
10											
11											
12											

表 4-8 细管——湍流区摩擦系数测定数据记录整理表

序号	压差计读数/mmHg			流量记录				水温/℃	流量/(m³/s)	Re	摩擦系数 λ
	左	右	差值	时间/s	始格	终格	体积/L				
1											
2											
3											
4											
5											
6											
7											
8											
9											
10											
11											
12											

表 4-9 闸阀——湍流区阻力系数测定数据记录整理表

序号	压差计读数/mmHg			流量记录				水温/℃	流量/(m³/s)	Re	阻力系数 ζ
	左	右	差值	时间/s	始格	终格	体积/L				
1											
2											
3											
4											
5											
6											
7											
8											
9											
10											
11											
12											

表 4-10 螺纹管——湍流区摩擦系数测定数据记录整理表

序号	压差计读数/mmHg			流量记录				水温/℃	流量/ (m³/s)	Re	摩擦系数 λ
	左	右	差值	时间/s	始格	终格	体积/L				
1											
2											
3											
4											
5											
6											
7											
8											
9											
10											
11											
12											

实验结果分析：

绘制摩擦系数与雷诺准数的关系图。

思考题

(1)如果细铜管不水平，两水位计标尺读数值之差是否表示流过这段铜管的阻力损失? 为什么?

(2)弯头两测点并不在同一水平面上，这样测得的压强差是否能表示水流过弯头而产生的阻力损失? 为什么?

(3)弯头两侧的测压点距弯头进出口都有一段直管段，这对实验结果是否有影响? 为什么?

(4)以水为实验介质作出的 Moody 图，能否在输油管路阻力计算中得到应用? 为什么?

(5)U 形管压差计上装设"平衡阀"有何作用? 在什么情况下它是开着的? 又在什么情况下是关闭的?

(6)流速越大，则阻力损失越大，流速小，则管径需要的大，生产如何实现最佳化控制?

实验四　离心泵特性曲线的测定

一、实验目的

(1)认识离心泵工作流程及测量仪表；

(2)掌握离心泵的开、停操作方法；

(3)学习离心泵特性曲线的测定方法。

二、基本原理

在生产上选用一台既能满足生产要求，又经济合理的离心泵时，一般总是根据生产所需要的压头和流量，参照泵的性能来决定其泵的型号。

离心泵的特性曲线是选择和使用离心泵的重要依据之一，其特性曲线是在恒定转速下泵的扬程 H、轴功率 N 及效率 η 与泵的流量 Q 之间的关系曲线，它是流体在泵内流动规律的宏观表现形式。由于泵内部流动情况复杂，不能用理论方法推导出泵的特性关系曲线，只能依靠实验测定。

本实验旨在测定离心泵的特性曲线：H—Q 曲线；N—Q 曲线；η—Q 曲线。

1. 流量的测定和计算

流量的测定一般有以下四种方法。

第一种方法，使用水箱和秒表，测量一段时间内水箱中水的体积，然后用水的体积除以时间即为离心泵的体积流量。

第二种方法，采用透明涡轮流量计来测定泵的送液能力，测定流量计显示仪表(频率计)示值，然后参照流量计说明书计算流量值，或者事先测定流量计频率值与流量之间的关系曲线。

第三种方法，孔板流量计或文丘里流量计，测量流量计的 U 形管压差值，然后计算流量值。

$$V_S = C_0 A_0 \sqrt{\frac{2gR(\rho_A - \rho)}{\rho}}$$

第四种方法，直接从数字化流量计仪表盘上读取。具体使用哪种方法，视实验设备上安装哪种流量测量装置而定。

2. 离心泵扬程的测量和计算

离心泵入口处装真空表(P_1)，出口处装压力表(P_2)。在两测压点处列伯努利方程式：

$$Z_1 + \frac{P_1}{\rho g} + \frac{u_1^2}{2g} + H = Z_2 + \frac{P_2}{\rho g} + \frac{u_2^2}{2g} + \sum H_{f1-2}$$

由于两测压点相距很近，且离心泵吸入管、排出管管径相同，故忽略高度差、阻力损失、动能差。上式简化为：

$$H = \left(P'_2 + \frac{P'_1}{735.6} \right) \times 10 \, (\text{m})$$

式中 P'_1——入口测压点真空表读数，mmHg；

P'_2——出口测压点压力表读数，kgf/cm^2。

由上式可知，只要直接读出真空表和压力表上的数值，及两表的安装高度差，就可计算出泵的扬程。

3. 离心泵轴功率的测量和计算

本实验采用马达天平测定功率，马达天平测功率的原理是根据泵轴转矩的变化来测定轴功率的。此种方法具有使用可靠准确的优点。

其计算公式如下：

$$N = \frac{2\pi}{60} Mn = 0.1047 Mn$$

$$M = PLg$$

由上两式得：$N = \frac{2\pi \times 9.807}{60 \times 1000} PLn = \frac{PLn}{973.7} \, (\text{kW})$

式中 M——转矩，N·m；

n——转速，r/min；

P——砝码质量，kg；

L——力臂长，m。本实验装置=0.4869m。

有些实训设备使用的电动机上安装有电功率表，可以直接读取电功率值，则轴功率 N 可用下式计算：

$$N = N_\text{电} \times k \, (\text{W})$$

其中，$N_\text{电}$ 为电功率表显示值，k 代表电机传动效率，可取 $k = 0.95$。

4. 离心泵效率的计算

泵的效率 η 是泵的有效功率 N_e 与轴功率 N 的比值。有效功率 N_e 是单位时间内流体经过泵时所获得的实际功，轴功率 N 是单位时间内泵轴从电机得到的功，两者差异反映了水力损失、容积损失和机械损失的大小。

泵的有效功率 N_e 可用下式计算：

$$N_e = HQ\rho g$$

故泵效率为

$$\eta = \frac{HQ\rho g}{N} \times 100\%$$

5. 转速改变时的换算

泵的特性曲线是在定转速下的实验测定所得。但是，实际上感应电动机在转矩改变时，其转速会有变化，这样随着流量 Q 的变化，多个实验点的转速 n 将有所差异，因此在绘制特性曲线之前，须将实测数据换算为某一定转速 n' 下（可取离心泵的额定转速 2900r/min）的数据。换算关系如下：

流量	$Q' = Q\dfrac{n'}{n}$
扬程	$H' = H\left(\dfrac{n'}{n}\right)^2$
轴功率	$N' = N\left(\dfrac{n'}{n}\right)^3$
效率	$\eta' = \dfrac{Q'H'\rho g}{N'} = \dfrac{QH\rho g}{N} = \eta$

三、实验装置及流程

如图 4-6 所示，水从水槽 13 经泵 1、出口阀 3(调节流量用)、涡轮流量计 11 再返回水槽。

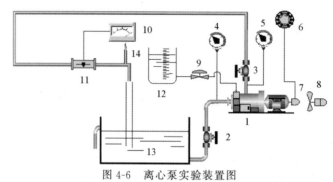

图 4-6　离心泵实验装置图

1—离心泵；2—进口阀；3—出口阀；4—真空表；5—压力表；6—转速表；

7—转速传感器；8—冷却风机；9—灌水阀；10—频率表；

11—涡轮流量计；12—计量槽；13—水槽；14—温度计

四、实验步骤

1. 开车前准备工作

(1)检查　检查离心泵的各连接螺栓及地脚螺栓有无松动现象。

(2)检查轴承润滑情况，加注润滑油的标号应与离心泵说明书上要求的标号相符。

(3)用手转动联轴器检查转动是否灵活，填料是否松动。

(4)检查所有仪表是否完好，真空泵、压力表指针应该指零。

2. 正常开车

(1)灌泵排气　打开加水漏斗阀门和泵壳顶部的排气阀门，向泵内灌水，到进水管和泵体内充满水为止。然后关闭加水阀和排气阀门。

(2)关闭泵出口阀门。

(3)开启电机电源，使泵运转，若无异常现象，便可慢慢开启出口阀，根据要求调节水的流量。

(4)注意观察流量、压力表、真空表，若无异常，离心泵进入正常运行状态。

3．离心泵性能曲线测量

(1)在出口阀门完全关闭时读取压力表、真空表、流量计显示仪表、转速计及马达天平的砝码数值。

(2)用出口阀门调节流量，在每一次流量调节稳定后，读取以上参数。直至出口阀全开为止，应读取5～10组数据。

(3)关小入口阀，观察汽蚀现象。

4．正常停车

(1)关闭出口阀，停电动机。

(2)关闭各测量仪表电源开关。

(3)若离心泵不经常使用，需排净泵内液体，关闭进口阀。

5．注意事项

(1)一般每次实验前，均需对泵进行灌泵操作，防止离心泵气缚。同时注意定期对泵进行保养，防止叶轮被固体颗粒损坏。

(2)泵运转过程中，勿触碰泵主轴部分，因其高速转动，可能会缠绕并伤害身体接触部位。

(3)不要在出口阀关闭状态下(或者电动调节阀开度在0时)长时间使泵运转，一般不超过三分钟，否则泵中液体循环温度升高，易生气泡，使泵抽空。

五、数据记录与结果处理

离心泵性能曲线的测定

泵的类型规格_____转速_____叶轮直径_____

流量系数_____　X档_____测功机臂长_____

水温_____

表 4 - 11　离心泵性能实验数据表

序号	流量计读数 f/Hz	真空表 P_1' /mmHg	压力表 P_2' /(kgf/cm^2)	转速 n /(r/min)	天平砝码 质量 P/kg	流量 Q	扬程 H	轴功率 N	效率 η
1									
2									
3									
4									
5									
6									
7									

续表

序号	流量计读数 f/Hz	真空表 P_1' /mmHg	压力表 P_2' /(kgf/cm²)	转速 n /(r/min)	天平砝码质量 P/kg	流量 Q	扬程 H	轴功率 N	效率 η
8									
9									
10									
11									
12									

(1)分别绘制一定转速下的 $H—Q$、$N—Q$、$\eta—Q$ 曲线

(2)分析实验结果,判断泵最为适宜的工作范围。

思考题

(1)试从所测得的实验数据进行分析,离心泵为什么要在出口阀关闭的情况下启动?

(2)离心泵启动前为什么必须灌水排气?如果灌泵后依然启动不起来,你认为可能的原因是什么?

(3)泵启动后,出口阀如果不开,压力表读数是否会逐渐上升?为什么?

(4)正常工作的离心泵,在其进口管路上安装阀门是否合理?为什么?

(5)试从理论上加以分析,用实验用的这台泵输送密度为 $1280(kg/m^3)$ 的盐水(忽略黏度的影响),在相同流量下你认为泵的压头是否变化?同一温度下的吸入高度是否会变化?同一排量时的功率是否会变化?

(6)离心泵的送液能力为什么可以通过出口阀的调节加以改变?往复泵的送液能力是否也可采用同样的调节方法?为什么?

实验五 空气-蒸汽给热系数测定

一、实验目的

(1)了解间壁式传热元件,掌握给热系数测定的实验方法。

(2)掌握热电阻测温的方法,观察水蒸气在水平管外壁上的冷凝现象。

(3)学会给热系数测定的实验数据处理方法,了解影响给热系数的因素和强化传热的途径。

二、基本原理

在工业生产过程中,大量情况下,冷、热流体系通过固体壁面(传热元件)进行热量交换,称为间壁式换热。如图 4-7 所示,间壁式传热过程由热流体对固体壁面的对流传热,

固体壁面的热传导和固体壁面对冷流体的对流传热所组成。

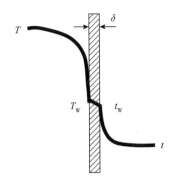

图 4-7　间隔式传热过程示意图

达到传热稳定时，有

$$Q = m_1 c_{p1} (T_1 - T_2) = m_2 c_{p2} (t_2 - t_1)$$
$$= \alpha_1 A_1 (T - T_w)_m = \alpha_2 A_2 (t_w - t)_m$$
$$= KA \Delta t_m$$

式中　　　Q——传热量，J/s；

m_1——热流体的质量流率，kg/s；

c_{p1}——热流体的比热容，J/(kg·℃)；

T_1——热流体的进口温度，℃；

T_2——热流体的出口温度，℃；

m_2——冷流体的质量流率，kg/s；

c_{p2}——冷流体的比热容，J/(kg·℃)；

t_1——冷流体的进口温度，℃；

t_2——冷流体的出口温度，℃；

α_1——热流体与固体壁面的对流传热系数，W/(m²·℃)；

A_1——热流体侧的对流传热面积，m²；

$(T - T_w)_m$——热流体与固体壁面的对数平均温差，℃；

α_2——冷流体与固体壁面的对流传热系数，W/(m²·℃)；

A_2——冷流体侧的对流传热面积，m²；

$(t_w - t)_m$——固体壁面与冷流体的对数平均温差，℃；

K——以传热面积 A 为基准的总给热系数，W/(m²·℃)；

Δt_m——冷热流体的对数平均温差，℃；

热流体与固体壁面的对数平均温差可由下式计算，

$$(T - T_w)_m = \frac{(T_1 - T_{w1}) - (T_2 - T_{w2})}{\ln \dfrac{T_1 - T_{w1}}{T_2 - T_{w2}}}$$

式中　T_{w1}——冷流体进口处热流体侧的壁面温度，℃；

T_{w2}——冷流体出口处热流体侧的壁面温度，℃。

固体壁面与冷流体的对数平均温差可由下式计算，

$$(t_w - t)_m = \frac{(t_{w1} - t_1) - (t_{w2} - t_2)}{\ln \dfrac{t_{w1} - t_1}{t_{w2} - t_2}}$$

式中　t_{w1}——冷流体进口处冷流体侧的壁面温度，℃；

　　　t_{w2}——冷流体出口处冷流体侧的壁面温度，℃。

热、冷流体间的对数平均温差可由下式计算，

$$\Delta t_m = \frac{(T_1 - t_2) - (T_2 - t_1)}{\ln \dfrac{T_1 - t_2}{T_2 - t_1}}$$

当在套管式间壁换热器中，环隙通以水蒸气，内管管内通以冷空气或水进行对流传热系数测定实验时，则由上式得内管内壁面与冷空气或水的对流传热系数，

$$\alpha_2 = \frac{m_2 c_{p2} (t_2 - t_1)}{A_2 (t_w - t)_M}$$

实验中测定紫铜管的壁温 t_{w1}、t_{w2}；冷空气或水的进出口温度 t_1、t_2；实验用紫铜管的长度 l、内径 d_2，$A_2 = \pi d_2 l$；和冷流体的质量流量，即可计算 α_2。

然而，直接测量固体壁面的温度，尤其管内壁的温度，实验技术难度大，而且所测得的数据准确性差，带来较大的实验误差。因此，通过测量相对较易测定的冷热流体温度来间接推算流体与固体壁面间的对流给热系数就成为人们广泛采用的一种实验研究手段。

由上式得，

$$K = \frac{m_2 c_{p2} (t_2 - t_1)}{A \Delta t_m}$$

实验测定 m_2、t_1、t_2、T_1、T_2、并查取 $t_{平均} = \frac{1}{2}(t_1 + t_2)$ 下冷流体对应的 c_{p2}、换热面积 A，即可由上式计算得总给热系数 K。

下面通过两种方法来求对流给热系数。

1. 近似法求算对流给热系数 α_2

以管内壁面积为基准的总给热系数与对流给热系数间的关系为，

$$\frac{1}{K} = \frac{1}{\alpha_2} + R_{S2} + \frac{b d_2}{\lambda d_m} + R_{S1} \frac{d_2}{d_1} + \frac{d_2}{\alpha_1 d_1}$$

式中　d_1——换热管外径，m；

　　　d_2——换热管内径，m；

　　　d_m——换热管的对数平均直径，m；

　　　b——换热管的壁厚，m；

　　　λ——换热管材料的导热系数，W/(m·℃)；

　　　R_{S1}——换热管外侧的污垢热阻，m²·K/W；

　　　R_{S2}——换热管内侧的污垢热阻，m²·K/W。

用本装置进行实验时，管内冷流体与管壁间的对流给热系数约为几十到几百 W/m²·K；而管外为蒸汽冷凝，冷凝给热系数 α_1 可达～10^4 W/m²·K 左右，因此冷凝传热热阻 $\dfrac{d_2}{\alpha_1 d_1}$ 可忽略，同时蒸汽冷凝较为清洁，因此换热管外侧的污垢热阻 $R_{S1}\dfrac{d_2}{d_1}$ 也可忽略。实验中的传热元件材料采用紫铜，导热系数为 383.8W/m·K，壁厚为 2.5mm，因此换热管壁的导热热阻 $\dfrac{bd_2}{\lambda d_m}$ 可忽略。若换热管内侧的污垢热阻 R_{S2} 也忽略不计，则由上式得，

$$\alpha_2 \approx K$$

由此可见，被忽略的传热热阻与冷流体侧对流传热热阻相比越小，此法所得的准确性就越高。

2. 传热准数式求算对流给热系数 α_2

对于流体在圆形直管内作强制湍流对流传热时，若符合如下范围内：$Re=1.0\times10^4\sim1.2\times10^5$，$Pr=0.7\sim120$，管长与管内径之比 $l/d\geqslant60$，则传热准数经验式为，

$$Nu = 0.023Re^{0.8}Pr^n$$

式中　Nu——努塞尔数，$Nu=\dfrac{\alpha d}{\lambda}$，无因次；

$\quad\quad Re$——雷诺数，$Re=\dfrac{du\rho}{\mu}$，无因次；

$\quad\quad Pr$——普兰特数，$Pr=\dfrac{c_p\mu}{\lambda}$，无因次；

当流体被加热时 $n=0.4$，流体被冷却时 $n=0.3$；

$\quad\quad \alpha$——流体与固体壁面的对流传热系数，W/(m²·℃)；

$\quad\quad d$——换热管内径，m；

$\quad\quad \lambda$——流体的导热系数，W/(m·℃)；

$\quad\quad u$——流体在管内流动的平均速度，m/s；

$\quad\quad \rho$——流体的密度，kg/m³；

$\quad\quad \mu$——流体的黏度，Pa·s；

$\quad\quad c_p$——流体的比热容，J/(kg·℃)。

对于水或空气在管内强制对流被加热时，可将上式改写为，

$$\frac{1}{\alpha_2} = \frac{1}{0.023}\times\left(\frac{\pi}{4}\right)^{0.8}\times d_2^{1.8}\times\frac{1}{\lambda_2 Pr_2^{0.4}}\times\left(\frac{\mu_2}{m_2}\right)^{0.8}$$

令

$$m = \frac{1}{0.023}\times\left(\frac{\pi}{4}\right)^{0.8}\times d_2^{1.8}$$

$$X = \frac{1}{\lambda_2 Pr_2^{0.4}}\times\left(\frac{\mu_2}{m_2}\right)^{0.8}$$

$$Y = \frac{1}{K}$$

$$C = R_{S2} + \frac{bd_2}{\lambda d_m} + R_{S1}\frac{d_2}{d_1} + \frac{d_2}{\alpha_1 d_1}$$

则上式可写为，

$$Y = mX + C$$

当测定管内不同流量下的对流给热系数时，由上式计算所得的 C 值为一常数。管内径 d_2 一定时，m 也为常数。因此，实验时测定不同流量所对应的 t_1、t_2、T_1、T_2，由以上各式求取一系列 X、Y 值，再在 $X \sim Y$ 图上作图或将所得的 X、Y 值回归成一直线，该直线的斜率即为 m。任一冷流体流量下的给热系数 α_2 可用下式求得，

$$\alpha_2 = \frac{\lambda_2 Pr_2^{0.4}}{m} \times \left(\frac{m_2}{\mu_2}\right)^{0.8}$$

3. 冷流体质量流量的测定

(1)若用转子流量计测定冷空气的流量，还须用下式换算得到实际的流量，

$$V' = V\sqrt{\frac{\rho(\rho_f - \rho')}{\rho'(\rho_f - \rho)}}$$

式中　V'——实际被测流体的体积流量，m^3/s；

　　　ρ'——实际被测流体的密度，kg/m^3；均可取 $t_{平均} = \frac{1}{2}(t_1 + t_2)$ 下对应水或空气的密度，见冷流体物性与温度的关系式；

　　　V——标定用流体的体积流量，m^3/s；

　　　ρ——标定用流体的密度，kg/m^3；$\rho_{水} = 1000 kg/m^3$；$\rho_{空气} = 1.205 kg/m^3$；

　　　ρ_f——转子材料密度，kg/m^3。

于是　　　　　　　　　　　$m_2 = V'\rho'$

(2)若用孔板流量计测冷流体的流量，则，

$$m_2 = \rho V$$

式中，V 为冷流体进口处流量计读数，ρ 为冷流体进口温度下对应的密度。

4. 冷流体物性与温度的关系式

在 $0 \sim 100℃$ 之间，冷流体的物性与温度的关系有如下拟合公式。

(1)空气的密度与温度的关系式：$\rho = 10^{-5}t^2 - 4.5 \times 10^{-3}t + 1.2916$

(2)空气的比热容与温度的关系式：$60℃$ 以下 $c_p = 1005 J/(kg \cdot ℃)$，

　　　　　　　　　　　　　　　　$70℃$ 以上 $c_p = 1009 J/(kg \cdot ℃)$。

(3)空气的导热系数与温度的关系式：$\lambda = -2 \times 10^{-8}t^2 + 8 \times 10^{-5}t + 0.0244$

(4)空气的黏度与温度的关系式：$\mu = (-2 \times 10^{-6}t^2 + 5 \times 10^{-3}t + 1.7169) \times 10^{-5}$

三、实验装置与流程

1. 实验装置(图 4-8)

来自蒸汽发生器的水蒸气进入不锈钢套管换热器环隙，与来自风机的空气在套管换热器内进行热交换，冷凝水排出装置外。冷空气经孔板流量计或转子流量计进入套管换热器内管(紫铜管)，热交换后排出装置外。

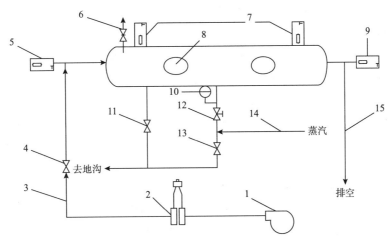

图 4-8 空气-水蒸气换热流程图

1—风机；2—孔板流量计；3—冷流体管路；4—转子流量计；5—冷流体进口温度计；

6—惰性气体排空阀；7—蒸汽温度计；8—视镜；9—冷流体出口温度计；

10—压力表；11—冷凝水排空阀；12—蒸汽进口阀；

13—冷凝水排空阀；14—蒸汽进口管路；15—冷流体出口管路

2.设备与仪表规格

(1)紫铜管规格：直径 $\phi21 \times 2.5$mm，长度 $L=1000$mm。

(2)外套不锈钢管规格：直径 $\phi100 \times 5$mm，长度 $L=1000$mm。

(4)铂热电阻及无纸记录仪温度显示。

(5)全自动蒸汽发生器及蒸汽压力表。

四、实验步骤与注意事项

1.实验步骤

(1)打开控制面板上的总电源开关，打开仪表电源开关，使仪表通电预热，观察仪表显示是否正常。

(2)在蒸汽发生器中灌装清水，开启发生器电源，使水处于加热状态。到达符合条件的蒸汽压力后，系统会自动处于保温状态。

(3)打开控制面板上的风机电源开关，让风机工作，同时打开冷流体进口阀，让套管换热器里充有一定量的空气。

(4)打开冷凝水出口阀，排出上次实验残留的冷凝水，在整个实验过程中也保持一定开度。注意开度适中，开度太大会使换热器中的蒸汽跑掉，开度太小会使换热不锈钢管里的蒸汽压力过大而导致不锈钢管炸裂。

(5)在通水蒸气前，也应将蒸汽发生器到实验装置之间管道中的冷凝水排除，否则夹带冷凝水的蒸汽会损坏压力表及压力变送器。具体排除冷凝水的方法是：关闭蒸汽进口阀门，打开装置下面的排冷凝水阀门，让蒸汽压力把管道中的冷凝水带走，当听到蒸汽响时关闭冷凝水排除阀，方可进行下一步实验。

（6）开始通入蒸汽时，要仔细调节蒸汽阀的开度，让蒸汽徐徐流入换热器中，逐渐充满系统中，使系统由"冷态"转变为"热态"，不得少于10min，防止不锈钢管换热器因突然受热、受压而爆裂。

（7）上述准备工作结束，系统处于"热态"，调节蒸汽进口阀，使蒸汽进口压力维持在0.01MPa，可通过调节蒸汽进口阀和冷凝水排空阀开度来实现。

（8）自动调节冷空气进口流量时，可通过组态软件或者仪表调节风机转速频率来改变冷流体的流量到一定值，在每个流量条件下，均须待热交换过程稳定后方可记录实验数值，改变流量，记录不同流量下的实验数值。

（9）记录6～8组实验数据，可结束实验。先关闭蒸汽发生器，关闭蒸汽进口阀，关闭仪表电源，待系统逐渐冷却后关闭风机电源，待冷凝水流尽，关闭冷凝水出口阀，关闭总电源。待蒸汽发生器内的水冷却后将水排尽。

2. 注意事项

（1）先打开冷凝水排空阀，注意只开一定的开度，开得太大会使换热器里的蒸汽跑掉，开得太小会使换热不锈钢管里的蒸汽压力增大而使不锈钢管炸裂。

（2）一定要在套管换热器内管输以一定量的空气后，方可开启蒸汽阀门，且必须在排除蒸汽管线上原先积存的冷凝水后，方可把蒸汽通入套管换热器中。

（3）刚开始通入蒸汽时，要仔细调节蒸汽进口阀的开度，让蒸汽徐徐流入换热器中，逐渐加热，由"冷态"转变为"热态"，不得少于10min，以防止不锈钢管因突然受热、受压而爆裂。

（4）操作过程中，蒸汽压力必须控制在0.02MPa（表压）以下，以免造成对装置的损坏。

（5）确定各参数时，必须是在稳定传热状态下，随时注意蒸汽量的调节和压力表读数的调整。

五、实验数据处理

（1）计算冷流体给热系数的实验值；

表4-12　传热实验数据分析表

序号	冷流体进口温度 t_1	冷流体出口温度 t_2	冷流体进口侧蒸汽温度 T_1	冷流体出口侧蒸汽温度 T_2	冷流体流量 Q	平均温度差 Δt_m	传热系数 K
1							
2							
3							
4							
5							
6							

序号	冷流体进口温度 t_1	冷流体出口温度 t_2	冷流体进口侧蒸汽温度 T_1	冷流体出口侧蒸汽温度 T_2	冷流体流量 Q	平均温度差 Δt_m	传热系数 K
7							
8							
9							
10							
11							
12							

(2)冷流体给热系数的准数式：$Nu/Pr^{0.4}=ARe^m$，由实验数据作图拟合曲线方程，确定式中常数 A 及 m。

(3)以 $\ln(Nu/Pr^{0.4})$ 为纵坐标，$\ln(Re)$ 为横坐标，将处理实验数据的结果标绘在图上，并与教材中的经验式 $Nu/Pr^{0.4}=0.023Re^{0.8}$ 比较。

思考题

(1)实验中冷流体和蒸汽的流向，对传热效果有何影响？

(2)在计算空气质量流量时所用到的密度值与求雷诺数时的密度值是否一致？它们分别表示什么位置的密度，应在什么条件下进行计算。

(3)实验过程中，冷凝水不及时排走，会产生什么影响？如何及时排走冷凝水？如果采用不同压强的蒸汽进行实验，对 α 关联式有何影响？

实验六　筛板塔精馏全塔效率的测定

一、实验目的

(1)了解筛板精馏塔及其附属设备的基本结构，掌握精馏过程的基本操作方法。

(2)学会判断系统达到稳定的方法，掌握测定塔顶、塔釜溶液浓度的实验方法。

(3)学习测定精馏塔全塔效率和单板效率的实验方法，研究回流比对精馏塔分离效率的影响。

二、基本原理

1. 全塔效率 E_T

全塔效率又称总板效率，是指达到指定分离效果所需理论板数与实际板数的比值，即

$$E_T = \frac{N_T - 1}{N_P}$$

式中　N_T——完成一定分离任务所需的理论塔板数，包括蒸馏釜；

　　　N_P——完成一定分离任务所需的实际塔板数，本装置 $N_P=10$。

全塔效率简单地反映了整个塔内塔板的平均效率，说明了塔板结构、物性系数、操作状况对塔分离能力的影响。对于塔内所需理论塔板数 N_T，可由已知的双组分物系平衡关系，以及实验中测得的塔顶、塔釜出液的组成，回流比 R 和热状况 q 等，用图解法求得。

2. 单板效率 E_M

单板效率又称莫弗里板效率，如图 4-9 所示，是指气相或液相经过一层实际塔板前后的组成变化值与经过一层理论塔板前后的组成变化值之比。

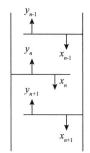

按气相组成变化表示的单板效率为：

$$E_{MV} = \frac{y_n - y_{n+1}}{y_n^* - y_{n+1}}$$

按液相组成变化表示的单板效率为：

$$E_{ML} = \frac{x_{n-1} - x_n}{x_{n-1} - x_n^*}$$

图 4-9　塔板气液流向示意

式中　y_n、y_{n+1}——离开第 n、$n+1$ 块塔板的气相组成，摩尔分数；

　　　x_{n-1}、x_n——离开第 $n-1$、n 块塔板的液相组成，摩尔分数；

　　　y_n^*——与 x_n 成平衡的气相组成，摩尔分数；

　　　x_n^*——与 y_n 成平衡的液相组成，摩尔分数。

3. 图解法求理论塔板数 N_T

图解法又称麦卡勃-蒂列（McCabe-Thiele）法，简称 M-T 法，其原理与逐板计算法完全相同，只是将逐板计算过程在 y-x 图上直观地表示出来。

精馏段的操作线方程为：

$$y_{n+1} = \frac{R}{R+1}x_n + \frac{x_D}{R+1}$$

式中　y_{n+1}——精馏段第 $n+1$ 块塔板上升的蒸汽组成，摩尔分数；

　　　x_n——精馏段第 n 块塔板下流的液体组成，摩尔分数；

　　　x_D——塔顶溜出液的液体组成，摩尔分数；

　　　R——泡点回流下的回流比。

提馏段的操作线方程为：

$$y_{m+1} = \frac{L'}{L'-W}x_m - \frac{Wx_W}{L'-W}$$

式中　y_{m+1}——提馏段第 $m+1$ 块塔板上升的蒸汽组成，摩尔分数；

　　　x_m——提馏段第 m 块塔板下流的液体组成，摩尔分数；

　　　x_W——塔底釜液的液体组成，摩尔分数；

　　　L'——提馏段内下流的液体量，kmol/s；

　　　W——釜液流量，kmol/s。

加料线(q 线)方程可表示为：

$$y = \frac{q}{q-1}x - \frac{x_F}{q-1}$$

式中　$q = 1 + \frac{c_{pF}(t_S - t_F)}{r_F}$

q——进料热状况参数；

r_F——进料液组成下的汽化潜热，kJ/kmol；

t_S——进料液的泡点温度，℃；

t_F——进料液温度，℃；

c_{pF}——进料液在平均温度($t_S - t_F$)/2 下的比热容，kJ/(kmol·℃)；

x_F——进料液组成，摩尔分数。

回流比 R 的确定：$R = \dfrac{L}{D}$

式中　L——回流液量，kmol/s；

D——馏出液量，kmol/s。

上式只适用于泡点下回流时的情况，而实际操作时为了保证上升气流能完全冷凝，冷却水量一般都比较大，回流液温度往往低于泡点温度，即冷液回流。

如图 4-10 所示，从全凝器出来的温度为 t_R、流量为 L 的液体回流进入塔顶第一块板，由于回流温度低于第一块塔板上的液相温度，离开第一块塔板的一部分上升蒸汽将被冷凝成液体，这样，塔内的实际流量将大于塔外回流量。

对第一块板作物料、热量衡算：

$$V_1 + L_1 = V_2 + L$$

$$V_1 I_{V1} + L_1 I_{L1} = V_2 I_{V2} + L I_L$$

整理、化简后，近似可得：

$$L_1 \approx L\left[1 + \frac{c_p(t_{1L} - t_R)}{r}\right]$$

即实际回流比：　$R_1 = \dfrac{L_1}{D}$

$$R_1 = \frac{L\left[1 + \dfrac{c_p(t_{1L} - t_R)}{r}\right]}{D}$$

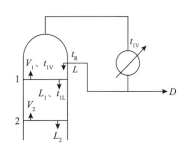

图 4-10　塔顶回流示意图

式中　V_1、V_2——离开第 1、2 块板的气相摩尔流量，kmol/s；

L_1——塔内实际液流量，kmol/s；

I_{V1}、I_{V2}、I_{L1}、I_L——指对应 V_1、V_2、L_1、L 下的焓值，kJ/kmol；

r——回流液组成下的汽化潜热，kJ/kmol；

c_p——回流液在 t_{1L} 与 t_R 平均温度下的平均比热容，kJ/(kmol·℃)。

（1）全回流操作。

在精馏全回流操作时，操作线在 y-x 图上为对角线，如图 4-11 所示。根据塔顶、塔釜的组成在操作线和平衡线间作梯级，即可得到理论塔板数。

（2）部分回流操作

部分回流操作时，如图 4-12，图解法的主要步骤为：

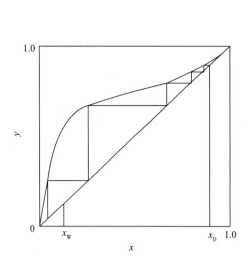

图 4-11　全回流时理论板数的确定

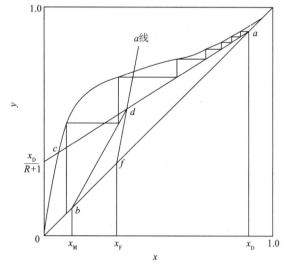

图 4-12　部分回流时理论板数的确定

①根据物系和操作压力在 y-x 图上作出相平衡曲线，并画出对角线作为辅助线；

②在 x 轴上定出 $x = x_D$、x_F、x_W 三点，依次通过这三点作垂线分别交对角线于点 a、f、b；

③在 y 轴上定出 $y_C = x_D / (R+1)$ 的点 c，连接 a、c 作出精馏段操作线；

④由进料热状况求出 q 线的斜率 $q/(q-1)$，过点 f 作出 q 线交精馏段操作线于点 d；连接点 d、b 作出提馏段操作线；

⑤从点 a 开始在平衡线和精馏段操作线之间画阶梯，当梯级跨过点 d 时，就改在平衡线和提馏段操作线之间画阶梯，直至梯级跨过点 b 为止；

⑥所画的总阶梯数就是全塔所需的理论踏板数（包含再沸器），跨过点 d 的那块板就是加料板，其上的阶梯数为精馏段的理论塔板数。

三、实验装置和流程

本实验装置的主体设备是筛板精馏塔，配套的有加料系统、回流系统、产品出料管路、残液出料管路、进料泵和一些测量、控制仪表，如图 4-13 所示。

筛板塔主要结构参数：塔内径 $D = 68\text{mm}$，厚度 $\delta = 4\text{mm}$，塔板数 $N = 10$ 块，板间距 $H_T = 100\text{mm}$。加料位置由下向上起数第 4 块和第 6 块。降液管采用弓形，齿形堰，堰长 56mm，堰高 7.3mm，齿深 4.6mm，齿数 9 个。降液管底隙 4.5mm。筛孔直径 $d_0 = 1.5\text{mm}$，正三角形排列，孔间距 $t = 5\text{mm}$，开孔数为 77 个。塔釜为内电加热式，加热功率 2.5kW，有效容积为 10L。塔顶冷凝器、塔釜换热器均为盘管式。单板取样为自下而上第

1 块和第 10 块，斜向上为液相取样口，水平管为气相取样口。

本实验料液为乙醇水溶液，釜内液体由电加热器产生蒸汽逐板上升，经与各板上的液体传质后，进入盘管式换热器壳程，冷凝成液体后再从集液器流出，一部分作为回流液从塔顶流入塔内，另一部分作为产品馏出，进入产品贮罐；残液经釜液转子流量计流入釜液贮罐。

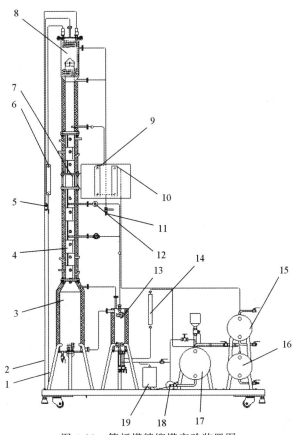

图 4-13　筛板塔精馏塔实验装置图

1—冷凝水进口；2—冷凝水出口；3—塔釜；4—塔节；5—塔顶放空阀；6—冷凝水流量计；

7—玻璃视镜；8—塔顶冷凝器；9—全回流流量计；10—部分回流流量计；

11—塔顶出料取样口；12—进料阀；13—换热器；14—残液流量计；

15—产品罐；16—残液罐；17—原料罐；18—进料泵；19—计量泵

四、实验步骤与注意事项

1. 全回流

(1)配制浓度 10％～20％(体积分数)的料液加入贮罐中，打开进料管路上的阀门，由进料泵将料液打入塔釜，观察塔釜液位计高度，进料至釜容积的 2/3 处。

(2)关闭塔身进料管路上的阀门，启动电加热管电源，逐步增加加热电压，使塔釜温度缓慢上升(因塔中部玻璃部分较为脆弱，若加热过快玻璃极易碎裂，使整个精馏塔报废，故升温过程应尽可能缓慢)。

(3)打开塔顶冷凝器的冷却水,调节合适冷凝量,并关闭塔顶出料管路,使整塔处于全回流状态。

(4)当塔顶温度、回流量和塔釜温度稳定后,分别取塔顶浓度 X_D 和塔釜浓度 X_W,送色谱分析仪分析。

2. 部分回流

(1)在储料罐中配制一定浓度的乙醇水溶液(约 10%～20%)。

(2)待塔全回流操作稳定时,打开进料阀,调节进料量至适当的流量。

(3)控制塔顶回流和出料两转子流量计,调节回流比 $R(R=1～4)$。

(4)打开塔釜残液流量计,调节至适当流量。

(5)当塔顶、塔内温度读数以及流量都稳定后即可取样。

3. 取样与分析

(1)进料、塔顶、塔釜从各相应的取样阀放出。

(2)塔板取样用注射器从所测定的塔板中缓缓抽出,取 1mL 左右注入事先洗净烘干的针剂瓶中,并给该瓶盖标号以免出错,各个样品尽可能同时取样。

(3)将样品进行色谱分析。

4. 注意事项

(1)塔顶放空阀一定要打开,否则容易因塔内压力过大导致危险。

(2)料液一定要加到设定液位 2/3 处方可打开加热管电源,否则塔釜液位过低会使电加热丝露出干烧致坏。

(3)如果实验中塔板温度有明显偏差,是由于所测定的温度不是气相温度,而是气液混合的温度。

五、实验报告

表 4-13 塔顶、进料板、塔釜温度变化趋势表

序号	1	2	3	4	5	6	7	8
塔顶温度								
进料板温度								
塔釜温度								

表 4-14 精馏塔取样分析表

序号					
塔顶/%(体积分数)					
塔釜/%(体积分数)					

序号							
G 乙醇质量/kg	D						
	W						
G 水质量/kg	D						
	W						
$\rho/(kg/m^3)$	D						
	W						
产品量/mL							
时间/min							
x_D							
x_W							

(1)将塔顶、塔底温度和组成，以及各流量计读数等原始数据列表。

(2)按全回流和部分回流分别用图解法计算理论板数。

(3)计算全塔效率和单板效率。

(4)分析并讨论实验过程中观察到的现象。

六、思考题

(1)测定全回流和部分回流总板效率与单板效率时各需测几个参数？取样位置在何处？

(2)全回流时测得板式塔上第 n、$n-1$ 层液相组成后，如何求得 x_n^*，部分回流时，又如何求 x_n^*？

(3)在全回流时，测得板式塔上第 n、$n-1$ 层液相组成后，能否求出第 n 层塔板上的以气相组成变化表示的单板效率？

(4)查取进料液的汽化潜热时定性温度取何值？

(5)若测得单板效率超过 100%，作何解释？

(6)试分析实验结果成功或失败的原因，提出改进意见。

(7)精馏塔实验装置由哪几个主要部分组成？试述其基本流程？

实验七　吸收系数的测定

一、实验目的

(1)了解填料吸收装置的基本流程及设备结构；

(2)掌握吸收塔开、停车操作；

(3)掌握吸收系数的测定方法。

二、基本原理

根据传质速率方程：$N_A = K_Y \Delta - Y_m$ 即：$G = N_A F = K_Y F \Delta Y_m$

所以：$K_Y = \dfrac{G}{F \Delta Y_m}$

通过实验分别测定和计算单位时间吸收的组分量、气液两相接触面积、平均传质推动力的值，便可代入上式计算得吸收系数的值。

1. 单位时间吸收的组分量 $G(\mathrm{kmol/h})$

$$G = V(Y_1 - Y_2)$$

式中，V(惰性气体流量)用空气转子流量计来测定；Y_1(进塔气体组成)可通过测定进塔时氨及空气流量来计算得到；Y_2(出塔气体组成)采用化学法进行尾气分析测定和计算得到。

2. 气液两相接触面积 $F(\mathrm{m^2})$

$$F = aV = a \times \frac{\pi}{4} D^2 \times Z$$

式中　V——填料的总体积，$\mathrm{m^3}$；

Z——填料层高度，m；

D——吸收塔的内径，m；

a——有效比表面积，$\mathrm{m^2/m^3}$。

$$a = a_t / \eta$$

式中　a_t——干填料的比表面积，$\mathrm{m^2/m^3}$；

η——填料的表面效率，可根据最小润湿分率查图表；

$$最小润湿分率 = \frac{操作的润湿率}{规定的最小润湿率}$$

填料的最小润湿分率 $= 0.08\mathrm{m^3/(m^2 \cdot h)}$，规定的最少润湿率；

操作的润湿率 $= W/a_t$，$\mathrm{m^3/(m^2 \cdot h)}$。

式中　W——喷淋密度，每小时每平方米塔截面上的喷淋的液体量。

$$W = \frac{V_水}{\Omega}$$

式中 $V_水$ 表示水的体积流量，Ω 表示塔截面积。

3. 平均传质推动力 ΔY_m

本实验的吸收过程处于平衡线是直线的情况下，所以可用对数平均推动力法计算 ΔY_m。

$$\Delta Y_m = \frac{(Y_1 - Y_1{}^*) - (Y_2 - Y_2{}^*)}{\ln \dfrac{Y_1 - Y_1{}^*}{Y_2 - Y_2{}^*}}$$

式中　$Y^* = \dfrac{mX}{1+(1-m)X}$

$m = \dfrac{E}{P}$

$P =$ 大气压＋塔顶表压＋1/2 塔内压差

E 可由表 4-15 查得。

表 4-15　液相浓度 5% 以下时氨亨利系数 E 与温度的关系

温度/℃	0	10	20	25	30	40
E/atm	0.239	0.502	0.778	0.947	1.250	1.938

本实验中：X_1 由公式 $L(X_1-X_2)=V(Y_1-Y_2)$ 计算，其中 $X_2=0$

4. 转子流量计的计算公式

(1)实验中用的空气转子流量计是以 20℃，1atm 的空气为介质来标定刻度的，如果工作介质不是该状态下的空气，可用下式来换算刻度指示值：

$$Q_2 = Q_1\sqrt{\frac{\rho_1}{\rho_2}} = \sqrt{\frac{P_1T_2}{P_2T_1}}\times Q_1$$

(2)如果还需要将 Q 值换算成标准状态(0℃，1atm)下的体积 Q，则代入下式计算：

$$Q_{20} = Q_2\frac{P_2T_0}{P_0T_2} = Q_1\frac{T_0}{P_0}\sqrt{\frac{P_1P_2}{T_1T_2}}$$

(3)如果测定的是其它气体，而且是非 20℃，1atm 状态空气下则代入下式计算：

$$Q_{20} = Q_1\sqrt{\frac{P_1T_2\rho_{10}}{P_2T_1\rho_{20}}}$$

(4)如果还需要将 Q 值换算成标准状态下的值：

$$Q_{20} = Q_1\frac{T_0}{P_0}\sqrt{\frac{P_1P_2\rho_{10}}{T_1T_2\rho_{20}}}$$

式中，ρ_{10}、ρ_{20} 分别表示 20℃，1atm 状态下标定气体和被测气体的密度。

5. 尾气分析法计算 Y_2

(1)以稀硫酸(0.02mol/L)为滴定液，酚酞为指示剂，将经计量的尾气通入装有吸收液(稀硫酸和酚酞)的吸收瓶中，吸收液和尾气中的氨反应当达到终点时，吸收液变为红色，立即关闭氨气进口阀，记录尾气进入量，并根据硫酸的浓度先将湿式气体流量计口读得的空气流量换算成标准状态下的体积流量 V_0：

$$V_0 = V\frac{P_1T_0}{P_0T_1} \quad (V\text{—空气流量读数})$$

氨的体积：

$$V = 22.4V_sN_s$$

式中　V_s——硫酸溶液的体积 mL；

　　　N_s——硫酸溶液的摩尔浓度，mol/L。

最后：$Y_2 = \dfrac{V}{V_0}$

(2)气相色谱在线分析进气、尾气组成。

三、实验装置及流程

如图 4-14 为吸收实训设备流程图。空气由风机 1 供给，阀 2 用于调节空气流量(放空法)。在气管中空气与氨(或 CO_2)混合入塔，经吸收后排出，出口处有尾气调压阀 9，这个阀在不同的流量下能自动维持一定的尾气压力，作为尾气通过分析器的推动力。

水经总阀 15 进入水过滤减压器 16，经调解器 17 及流量计 18 入塔。氨气(或 CO_2)由氨(或 CO_2)瓶 23 供给，开启氨(或 CO_2)瓶阀 24，氨(或 CO_2)气即进入自动减压阀 25 中，这法能自动将输出氨(或 CO_2)气压力稳定在 $0.05 \sim 0.1$ MPa 范围内，氨(或 CO_2)压力表 26 指示氨(或 CO_2)瓶内部压力，而氨(或 CO_2)压力表 27 则指示减压后的压力。为了确保安全，缓冲罐上还装有安全阀 29，以保证进入实验系统的氨(或 CO_2)压不超过安全允许规定值(0.2 MPa)，安全阀的排出口用塑料管引到室外。

为了测量塔内压力和填料层压力降，装有表压计 20 和压差计 19。此外，还有大气压力计测量大气压力。

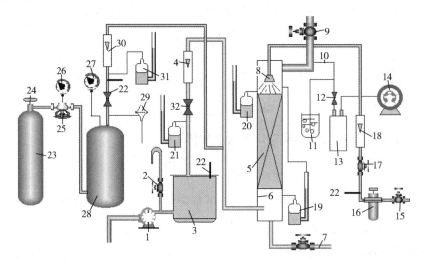

图 4-14 吸收装置流程图

1—风机；2—空气调节阀；3—油分离器；4—空气流量计；5—填料塔；6—栅板；

7—排液管；8—莲蓬头；9—尾气调节阀；10—尾气取样管；11—稳压瓶；12—旋塞；

13—吸收盒；14—湿式气体流量计；15—总阀；16—水过滤减压阀；17—水调节阀；

18—水流量计；19—压差计；20—塔顶表压计；21—表压计；22—温度计；

23—氨(或 CO_2)瓶；24—氨(或 CO_2)瓶阀；25—氨(或 CO_2)自动减压阀；

26—氨(或 CO_2)压力表；27—氨(或 CO_2)压力表；28—缓冲罐；

29—膜式安全阀；30—转子流量计；31—表压计；32—空气进口阀

四、实验步骤

1. 开车前准备

(1)检查水源、电源是否处于正常供给状态。

(2)打开电源、仪表开关。

(3)检查水、空气、氨气(或 CO_2)系统是否有泄漏。

(4)检查仪表、仪器是否处于正常状态。

(5)用气相色谱分析气体浓度的要打开色谱工作站。

2. 正常开车

(1)开水系统　开动供水系统中的滤水器时,要注意首先打开出口端阀门再慢慢打开进水阀,如果在出口端阀门关闭的情况下开进水阀,滤水器就可能超压。控制流量稳定。

(2)开动空气系统　开动时要首先全开叶氏分机的旁通阀,然后再启动叶氏风机,否则风机一开动,系统内气速突然上升可能碰坏空气转子流量计。风机启动后再用关小旁路阀的办法调节空气流量。

(3)开氨气(或 CO_2)系统　事先要弄清楚氨气自动减压阀的构造。开动时首先将自动减压阀的弹簧放松,使自动减压阀处于关闭状态,然后打开氨瓶瓶顶阀,此时自动减压阀的高压压力表应有示值。下一步先关好氨气转子流量计前的调节阀;再缓缓压紧减压阀的弹簧,使阀门打开,同时注视低压氨气压力表的示值达到 $0.05\sim0.08MPa$ 时即可停止。然后用转子流量计前的调节阀调节氨气流量。

(4)稳定操作　维持塔压、塔釜液封高度基本恒定不变。

3. 传质系数的测定

(1)塔稳定后,改变空气流量,测量不同混合气进气组成时数据,见数据表。

(2)尾气分析器的操作:(或直接利用气相色谱分析进气、尾气浓度)

尾气分析仪由取样管、吸收管、湿式气体流量计等组成,在吸收管中装入一定浓度一定体积的稀硫酸作为吸收液并加入指示剂(甲基红),当被分析的尾气样品通过吸收管后,尾气中的氨被硫酸吸收,其余部分(空气)由湿式气体流量计计量。由于加入的硫酸数量和浓度是已知量,所以被吸收的氨量便可计算出来。湿式气体流量计所计量的空气量可以反映出尾气浓度,空气量越大表示浓度越低。

分析操作开始时先记录湿式气体流量计的初始值,然后开启阀让尾气通过取样管并观察吸收液的颜色(吸收管是透明的,可以看清吸收液的颜色),当吸收液刚改变颜色(由红变黄)时,表示吸收到达终点,应立即关闭阀门,读取湿式气体流量计终示值。操作是要注意控制阀的开度,使尾气成单个气泡连续不断进入吸收管,如果开度过大,气泡成大气团通过则吸收不完全,开度过小,则拖延分析时间。

4. 正常停车

(1)关闭氨(或 CO_2)气系统。关闭氨气(或 CO_2)系统的步骤和开动步骤相反。

（2）停水系统。

（3）停空气系统。

（4）关电源。

附：数据整理过程示例：

①求空气流量：

$Q=19\text{m}^3/\text{h}$ $\qquad T_0=273\text{K}$ $\qquad P_0=760\text{mmHg}$

$P_1=760\text{mmHg}$ $\qquad P_2=720+24.7=744.7\text{mmHg}$

$T_1=273+20=293\text{K}$ $\qquad T_2=273+16=289\text{K}$

$$Q_{10}=Q_1\frac{T_0}{P_0}\sqrt{\frac{P_1P_2}{T_1T_2}}=\frac{273}{760}\sqrt{\frac{760\times744.7}{293\times289}}\times19=17.64\ (\text{Nm}^3/\text{h})$$

②求氨气流量：

$Q=0.762\text{m}^3/\text{h}$ $\qquad T_0=273\text{K}$ $\qquad T_1=293\text{K}$

$T_2=289\text{K}$ $\qquad P_0=760\text{mmHg}$ $\qquad P_1=760\text{mmHg}$

$P_2=720+13.2=733.2\text{mmHg}$

$\rho_{10}=1.293\text{kg/m}^3$ $\qquad \rho_{20}=0.7810\text{kg/m}^3$

$$Q_{20}=Q_1\frac{T_0}{P_0}\sqrt{\frac{\rho_{10}P_1P_2}{\rho_{20}T_1T_2}}=\frac{273}{760}\sqrt{\frac{1.293\times733.2\times760}{0.781\times289\times293}}\times0.762=0.903(\text{Nm}^3/\text{h})$$

因为是 98％ 的氨，故纯氨的量为 $0.903\times0.98=0.885\text{Nm}^3/\text{h}$

③计算 Y_1：

$$Y_1=\frac{Q_{20}}{Q_{10}}=\frac{0.885}{17.64}=0.0502$$

④计算 Y_2：

$$V=22.4V_SN_S=22.4\times1\times0.04391=0.9836\ \text{mL}$$

$$V_0=\frac{PV\times T_0}{P_0\times T}=\frac{720\times273}{760\times289}\times1.21\times10^3=1083\ \text{mL}$$

$$Y_2=\frac{V}{V_0}=\frac{0.9836}{1083}=0.000908$$

⑤计算 G：

$$V=\frac{Q_0}{22.4}=\frac{17.64}{22.4}=0.7875\ \text{kmol/h}$$

$$G=V(Y_1-Y_2)=0.7875(0.0502-0.000908)=0.0388$$

⑥计算 ΔY_m：

$D=0.11\text{m}$ $\qquad a_T=403\text{m}^2/\text{m}^3$ $\qquad Z=0.815\text{m}$

$$W=\frac{60\times10^{-3}}{\pi/4\times0.11^2}=6.317 \qquad \text{m}^3/(\text{m}^2\cdot\text{h})$$

操作润湿率$=W/a=6.317/403=0.0157$ $\qquad [\text{m}^3/(\text{m}^2\cdot\text{h})]$

最小润湿率$=0.157/0.08=0.196$

查填料的表面效率和最小润湿率关系图得：$\eta = 0.41$

$$a = a_{\text{t}} \times \eta = 403 \times 0.41 = 165.23 \qquad (\text{m}^2/\text{m}^3)$$

$$F = a \times \frac{\pi}{4} D^2 \times Z = 165.23 \times 0.785 \times 0.11^2 \times 0.815 = 1.279 \qquad (\text{m}^2)$$

$$P_{\text{总}} = \frac{720}{760} + \frac{12 + 0.5 \times 4.3}{1033} = 0.961 \qquad (\text{atm})$$

$$m = \frac{E}{P_{\text{总}}} = \frac{0.64}{0.961} = 0.666$$

15℃时：$\rho_{\text{H}_2\text{O}} = 999 (\text{kg}/\text{m}^3) \qquad M_{\text{H}_2\text{O}} = 18$

$$L = \frac{60 \times 10^{-3} \times 999}{18} = 3.33 \qquad (\text{kmol}/\text{h})$$

$$G = L(X_1 - X_2) \qquad X_2 = 0$$

$$X_1 = \frac{G + LX_2}{L} = \frac{0.0388}{3.33} = 0.01165$$

$$Y_1^* = \frac{mX_1}{1 + (m-1)X_1} = \frac{0.666 \times 0.01165}{1 + (1 - 0.666) \times 0.01165} = 0.00773$$

$$Y_2^* = 0$$

$$\Delta Y_m = \frac{(Y_1 - Y_1^*) - (Y_2 - Y_2^*)}{\ln \dfrac{Y_1 - Y_1^*}{Y_2 - Y_2^*}} = \frac{0.0502 - 0.00773 - 0.000908}{\ln \dfrac{0.04247}{0.000908}} = 0.01081$$

⑦求 K_{Y}：

$$K_{\text{Y}} = \frac{G}{F \Delta Y_m} = \frac{0.0388}{1.279 \times 0.01081} = 2.806 \qquad \text{kmol}/(\text{m}^2 \cdot \text{h})$$

五、数据记录与结果处理

混合气组成：氨（或 CO_2）、空气；　　　　吸收剂：水

填料名称：　　　　　　　规格：　　　　　　个数：

比表面积：　　　　　　m^2/m^3　　　　堆积形式：乱堆

填料层高度：　　　　　　　　　　　吸收塔内径：

表 4 - 16　吸收系数测定数据与结果表

项目		序号	例	1	2	3	4
空气	流量计示值/(m³/h)		19.0				
	计前表压/mmHg		24.7				
	温度/℃		16.0				
氨气	流量计示值/(m³/h)		0.762				
	计前表压/mmHg		13.2				
	温度/℃		16				

续表

项目 \ 序号		例	1	2	3	4
水	计量计示值/(m³/h)	60×10^{-3}				
	温度/℃	15.0				
尾气	流量计示值/(m³/h)	1.21				
	硫酸体积/mL	1				
	硫酸浓度/(mol/L)	0.04391				
	温度/℃	15.0				
压强	大气压/mmHg	720				
	塔顶表压/cmH₂O	12.0				
	塔内压强/cmH₂O	4.3				
吸收组分量 G/(kmol/h)		0.0388				
喷淋密度 W/[m³/(m²·h)]		6.317				
填料表面效率 η		0.41				
接触面积 F/m²		1.279				
Y_1		0.0502				
Y_2		0.000908				
ΔY_m		0.01081				
K_Y/[kmol/(m²·h)]		2.806				

六、思考题

(1)综合班上几组的数据来看，你认为以水吸收空气中的氨气过程，是气膜控制还是液膜控制？为什么？

(2)要提高氨水浓度有什么办法(不改变进气浓度)？这时又会带来什么问题？

(3)气体流速与压强降关系中有无明显的折点？意味着什么？

(4)当气体温度与吸收剂温度不同时，应按那种温度计算亨利系数？

(5)试分析旁路调节的重要性。

(6)试比较精馏装置与吸收装置异同。

实验八　干燥特性曲线测定实验

一、实验目的

(1)了解洞道式干燥装置的基本结构、工艺流程和操作方法。

(2)学习测定物料在恒定干燥条件下干燥特性的实验方法。

(3)掌握根据实验干燥曲线求取干燥速率曲线以及恒速阶段干燥速率、临界含水量、平衡含水量的实验分析方法。

(4)实验研究干燥条件对于干燥过程特性的影响。

二、基本原理

在设计干燥器的尺寸或确定干燥器的生产能力时，被干燥物料在给定干燥条件下的干燥速率、临界湿含量和平衡湿含量等干燥特性数据是最基本的技术依据参数。由于实际生产中的被干燥物料的性质千变万化，因此对于大多数具体的被干燥物料而言，其干燥特性数据常常需要通过实验测定。

按干燥过程中空气状态参数是否变化，可将干燥过程分为恒定干燥条件操作和非恒定干燥条件操作两大类。若用大量空气干燥少量物料，则可以认为湿空气在干燥过程中温度、湿度均不变，再加上气流速度、与物料的接触方式不变，则称这种操作为恒定干燥条件下的干燥操作。

1. 干燥速率的定义

干燥速率的定义为单位干燥面积(提供湿分汽化的面积)、单位时间内所除去的湿分质量。即

$$U = \frac{\mathrm{d}W}{A\mathrm{d}\tau} = -\frac{G_C\mathrm{d}X}{A\mathrm{d}\tau}$$

式中　U——干燥速率，又称干燥通量，$kg/(m^2 \cdot s)$；

　　A——干燥表面积，m^2；

　　W——汽化的湿分量，kg；

　　τ——干燥时间，s；

　　G_C——绝干物料的质量，kg；

　　X——物料湿含量，kg湿分$/kg$干物料，负号表示 X 随干燥时间的增加而减少。

2. 干燥速率的测定方法

将湿物料试样置于恒定空气流中进行干燥实验，随着干燥时间的延长，水分不断汽化，湿物料质量减少。若记录物料不同时间下质量 G，直到物料质量不变为止，也就是物料在该条件下达到干燥极限为止，此时留在物料中的水分就是平衡水分 X^*。再将物料烘

干后称重得到绝干物料重 G_C，则物料中瞬间含水率 X 为

$$X = \frac{G - G_C}{G_C}$$

计算出每一时刻的瞬间含水率 X，然后将 X 对干燥时间 τ 作图，如图 4-15，即为干燥曲线。

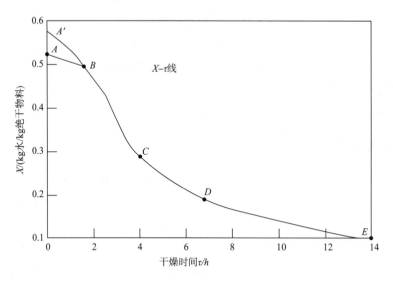

图 4-15　恒定干燥条件下的干燥曲线

上述干燥曲线还可以变换得到干燥速率曲线。由已测得的干燥曲线求出不同 X 下的斜率 $\frac{\mathrm{d}X}{\mathrm{d}\tau}$，计算得到干燥速率 U，将 U 对 X 作图，就是干燥速率曲线，如图 4-16 所示。

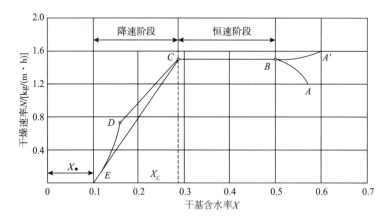

图 4-16　恒定干燥条件下的干燥速率曲线

3. 干燥过程分析

预热段　图 4-15、图 4-16 中的 AB 段或 $A'B$ 段。物料在预热段中，含水率略有下降，温度则升至湿球温度 t_w，干燥速率可能呈上升趋势变化，也可能呈下降趋势变化。预热段经历的时间很短，通常在干燥计算中忽略不计，有些干燥过程甚至没有预热段。本实验中

也没有预热段。

恒速干燥阶段 图 4-15、图 4-16 中的 BC 段。该段物料水分不断汽化，含水率不断下降。但由于这一阶段去除的是物料表面附着的非结合水分，水分去除的机理与纯水的相同，故在恒定干燥条件下，物料表面始终保持为湿球温度 t_w，传质推动力保持不变，因而干燥速率也不变。于是，在图 4-16 中，BC 段为水平线。

只要物料表面保持足够湿润，物料的干燥过程中总有恒速阶段。而该段的干燥速率大小取决于物料表面水分的汽化速率，亦即决定于物料外部的空气干燥条件，故该阶段又称为表面汽化控制阶段。

降速干燥阶段 随着干燥过程的进行，物料内部水分移动到表面的速度赶不上表面水分的气化速率，物料表面局部出现"干区"，尽管这时物料其余表面的平衡蒸汽压仍与纯水的饱和蒸汽压相同、传质推动力也仍为湿度差，但以物料全部外表面计算的干燥速率因"干区"的出现而降低，此时物料中的的含水率称为临界含水率，用 X_C 表示，对应图 4-16 中的 C 点，称为临界点。过 C 点以后，干燥速率逐渐降低至 D 点，C 至 D 阶段称为降速第一阶段。

干燥到点 D 时，物料全部表面都成为干区，汽化面逐渐向物料内部移动，汽化所需的热量必须通过已被干燥的固体层才能传递到汽化面；从物料中汽化的水分也必须通过这层干燥层才能传递到空气主流中。干燥速率因热量、质量传递的途径加长而下降。此外，在点 D 以后，物料中的非结合水分已被除尽。接下去所汽化的是各种形式的结合水，因而，平衡蒸汽压将逐渐下降，传质推动力减小，干燥速率也随之较快降低，直至到达点 E 时，速率降为零。这一阶段称为降速第二阶段。

降速阶段干燥速率曲线的形状随物料内部的结构而异，不一定都呈现前面所述的曲线 CDE 形状。对于某些多孔性物料，可能降速两个阶段的界限不是很明显，曲线好像只有 CD 段；对于某些无孔性吸水物料，汽化只在表面进行，干燥速率取决于固体内部水分的扩散速率，故降速阶段只有类似 DE 段的曲线。

与恒速阶段相比，降速阶段从物料中除去的水分量相对少许多，但所需的干燥时间却长得多。总之，降速阶段的干燥速率取决与物料本身结构、形状和尺寸，而与干燥介质状况关系不大，故降速阶段又称物料内部迁移控制阶段。

三、实验装置

1. 装置流程

本装置流程如图 4-17 所示。空气由鼓风机送入电加热器，经加热后流入干燥室，加热干燥室料盘中的湿物料后，经排出管道通入大气中。随着干燥过程的进行，物料失去的水分量由称重传感器转化为电信号，并由智能数显仪表记录下来（或通过固定间隔时间，读取该时刻的湿物料重量）。

2. 主要设备及仪器

(1)鼓风机：BYF7122，370W；

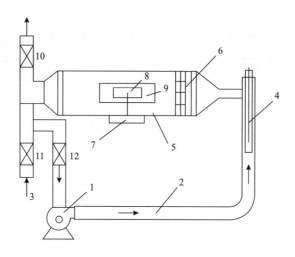

图 4-17 干燥装置流程图

1—风机；2—管道；3—进风口；4—加热器；5—厢式干燥器；6—气流均布器；

7—称重传感器；8—湿毛毡；9—玻璃视镜门；10，11，12—蝶阀

(2)电加热器：额定功率 4.5kW；

(3)干燥室：180mm×180mm×1250mm；

(4)干燥物料：湿毛毡或湿砂；

(5)称重传感器：CZ500 型，0～300g。

四、实验步骤与注意事项

1. 实验步骤

(1)放置托盘，开启总电源，开启风机电源。

(2)打开仪表电源开关，加热器通电加热，旋转加热按钮至适当加热电压(根据实验室温和实验讲解时间长短)。在 U 型湿漏斗中加入一定水量，并关注干球温度，干燥室温度(干球温度)要求达到恒定温度(例如 70℃)。

(3)将毛毡加入一定量的水并使其润湿均匀，注意水量不能过多或过少。

(4)当干燥室温度恒定在 70℃时，将湿毛毡十分小心地放置于称重传感器上。放置毛毡时应特别注意不能用力下压，因称重传感器的测量上限仅为 300g，用力过大容易损坏称重传感器。

(5)记录时间和脱水量，每分钟记录一次重量数据；每两分钟记录一次干球温度和湿球温度。

(6)待毛毡恒重时，即为实验终了时，关闭仪表电源，注意保护称重传感器，非常小心地取下毛毡。

(7)关闭风机，切断总电源，清理实验设备。

2. 注意事项

(1)必须先开风机，后开加热器，否则加热管可能会被烧坏。

(2)特别注意传感器的负荷量仅为 300g，放取毛毡时必须十分小心，绝对不能下压，以免损坏称重传感器。

(3)实验过程中，不要拍打、碰扣装置面板，以免引起料盘晃动，影响结果。

五、实验报告

(1)绘制干燥曲线(失水量～时间关系曲线)；

(2)根据干燥曲线作干燥速率曲线；

(3)读取物料的临界湿含量；

(4)对实验结果进行分析讨论。

六、思考题

(1)什么是恒定干燥条件？本实验装置中采用了哪些措施来保持干燥过程在恒定干燥条件下进行？

(2)控制恒速干燥阶段速率的因素是什么？控制降速干燥阶段干燥速率的因素又是什么？

(3)为什么要先启动风机，再启动加热器？实验过程中干、湿球温度计是否变化？为什么？如何判断实验已经结束？

(4)若加大热空气流量，干燥速率曲线有何变化？恒速干燥速率、临界湿含量又如何变化？为什么？

参考文献

[1]谭天恩等．化工原理．北京：化学工业出版社，2006.

[2]陈敏恒等．化工原理．北京：化学工业出版社，2003.

[3]陆美娟等．化工原理．北京：化学工业出版社，2006.

[4]李薇等．流体输送与传热技术．北京：化学工业出版社，2009.

[5]张立新等．传质分离技术．北京：化学工业出版社，2009.

[6]史贤林，田恒水，张平．化工原理实验．上海：华东理工大学出版社，2005.

[7]吴重光．化工仿真实习指南．北京：化学工业出版社，2009.

[8]陈群．化工仿真操作实训．北京：化学工业出版社，2006.

[9]东方仿真CSTS操作手册．北京东方仿真软件技术有限公司，2007.

[10]沈晨阳等．化工单元操作．北京：化学工业出版社，2013.

[11]张宏丽．化工单元操作．北京：化学工业出版社，2011.

[12]谢萍华等．化工单元操作与实训．杭州：浙江大学出版社，2012.

[13]苗顺玲．化工单元仿真实训．北京：石油工业出版社，2008.